普通高等教育"十二五"规划教材
电子电气基础课程规划教材

电子线路实验教程

王建新　吴少琴　刘光祖　姜　萍　编著

电子工业出版社
Publishing House of Electronics Industry
北京·BEIJING

内 容 简 介

本书根据电子技术实验教学要求编写。全书共 6 章，主要内容包括：模拟电子线路实验、数字电路实验、高频电子线路实验、电子线路计算机辅助设计工具、EDA 实验和电子线路综合设计。本书注重模拟电子线路、数字电路以及高频电子线路实验教学的基本知识和基本技能训练，并涵盖了基础型、综合设计型以及 EDA 实验三大方面，对每个实验的实验原理、实验内容、实验步骤等均进行了详尽的阐述。

本书可以作为高等院校电子信息类及相关专业本科生的实验教材，也可作为课程设计、EDA 实验和开放性综合实验的实践教材，同时可供从事电子工程设计的技术人员学习和参考。

未经许可，不得以任何方式复制或抄袭本书之部分或全部内容。
版权所有，侵权必究。

图书在版编目（CIP）数据

电子线路实验教程 / 王建新等编著. —北京：电子工业出版社，2015.2
ISBN 978-7-121-25186-3

Ⅰ. ①电… Ⅱ. ①王… Ⅲ. ①电子电路－实验－高等学校－教材 Ⅳ. ①TN710-33

中国版本图书馆 CIP 数据核字（2014）第 297890 号

责任编辑：韩同平
印　　刷：北京虎彩文化传播有限公司
装　　订：北京虎彩文化传播有限公司
出版发行：电子工业出版社
　　　　　北京市海淀区万寿路 173 信箱　　邮编：100036
开　　本：787×1092　1/16　印张：12.75　字数：320 千字
版　　次：2015 年 2 月第 1 版
印　　次：2024 年 1 月第 8 次印刷
定　　价：49.90 元

凡所购买电子工业出版社图书有缺损问题，请向购买书店调换。若书店售缺，请与本社发行部联系，联系及邮购电话：(010) 88254888。
质量投诉请发邮件至 zlts@phei.com.cn，盗版侵权举报请发邮件至 dbqq@phei.com.cn。
服务热线：(010) 88258888。

前 言

　　电子线路课程是高等工科院校一门重要的技术基础课程。为了培养高素质的专业技术人才，在理论教学的同时，必须十分重视和加强实验教学环节。如何在实验教学过程中，培养学生的实践能力，独立分析问题和解决问题的能力，创新思维能力和理论联系实际的能力，以及书面表达能力，是高等工科院校着力探索与实践的重大课题。

　　本书是根据教学大纲的要求，适应当前教学改革的需要，总结了近几年来实验教学改革的经验而编写的。全书在实验的安排上既考虑了与理论教学保持同步，又考虑了培养学生能力的循序渐进的过程，采用了从验证到设计再到综合型设计的教学模式，有利于在培养学生基本实践能力的基础上，培养他们的创新意识和创新能力。

　　全书共6章。第1章模拟电子线路实验、第2章数字电路实验、第3章高频电子线路实验，这三章以电子线路的验证型实验和设计性实验为主要内容，目的是使学生掌握基本的电子线路实验方法，加深对理论内容的理解；第4章电子线路计算机辅助设计工具，主要介绍当前主流的计算机辅助设计工具，为EDA实验和综合实验提供技术平台；第5章EDA实验，以计算机仿真和设计实验为主要内容，目的是使学生将传统的电子线路设计思路和现代的电子线路设计手段相结合，培养他们的现代电子技术工程设计能力；第6章电子线路综合设计，给出七个综合设计性项目，目的是培养学生电子线路综合设计和创新思维的能力。

　　本书由王建新主编，负责全书的总体策划。第1章、4.1～4.3节、5.1～5.3节和6.1～6.3节由吴少琴编写，第2章由王建新编写，第3章和6.7节由刘光祖编写，4.4～4.6节、5.4～5.7节和6.4～6.6节由姜萍编写。

　　本书承蒙蒋立平教授审稿，花汉兵老师也对本书提出了许多宝贵意见，在此表示衷心的感谢。

　　由于编者水平有限，书中的不妥及疏漏之处敬请读者批评指正。

编著者

目 录

第1章 模拟电子线路实验 ………………（1）
  1.1 常用电子实验仪器的使用 ………（1）
  1.2 基本放大电路 ……………………（5）
  1.3 射极输出器 ………………………（10）
  1.4 负反馈放大电路 …………………（12）
  1.5 集成功率放大电路 ………………（16）
  1.6 集成运算放大器应用 ……………（19）
  1.7 直流稳压电源 ……………………（23）

第2章 数字电路实验 ……………………（27）
  2.1 逻辑门电路测试 …………………（27）
  2.2 组合逻辑电路设计 ………………（30）
  2.3 触发器功能及应用 ………………（35）
  2.4 计数器设计及应用 ………………（39）
  2.5 移位寄存器及应用 ………………（44）
  2.6 计数、译码与显示电路设计 ……（47）
  2.7 脉冲波形的产生及应用 …………（50）

第3章 高频电子线路实验 ………………（56）
  3.1 高频小信号谐振放大实验 ………（56）
  3.2 电容反馈三点式振荡器实验 ……（58）
  3.3 高频谐振功率放大器实验 ………（61）
  3.4 晶体管混频实验 …………………（64）
  3.5 模拟乘法器混频实验 ……………（67）
  3.6 幅度调制与解调实验 ……………（70）
  3.7 变容二极管调频实验 ……………（73）

第4章 电子线路计算机辅助
       设计工具 …………………………（76）
  4.1 Cadence/OrCAD PSpice 16.6
      简介 ………………………………（76）
  4.2 Cadence/OrCAD PSpice 16.6
      流程 ………………………………（87）
  4.3 PSpice A/D 的分析方法 …………（92）
     4.3.1 静态工作点
          分析（Bias Point）………（92）
     4.3.2 直流扫描分析 ……………（94）
     4.3.3 交流分析(AC Sweep) ……（95）
     4.3.4 瞬态分析(Time Domain
          (Transient)) ………………（98）

     4.3.5 参数扫描分析
          (Parametric Analysis) …（100）
     4.3.6 温度分析(Temperature
          (Sweep)) …………………（102）
     4.3.7 蒙特卡罗分析
          (Monte Carlo) …………（103）
     4.3.8 最坏情况分析 ……………（107）
  4.4 可编程逻辑器件简介 ……………（109）
     4.4.1 概述 ………………………（109）
     4.4.2 开发过程 …………………（111）
  4.5 Quartus II 的基本使用 …………（112）
     4.5.1 建立工程 …………………（113）
     4.5.2 建立设计文件 ……………（116）
     4.5.3 编译设计文件 ……………（118）
     4.5.4 仿真 ………………………（119）
     4.5.5 编程与下载 ………………（121）
  4.6 VHDL 语言简介 …………………（123）
     4.6.1 VHDL 的基本结构 ………（123）
     4.6.2 VHDL 的基本语法 ………（129）
     4.6.3 VHDL 常用语句 …………（131）

第5章 EDA 实验 …………………………（138）
  5.1 基本放大电路设计与仿真 ………（138）
  5.2 差分放大电路设计与仿真 ………（140）
  5.3 负反馈放大器设计与仿真 ………（143）
  5.4 BCD 码转换电路设计 ……………（146）
  5.5 步长可调的可逆计数器设计 ……（148）
  5.6 多功能数字钟的 EDA 设计 ……（151）
  5.7 正弦函数计算器设计 ……………（154）

第6章 电子线路综合设计 ………………（157）
  6.1 阶梯波发生器设计 ………………（157）
  6.2 音频放大器设计 …………………（160）
  6.3 数字温度计的设计 ………………（167）
  6.4 数字计时器设计 …………………（176）
  6.5 直接数字频率合成器设计 ………（179）
  6.6 基于 DDS 的 AM 信号产生
      电路的设计 ………………………（184）
  6.7 正交发射机与正交接收机设计 …（187）

参考文献 …………………………………（196）

第1章 模拟电子线路实验

1.1 常用电子实验仪器的使用

一、实验目的

1．了解双踪示波器，低频信号发生器，直流稳压电源，交流毫伏表，万用表的简单工作原理和主要技术指标；
2．掌握示波器测量交流电压幅度、频率及相位的基本方法；
3．掌握信号发生器面板各按钮的作用和使用方法；
4．掌握使用交流毫伏表定量测量电信号的方法；
5．掌握直流稳压电源和万用表的使用方法。

二、实验原理

电子仪器是电子技术实验的基本工具，离开它们是无法工作的。常用的电子仪器主要分两大类：

（1）测量仪器：只有输入端口，输入量就是被测电路的电参量。例如：示波器、交流毫伏表、万用表等。

（2）激励源仪器：只有输出端口，输出量就是被测电路需要的电参量。例如：信号发生器和直流稳压电源等。

在电子技术实验中，仪器常用来测量和定量分析电路的静态和动态工作状况，它们在测试电路中的接线情况如图1.1.1所示。接线时应注意，因大多数电子仪器的两个测量端点是不对称的，为了防止外界干扰，各仪器的公共地端应连接在一起，称为"共地"。

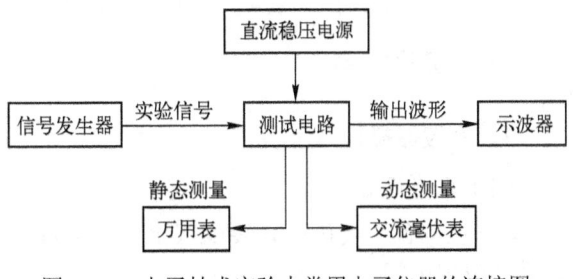

图 1.1.1 电子技术实验中常用电子仪器的连接图

各仪器的主要用途如下：

（1）直流稳压电源：为电路或电子设备提供直流电压，在电网电压或负载变化时，直流稳压电源仍基本保持其输出电压值不变。

（2）信号发生器：也称为信号源，是输出各种电子信号的仪器，为电路提供各种频率和幅度的输入信号。通过面板上的选择按键可以产生正弦波、方波、三角波、调频、调幅、调相、FSK、ASK、PSK、线性频率扫描、对数频率扫描等信号的发生功能，并且可以实现函数信号任意个数发生功能。

（3）示波器：一种综合性的电子图示测量仪器，不但能测量电信号的幅度，而且能测量电信号的频率、周期和相位,以及脉冲信号的上升时间、下降时间和脉宽等参数。示波器按照工作原理或信号处理方式的差异,可以分成模拟示波器和数字示波器两大类。模拟示波器采用的是模拟电路(示波管、其基础是电子枪)向屏幕发射电子,发射的电子经聚焦形成电子束,并打到屏幕上。而屏幕的内表面涂有荧光物质,这样电子束打中的点就会发出光来。数字示波器则是通过数据采集、A/D 转换、软件编程等一系列技术制造出来的高性能示波器,它在功能、精度和带宽等方面都优于传统的模拟示波器。数字示波器的基本框图如图 1.1.2 所示,输入的模拟信号通过 A/D 转换器转换成数字信号,并将数字信号存入数字存储器,通过 D/A 转换器将数字信号恢复成模拟信号,显示在示波管荧屏上。

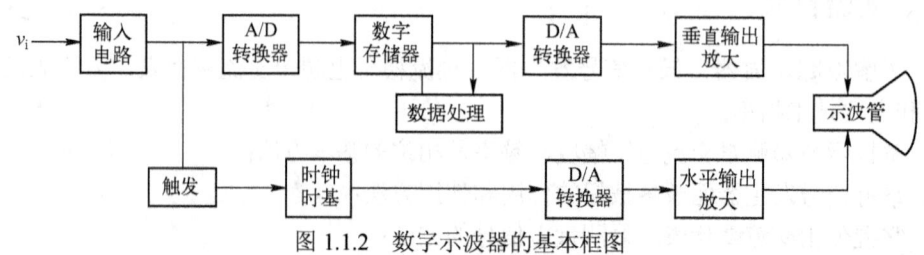

图 1.1.2　数字示波器的基本框图

（4）交流毫伏表:用于测量正弦电压信号的交流电压表。交流毫伏表只能在其工作频率范围内,用来测量正弦交流电压的有效值。交流毫伏表灵敏度较高,打开电源后,在较低量程时由于干扰信号的作用,指针会发生偏转,因此在不测试信号时应将量程旋钮旋到较高的量程挡,以免打弯指针;调整信号时,也应先将量程旋钮旋到较大量程,改变信号后,再逐渐减小。

（5）万用表:可以进行交直流电压、电流以及电阻等多种电量的测量,还可用来测量电子元器件的好坏、电路及导线的通断等。有些还可测量功率、电容量、电感量、双极晶体管的电流放大系数等,并且每种测量项目还可以有多个测量量程。一般万用表的交流电压挡只能测量1V以上的交流电压,而且测量交流电压的频率一般不超过 1kHz。

三、实验内容

1. 示波器操作

（1）垂直设置

"垂直位置"旋钮:旋转该按钮可在屏幕上下移动通道波形。按下该按钮,波形回到屏幕垂直位置中间。

"CH1 MENU"或"CH2 MENU"按钮:按下一次,可显示波形和菜单;再按下一次,可删除波形显示。

注意:只有将"伏/格"设定为粗调,才会有效控制波形的显示高度

（2）水平设置

"水平位置"旋钮:旋转该按钮可在屏幕左右移动通道波形。按下该旋钮,波形回到屏幕水平位置中间。

"秒/格"时间旋钮:用来改变水平时间刻度,水平放大或压缩波形。

（3）触发设置

"TRIG MENU"键：按下显示触发菜单，常采用边沿触发。选择触发信号源后调节触发电平到最佳位置，就可以定量地显示出稳定单一的波形。

（4）使用"自动设置"

"自动设置"按钮：按下后会自动获得并显示稳定的单一波形，它可以自动调整垂直刻度、水平刻度和触发设置。自动设置也可在刻度区域显示几个自动测量结果，这取决于信号类型。

2．信号发生器操作

（1）信号发生器幅值的调整与测定

将信号调成频率 f 为 1 kHz 的正弦信号，然后调节幅度，使输出电压有效值（利用交流毫伏表测量确定）按表 1.1.1 所示的数值变化，同时用示波器定量测定其输出电压对应的峰-峰值，填表记录测量结果。

（2）信号发生器频率的调整与测定

调整信号发生器的幅度，用示波器观察使 V_{op-p} 为 5 V，并保持不变，信号频率按表 1.1.2 所提供的数据调整，用示波器定量测定其频率，并与调定值进行比较。

表 1.1.1 示波器观测信号源幅度的测量记录表

输入 V_{ip-p}(V)	波形高度		输出 V_{op-p}(V)	有效值电压 V_o(V)
	伏/格	格数		
				5
				0.5
				0.05

表 1.1.2 示波器观测信号源频率的测量记录表

信号频率（kHz）	秒/格（每格时间）	一个周期所占格数	频率 $f=1/T$
1			
10			
100			

3．直流稳压电源操作

双路直流稳压电源一般都具有稳压、稳流功能，且稳压与稳流状态可随负载自动转换。两路电源具有串联主从工作功能，左电源为主，右电源为从，在跟踪状态下，从路的输出电压随主路而变化。这对于需要对称且可调双极性电源的场合特别适用。仪器配有两块能指示电压、电流的双功能表，由"VOLTS"、"AMPS"键进行功能切换。

（1）单电源输出的操作

输出+6V 为例：选择左路电源，抬起左路的电压电流转换按键，使表头切换为指示输出电压值，调节旋钮，观察表头指示值，使其输出指示 6 V，这样左路的输出就是 6 V。用万用表"直流电压"挡测定输出接线柱正负端电压值进行确认。

（2）输出正负对称电源的操作

输出±12 V 为例：按下左路电源和右路电源之间的跟踪按键，使左右两路电源处于主从跟踪状态，并将左路负接线柱、右路正接线柱和公共地串接。调节旋钮使左路电源电压值为 12 V，右路电源将以"从"的方式同步跟踪至 12 V（即主从工作方式），此时左路电源的正接线柱和右路电源的负接线柱分别为电源的正负电源输出端。

（3）大于 32 V 电源的操作

输出+45 V 为例：抬起跟踪键，使两路输出为非跟踪状态，调节左路电压旋钮使左表头输出指示为 20 V，再调节右路电压旋钮使右表头指示 25 V，将左右两路正、负极短接（串接），从左路"正极"输入，右路"负极"输出，此时输出电压 $V_o=V_左+V_右$。即 V_o=20 V+25 V=45 V。

4．万用表的使用

万用表是电子技术实验中必不可少的工具，应用范围极其广泛，除用来测量电压、电流、电阻外，还可用来判别器件的好坏、优劣。本实验只对常用二极管、三极管的性能及参数值进行测量。常用二极管、三极管根据材料的不同，有硅、锗之分，根据二极管的单向导电性及正反电阻的差异可以判断它们的引脚，通过正反向电阻的测量也可判别其好坏。

（1）二极管的测量

首先选择万用表的"⊣⊢"挡，红表笔接二极管的正极，黑表笔接负极，若二极管是好的，万用表上显示的就是该二极管的正向导通电压，锗管为 0.2~0.3 V，硅管为 0.6~0.7 V。若红表笔接二极管的负极，黑表笔接二极管的正极，万用表上显示的是"1"（万用表指示开路）时表明二极管反向截止。将测量结果填入表 1.1.3 中。

（2）晶体管的测量

从结构上看，双极型晶体管是由两个背靠背的 PN 结构成的。对于 NPN 型管，基极是两个等效二极管的公共"阳极"；而 PNP 型管，基极则是公共"阴极"。因此，可以通过判别晶体管的基极是公共的"阳极"还是公共的"阴极"，来判断晶体管的管型，同时通过正向导通压降值得出它的材料。判别方法与二极管相同，使用万用表的"⊣⊢"挡测量晶体管的两个 PN 结，得到晶体管的管型和材料，并找到基极，将测量结果填入表 1.1.4。

表 1.1.3 万用表测量二极管的记录表

器件	正向导通电压	管材料
二极管		

表 1.1.4 万用表测量晶体管参数记录表

器件	正向导通电压	管材料	管型	最大 β 值	最小 β 值	标出晶体管全部引脚
双极型晶体管						

接着根据已测得晶体管的结构和基极，将万用表旋钮调到"h_{FE}"挡，选择对应 h_{FE} 测试插座的结构插孔，把基极引脚插入，另外两引脚分别插入 E 和 C 的插孔，读出读数，接着对调 E 和 C 插孔上的管脚，再次读数，记录两次测量结果，结果为较大值时对应 E 和 C 插孔的管脚就是实际晶体管的管脚。从而得到晶体管的电流放大倍数 β 和确定 E、B、C 引脚，将结果填入表 1.1.4 中。

四、实验仪器

1. 数字存储示波器　　　　1 台
2. 低频信号源　　　　　　1 台
3. 交流毫伏表　　　　　　1 只
4. 双路直流稳压电源　　　1 台
5. 万用表　　　　　　　　1 只

五、实验报告内容

1. 说明本实验中使用的仪器的作用。
2. 整理实验数据，填入实验表格中。
3. 画出使用直流稳压电源输出+6 V、±12 V 以及 45 V 时，仪器的连接示意图。
4. 总结实验过程中遇到的问题及其解决方法。

六、思考题

1. 在实验中均要求用单线连接电源，用屏蔽电缆线连接信号，屏蔽网络状线应接实验系统的地，芯线接信号，对于交流信号能颠倒吗？为什么？
2. 测量中示波器测得的正弦波峰-峰值大于交流毫伏表测得的示值，这是什么原因？
3. 交流毫伏表能测量直流电压吗？它在其工作频率范围内用来测量正弦交流信号的什么数值？万用表的交流电压挡能测量任何频率的交流信号吗？
4. 若某实验电路要求信号源提供 50 mV，频率为 1 kHz 的交流正弦输入信号，请说出信号源各电压调节钮的正确调整方法。
5. 用示波器观察信号波形时，为了得到以下特征：
（1）波形清晰；（2）亮度适中；（3）波形稳定；（4）移动波形位置；（5）改变波形个数；（6）改变波形高度；（7）同时可显示两个信号波形。
需要分别调整哪些旋钮？

1.2 基本放大电路

一、实验目的

1. 学习基本放大电路静态工作点及电压放大倍数的调整与测试方法。
2. 观察静态工作点和负载电阻改变对电路工作状态、输出波形及 A_V 的影响。
3. 掌握放大电路输入、输出电阻的测量方法。

二、实验原理

固定偏置的单级共射放大电路如图 1.2.1 所示。

1. 静态工作点的设置

静态工作点是指输入交流信号为零时三极管的基极电流 I_{BQ}、集电极电流 I_{CQ} 和集电极与发射极之间的压降 V_{CEQ}。图 1.2.2 示意了通过图解法可在三极管输出特性曲线上得到放大器静态工作点的值。

放大器的偏置电路的功能是给放大器提供一个合适的工作点。合适的静态工作点是放大电路放大的前提。如果工作点过高或工作点过低都会影响放大器对信号放大的质量。工作点过高，接近饱和区，输出信号容易出现饱和失真，如图 1.2.3 所示；如果工作点设置过低，接近截止区，输出信号容易出现截止失真，如图 1.2.4 所示。因此，最佳的静态工作点应选择在交流负载线的中间,既保证了输出信号不易出现失真,也提高了输出信号的动态范围。

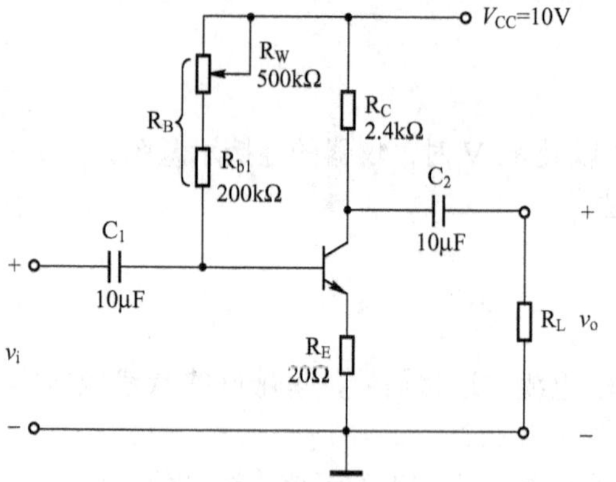

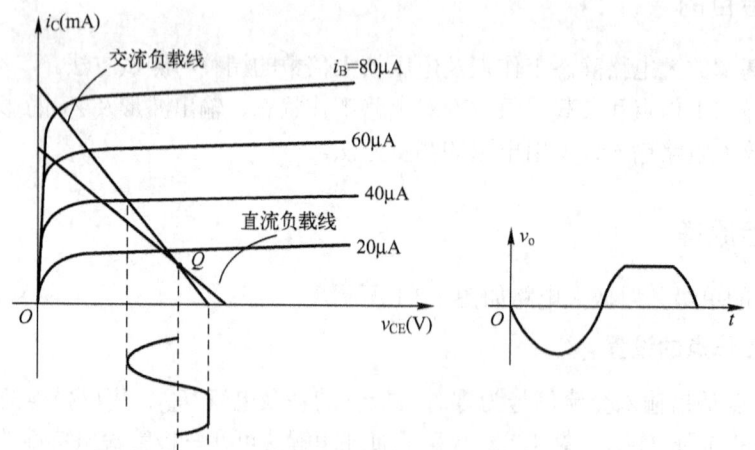

图 1.2.1 单级共射放大电路

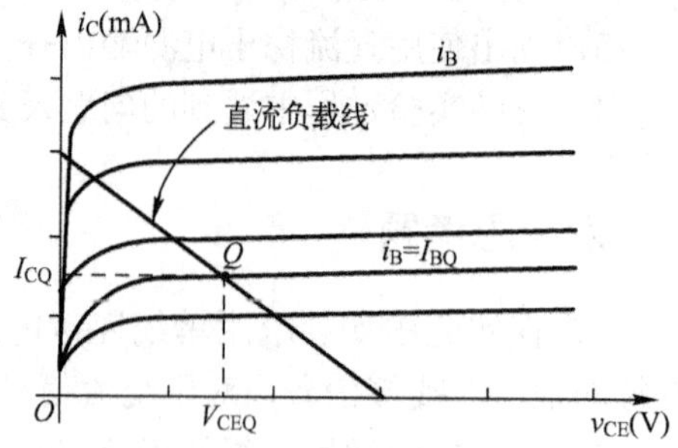

图 1.2.2 图解法得到静态工作点的值

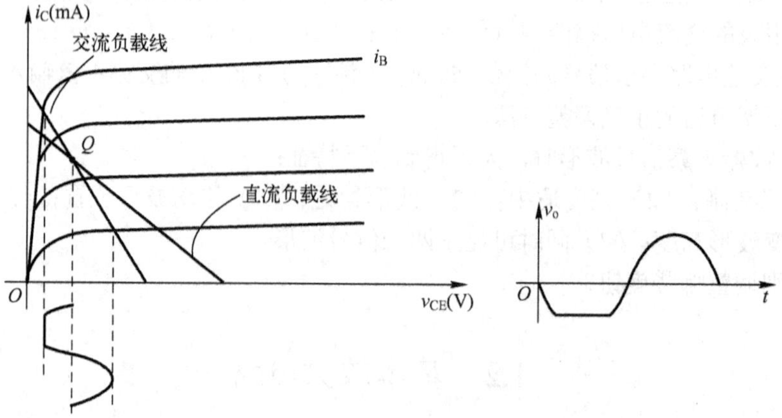

图 1.2.3 工作点过高时三极管输出端的输出波形和放大器对应输出波形

图 1.2.4 工作点过低时三极管输出端的输出波形和放大器对应输出波形

2. 放大电路电压增益的测量

增益又称为放大倍数,它反映放大器放大信号的能力。如图 1.2.5 所示的放大器示意图中,电压增益为输出电压和输入电压之比。

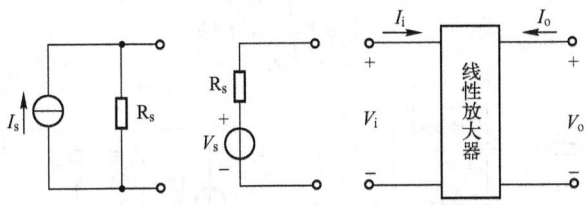

图 1.2.5 放大器及信号源

$$A_v = V_o / V_i \tag{1.2.1}$$

实验中,用示波器监视放大电路输出电压的波形不失真时,用交流毫伏表分别测量输入、输出电压,然后按增益公式就可以计算出电压增益。

对应于图 1.2.1 所示电路参数,放大电路的电压增益理论值为:

$$A_v = \frac{V_o}{V_i} = -\frac{\beta R_C // R_L}{r_{be} + (1+\beta)R_E} \tag{1.2.2}$$

当选定三极管和负载电阻后,增益主要取决于静态工作点。

3. 输入电阻的测量

放大器的输入电阻定义为从放大器的输入端看进去的等效电阻。它的大小表示放大电路从信号源或前级放大电路获取电流的多少。在放大器的设计过程中,R_i 是设计的大些或是小些主要看信号源的情况。放大器的输入电阻,可以看成信号源的负载,放大器的输入端得到的信号越强对信号的放大越有利。因此,如果信号源是电压源,则放大器的输入电阻 R_i 越大越好;若信号源是电流源,则 R_i 越小越好。

对于图 1.2.1 所示电路参数,放大电路的输入电阻理论值为:

$$R_i = R_B // [r_{be} + (1+\beta)R_E] \tag{1.2.3}$$

输入电阻的值同样和静态工作点有着直接的关系。

实验中测量输入电阻的原理图如图 1.2.6 所示,在放大电路与信号源之间串入固定电阻 R_s,在输入电压波形不失真的条件下,用交流毫伏表测量 V_s 和对应的 V_i 的值,按照式 (1.2.4)就可以计算出输入电阻 R_i:

$$R_i = \frac{V_i}{V_s - V_i} R_s \tag{1.2.4}$$

电阻 R_s 的值不易取得过大,过大容易引入干扰;但也不易取得太小,太小容易引起较大测量误差,当 $R_s = R_i$ 时,测量误差最小。

4. 输出电阻的测量

放大器的输出电阻定义为从放大器的输出端看进去的等效电阻,它的大小表示电路带负载能力的大小。输出电阻越小,带负载能力越强。图 1.2.1 所示电路的输出电阻理论值近似等于集电极电阻 R_C,晶体管的输出电阻 r_{ce} 越大,越接近 R_C。

实验中输出电阻的测量原理如图 1.2.7 所示,在输出电压波形保持不失真的情况下,用交流毫伏表测出电路带负载时的输出电压 V_{oL} 和空载时的输出电压 V_o,按照下式就可以计算出 R_o:

$$R_o = \left(\frac{V_o}{V_{oL}} - 1\right) R_L \tag{1.2.5}$$

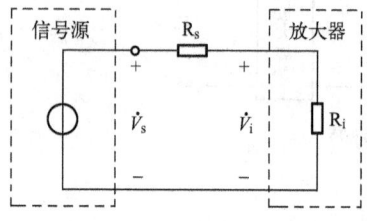
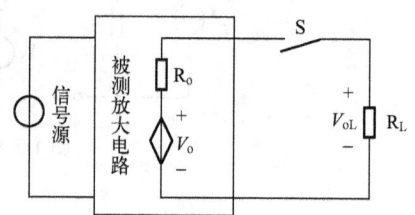

图 1.2.6 测量输入电阻的原理图　　　　图 1.2.7 测量输出电阻的原理图

三、实验内容

1. 静态工作点调整与测试

（1）调整双路直流稳压电源 $V_{CC}=10$ V，并接入电路。

（2）不接输入信号下，调节图 1.2.1 的滑动变阻器 R_W 使得 Q 点处在不同的位置，按表 1.2.1 测量与计算相应的数值，并最终调至最佳位置，记录相应电压值。

（3）从低频信号源输出频率 $f=1$ kHz，信号源幅度为 10 mV 的正弦信号并加入放大器的输入端，观察滑动变阻器为最小或最大时输出波形的失真情况，填入表 1.2.1 中，并分析失真的类型和原因。

表 1.2.1 静态工作点测量和失真波形情况

R_W (kΩ)		静态工作点	失真波形	失真性质
最小	测量值	$V_{CEQ}=$___，$V_{BEQ}=$___，$V_{R_{b1}}=$___，$V_{R_E}=$___，$V_{R_C}=$___		
	计算值	$I_{CQ}=$___，$I_{BQ}=$___，$\beta=$___		
	理论值	$I_{CQ}=$___，$I_{BQ}=$___，$V_{CEQ}=$___		
最佳工作点	测量值	$V_{CEQ}=$___，$V_{BEQ}=$___，$V_{R_{b1}}=$___，$V_{R_E}=$___，$V_{R_C}=$___		
	计算值	$I_{CQ}=$___，$I_{BQ}=$___，$\beta=$___		
	理论值	$I_{CQ}=$___，$I_{BQ}=$___，$V_{CEQ}=$___		
最大	测量值	$V_{CEQ}=$___，$V_{BEQ}=$___，$V_{R_{b1}}=$___，$V_{R_E}=$___，$V_{R_C}=$___		
	计算值	$I_{CQ}=$___，$I_{BQ}=$___，$\beta=$___		
	理论值	$I_{CQ}=$___，$I_{BQ}=$___，$V_{CEQ}=$___		

2. 测交流电压放大倍数

（1）将滑动变阻器置于实验内容 1 中调节的最佳工作点处。

（2）将低频信号源频率调至 $f=1$ kHz，将低频信号源的输出接入实验电路的输入端，按表 1.2.2 调节输入信号 V_i 的幅度，测出对应 V_o 值，填表记录测量结果，最后一行的 V_i 幅度为输出电压幅度最大且不失真时所对应的输入电压的值。表格中最后一列定性画出示波器上显示的波形。

3. 测量输入电阻 R_i

按图 1.2.6 所示连接电路，取输入端串联电阻 R_s=1 kΩ，调输入电压 V_s 使得 V_i 为 10 mV（有效值）左右，记录 V_i、V_s，将结果记录在表 1.2.3 中。

表 1.2.2 放大倍数测量表

V_i(mV)	V_o(mV)	$A_V= V_o/V_i$	输出波形(定性)
10			
15			
20			
( )			最大不失真输出

表 1.2.3 输入电阻和输出电阻测量表

输入电阻 R_i		输出电阻 R_o	
R_L=∞	R_L=∞	R_L=∞	R_L=1.5 kΩ
V_s=	V_i=	V_o=	V_{oL}=
R_i=		R_o=	

4. 测量输出电阻 R_o

按图 1.2.7 所示连接电路，去除上述实验内容 3 中的串联电阻 R_s，输入端加信号源，测量空载时输出电压 V_o；然后加入负载取 R_L=1.5 kΩ，测量此时负载两端的输出电压 V_{oL} 值。将结果记录在表 1.2.3 中（V_o 的变化不明显可适当减小 V_i 的值）。

四、实验仪器

1. 数字存储示波器　　　1 台
2. 低频信号源　　　　　1 台
3. 交流毫伏表　　　　　1 只
4. 双路直流稳压电源　　1 台
5. 万用表　　　　　　　1 只

五、实验报告内容

1. 记录和整理测试数据，按要求填入表格并画出波形图。
2. 分析饱和失真和截止失真的产生原因。
3. 对测试结果和理论计算结果进行比较，找出误差产生的原因。
4. 总结实验过程中遇到的问题及其解决方法。

六、思考题

1. 分析电路中 R_E 的作用。
2. 静态工作点 I_{CQ} 为什么不能直接测量，而是通过测量 V_{R_C} 间接得到？
3. 负载电阻变化时，对放大电路静态工作点有无影响？对电压增益有无影响？
4. 说明测量输出电阻都有哪些方法？
5. 总结静态工作点的调节方法。

1.3 射极输出器

一、实验目的

1. 掌握射极输出器的性能和基本特点。
2. 进一步熟悉放大电路电压增益、输入电阻和输出电阻的测量方法。
3. 掌握最大跟随电压的调整与测量。

二、实验原理

射极输出器如图 1.3.1 所示，信号由晶体管的基级输入、发射极输出，所以称为射级输出器。该电路具有如下特点：电压放大倍数近似为 1，且恒小于 1；输出电压信号与输入电压信号同相位；输入电阻高，而输出电阻低。适合作为多级放大器的输入、输出级，或作为前后级间的阻抗变换。

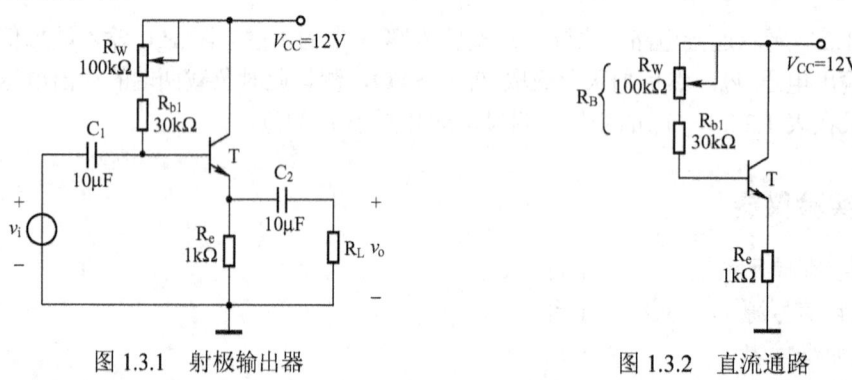

图 1.3.1 射极输出器　　　　图 1.3.2 直流通路

（1）静态分析：图 1.3.1 所示放大电路的直流通路如图 1.3.2 所示。由图可得：

$$I_{BQ} = \frac{V_{CC} - V_{BE}}{R_B + (1+\beta)R_e} \tag{1.3.1}$$

$$I_{CQ} = \beta I_{BQ} \tag{1.3.2}$$

$$V_{CEQ} = V_{CC} - I_{EQ}R_e \tag{1.3.3}$$

（2）电压增益：

$$\dot{A}_v = \frac{\dot{V}_o}{\dot{V}_i} = -\frac{\beta R_L'}{r_{be} + (1+\beta)R_L'}, \quad 其中：R_L' = R_L // R_e \tag{1.3.4}$$

由于射极输出器的电压增益接近于 1，同时输出电压与输入电压是同相的，所以射极输出器通常叫做电压跟随器。

（3）输入电阻：

$$R_i = R_B // [r_{be} + (1+\beta)R_L'], \quad 其中：R_L' = R_L // R_e \tag{1.3.5}$$

（4）输出电阻：

$$R_o = R_e // \frac{r_{be}}{1+\beta} \tag{1.3.6}$$

（5）电压跟随范围：是指射极输出器输出电压 V_o 跟随输入电压 V_i 做线性变化的区域。当输入电压 V_i 超过某一范围时，输出电压就不能跟随输入电压做线性变化，即 V_o 波形就会出现失真。

三、实验内容

（1）静态工作点测量

调整直流稳压电源输出 V_{CC}=12 V，并接入图 1.3.2 的电路。完成表 1.3.1。

（2）测量电压放大倍数

调信号源频率 f=1 kHz，按表 1.3.2 加输入电压 V_i，测量 V_o，并求出 A_v。

（3）测量最大跟随电压

继续加大输入电压 V_i，用示波器监视输出电压 V_o 的波形使之达到最大不失真，按表 1.3.2 记录下所测得的 V_o 和 V_i 值。

表 1.3.1 静态工作点测量

测量值	V_{CEQ}=____, V_{BEQ}=____, $V_{R_{b1}}$=____, $V_{R_{b2}}$=____, V_{R_E}=____
计算值	I_{CQ}=____, I_{BQ}=____, β=____
理论值	I_{CQ}=____, I_{BQ}=____, V_{CEQ}=____

表 1.3.2 电压增益和最大跟随电压的测量

V_i（V）	V_o（V）	A_v=V_o/V_i
0.1V		
0.3V		
（ ）		最大跟随电压

（4）测量输入、输出电阻

（1）输入电阻的测量原理如图 1.3.3 所示，输入端串联电阻 R_s=3 kΩ，加输入电压 V_s，按表 1.3.3 分别测量当 R_L=∞和 R_L=1 kΩ 时的 V_i 值，代入式（1.3.7），求出 R_i 和 R_i'，观察比较 R_i 和 R_i' 的区别。

表 1.3.3 输入阻抗和输出阻抗的测量

	输入电阻 R_i		输出电阻 R_o	
V_s(V)	R_L=∞	R_L=1 kΩ	R_L=∞	R_L=1 kΩ
0.1V	V_i=	V_i=	V_o=0.1V	V_{oL}=
	R_i=	R_i'=		R_o=

输入电阻：
$$R_i = \frac{V_i}{V_s - V_i} R_s \qquad (1.3.7)$$

（2）输出电阻 R_o 的测量原理如图 1.3.4 所示，去除电阻 R_s，输入信号 V_i，分别测出 R_L=∞和 R_L=1 kΩ 时的 V_o 和 V_{oL} 值，代入式（1.3.8）求出 R_o（若 V_o 的变化不明显可适当减小 V_i 的值）。

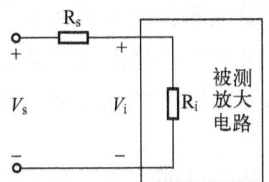

图 1.3.3 输入电阻的测量原理　　　　图 1.3.4 输出电阻的测量原理

输出电阻：
$$R_o = \left(\frac{V_o}{V_{oL}} - 1\right) R_L \qquad (1.3.8)$$

四、实验仪器

1. 数字存储示波器　　　　1 台
2. 低频信号源　　　　　　1 台
3. 交流毫伏表　　　　　　1 只
4. 双路直流稳压电源　　　1 台
5. 万用表　　　　　　　　1 只

五、实验报告内容

1. 说明射极输出器的电路特点。
2. 记录和整理测试数据，按要求填入表格。
3. 对测试结果进行理论分析，找出误差产生的原因。
4. 总结实验过程中遇到的问题及其解决方法。

六、思考题

1. 射极输出器具有高输入阻抗和低输出阻抗这一特点，在实际应用中起何作用？
2. 如果改变外接负载 R_L，问对所测放大器的输出电阻有无影响？
3. 在测量放大倍数、输入电阻和输出电阻时，能否用示波器来测量电压幅度？为什么要用交流毫伏表？

1.4　负反馈放大电路

一、实验目的

1. 加深理解放大电路中引入负反馈的方法
2. 通过实验加深了解负反馈对放大器各项性能指标的影响。
3. 进一步熟练掌握放大器的静态工作点、放大倍数、输入电阻、输出电阻等性能指标的测量方法。

二、实验原理

反馈用于许多实际的电子系统和电子电路中，它是改善放大器性能的有效手段。反馈被广泛应用，可以说没有一个实际的电子系统不使用反馈的。反馈就是将放大器的输出端的量（可能是电压，也可能是电流）的一部分或全部，通过一定的方式回送到放大器的输入端的过程。存在反馈网络的放大器被称为反馈放大器。

若按反馈的极性给反馈分类，则反馈可以分为正反馈和负反馈两大类。如果从输出端引回到输入端的信号和输入信号的相位相同，即反馈信号加强了输入信号，则称其为正反馈；反之，如果从输出端引回到输入端的信号和输入信号的相位相反，即反馈信号削弱了输入信号，则称其为负反馈。

若按反馈信号在放大器的输出端采样的种类给反馈分类,则反馈可以分为电压反馈和电流反馈两大类。若按反馈信号在放大器的输入端的连接方式给反馈分类,则反馈可以分为串联反馈和并联反馈两大类。

一般情况下,对具体的反馈放大器来说,既要考虑反馈信号在输出端的采样方式,又要考虑输入端的连接方式和反馈极性,因此仅负反馈就有四种类型:电压串联负反馈;电压并联负反馈;电流串联负反馈;电流并联负反馈。同样,正反馈也有四种类型。

图 1.4.1 给出了反馈放大器的原理方框图。

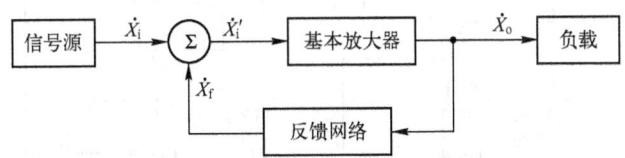

图 1.4.1　反馈放大器的原理方框图

基本放大器的增益,也就是反馈放大器的开环增益为:

$$\dot{A} = \dot{X}_o / \dot{X}_i' \quad (1.4.1)$$

反馈网络的反馈系数为:

$$\dot{F} = \dot{X}_f / \dot{X}_o \quad (1.4.2)$$

反馈放大器的增益用 A_f 表示,它也称成为反馈放大器的闭环增益:

$$\dot{A}_f = \dot{X}_o / \dot{X}_i \quad (1.4.3)$$

若为负反馈, $\dot{X}_i = \dot{X}_i' + \dot{X}_f$,可得到闭环增益和开环增益的关系式:

$$\dot{A}_f = \frac{\dot{A}}{1 + \dot{A}\dot{F}} \quad (1.4.4)$$

不同类型的反馈对放大器的性能有着不同的影响。放大电路引入负反馈后,电路的增益有所下降,但可以提高增益的稳定性,扩展通频带,改变输入电阻和输出电阻等。

(1) 负反馈可提高增益的稳定性。引入负反馈前后,放大电路闭环增益的相对变化率为: $\dfrac{dA_f}{A_f} = \dfrac{A}{1+AF}\dfrac{dA}{A}$,可见,引入负反馈后增益的相对变化率降低了,增益的稳定性提高了。反馈越深,闭环增益的稳定性越好。

由式(1.4.4)可见,引入负反馈前后, $1+\dot{A}\dot{F}$ 越大,负反馈越强。若 $|1+\dot{A}\dot{F}|\gg 1$,则深度负反馈的电压增益仅与反馈网络有关,而与基本放大电路无关。

(2) 负反馈对输入电阻和输出电阻的影响。负反馈对输入电阻的影响取决于输入连接方式,串联负反馈增大输入电阻,并联负反馈减小输入电阻。

负反馈对输出电阻的影响取决于输出取样方式,电压负反馈降低输出电阻,电流负反馈增大输出电阻。

电阻增加或减小的程度取决于反馈深度 $1+\dot{A}\dot{F}$ 。反馈深度越大,影响就越大。

(3) 负反馈可扩展通频带。负反馈放大器的上限频率 f_{Hf} 与下限频率 f_{Lf} 的表达式为:

$$f_{Hf} = \left|1+\dot{A}\dot{F}\right|f_H , \quad f_{Lf} = \frac{1}{\left|1+\dot{A}\dot{F}\right|}f_L \quad (1.4.5)$$

可见，引入负反馈后通频带变宽了。

本实验电路如图 1.4.2 所示，它是由分立元件组成的电压串联负反馈放大器电路，该电路由两极单管放大器和反馈阻容元件 R_f 和 C_f 组成。

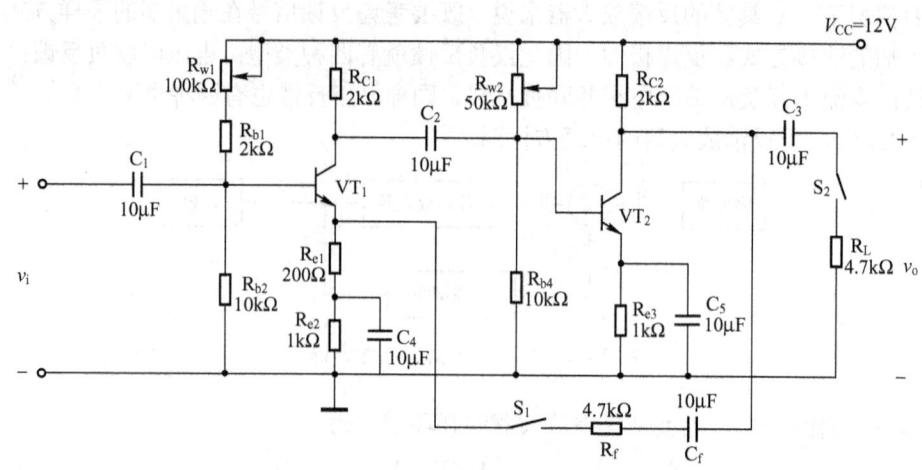

图 1.4.2 负反馈放大电路

负反馈放大器的各项指标与基本放大器的指标，以及反馈系数有关，若要分析负反馈对放大电路的影响，需要先去掉反馈网络，也就是必须先将基本放大器分离出来，即将反馈环拆开。拆环的方法：画基本放大器的输入端时应该对放大器的输出端进行处理，对电压反馈电路，输出端的负载应短路；对电流反馈电路，输出端的负载应开路。画基本放大器的输出端时也应该对放大器的输入端进行处理，对并联反馈，输入端信号源短路；对串联反馈，输入端信号源开路。这样画出基本放大器的输入和输出端之后，中间部分按原来的样子画出。

三、实验内容

1. 静态工作点的调节与测量

按图 1.4.2 所示的电路进行线路连接。由信号发生器提供频率为 1 kHz，峰峰值为 2 mV 的正弦信号，断开 S_1，调节滑动变阻器 R_{w1} 和 R_{w2}，使输出波形不失真。断开输入信号，以及开关 S_1 和 S_2，用直流电压表分别测量静态工作点的各个参数，填入表 1.4.1 中。

表 1.4.1 静态工作点测量

	$V_b(V)$	$V_c(V)$	$V_e(V)$	$V_{ce}(V)$
第一级				
第二级				

2. 研究负反馈放大电路放大倍数和反馈系数的关系

输入端接入频率为 1 kHz，峰峰值为 2 mV 的正弦信号，在闭环状态下，测出输出电压和反馈电压，求出闭环放大倍数和反馈系数。在开环下测出基本放大器的输出电压，求出开环放大倍数。

3. 研究负反馈对放大器放大倍数稳定性的影响

输入端接入 1 kHz 的正弦信号，在开环和闭环状态下，分别输入 V_i 为如表 1.4.2 所示峰

-峰值的信号,并分别测量带负载(S_2关上)和不带负载(S_2打开)两种情况下的V_i和V_o,分别计算电压放大倍数,分析电压稳定性。将测量数据填入表1.4.2中。

表1.4.2 放大倍数稳定性测量

测试条件			测量值	计算值	
电路状态	R_L(kΩ)	V_{ip-p}(mV)	V_o(V)	放大倍数	比值
开环	∞	2	$V_o=$	$A_v=$	$\dfrac{dA_v}{A_v}$
	4.7		$V_o'=$	$A_v'=$	
闭环	∞	20	$V_{of}=$	$A_{vf}=$	$\dfrac{dA_{vf}}{A_{vf}}$
	4.7		$V_{of}'=$	$A_{vf}'=$	

4. 研究电压串联负反馈对输入、输出电阻的影响

(1)输入电阻的测量

输入电阻的测量原理见图1.3.3,输入端串联电阻$R_s=2$ kΩ,加输入电压V_s,按表1.4.3分别测量开环和闭环时的V_i值,并根据式(1.3.7)求出R_i和R_{if}。

(2)输出阻抗的测量

输出电阻R_o的测量原理见图1.3.4,去除电阻R_s,输入频率为1kHz,峰峰值为2mV的正弦信号V_i,分别测出$R_L=∞$(S_2打开)和$R_L=4.7$ kΩ(S_2闭合)时的V_{oL}和V_o值,填入表1.4.4中,并代入式(1.3.8)中,求出R_o和R_{of}的值。

表1.4.3 开闭环输入电阻的测量

测试条件	测试值		计算值
	V_s(mV)	V_i(mV)	输入电阻
开环			$R_i=$
闭环			$R_{if}=$

表1.4.4 开闭环输出电阻的测量

测试条件	测试值		计算值
	$V_o(R_L=∞)$	$V_o'(R_L=4.7kΩ)$	输出电阻
开环			$R_o=$
闭环			$R_{of}=$

5. 频率特性的改善

把电路接成开环状态和闭环状态,分别测出它们的上限频率(f_H)和下限频率(f_L)填入表1.4.5中,并进行比较。

测f_H和f_L时,输入频率为1 kHz,调节输入信号幅度,观察输出波形不失真,且保持输出V_o基本一致,测得中频时的V_o值;然后保持信号源电压大小不变,改变信号源的频率,先增加f使得V_o降到中频时的0.707倍,此时输入信号的频率即为f_H;降低频率使得V_o降到中频时的0.707倍,此时输入信号频率即为f_L。

表1.4.5 开闭环下频率特性的测量

测试条件	V_i(mV)	$0.707×V_o$(V)	f_H	f_L
开环				
闭环				

四、实验仪器

1. 数字示波器　　　　1台
2. 低频信号源　　　　1台
3. 交流毫伏表　　　　1只

4．双路直流稳压电源　　　1台
5．万用表　　　　　　　　1只

五、实验报告内容

1．记录和整理测量数据，按要求填入表格。
2．比较放大器在开环和闭环下的电压增益，输入、输出电阻，以及带宽的变化，并与理论值进行比较，分析误差。
3．总结负反馈放大器对性能的影响。
4．说明实验过程中遇到的问题及其解决方法。

六、思考题

1．画出本实验开环时的基本放大器的电路图。
2．如果实验电路的第一级为共集电极组态、第二级为共射级组态，则电路可以引入电压串联负反馈吗？如果不能，则可以引入何种组态的负反馈？
3．本实验电路会产生自激振荡吗？为什么？

1.5　集成功率放大电路

一、实验目的

1．了解 TDA2030 集成功率放大电路的工作原理及其应用。
2．掌握集成功率放大电路的主要性能的测试方法。

二、实验原理

1．TDA2030 集成功率放大器

功率放大电路是一种以输出较大功率为目的的放大电路。集成功率放大电路由集成功率放大器芯片和外接阻容元件构成，它除了具有分立元件的特点外，还具有体积小、工作稳定可靠、调试简单、效率高，以及使用方便等优点，在音频领域有着广泛的应用。集成功率放大器的种类很多，本实验采用 TDA2030 集成功率放大器，是意法半导体公司生产的音频功放电路，它具有输出功率大、静态电流小、动态电流大、带负载能力强、噪声低，保真度高、增益高、输入阻抗高、工作频带宽、可靠性高、体积小、外围元件少等特点。其内部设有过电流保护及功耗限制电路，当负载短路或外部其他原因造成电流剧升使功耗超过额定值时，功放保护电路自动启动，使电路工作于安全区。

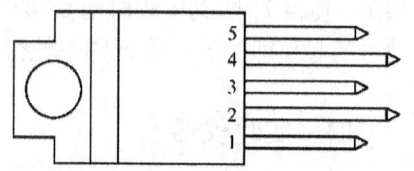

图 1.5.1　TDA2030 引脚图

TDA2030 采用 V 型 5 脚单列直插式塑料封装结构，引脚图如图 1.5.1 所示。管脚定义为：1 脚是正相输入端；2 脚是反相输入端；3 脚是负电源输入端；4 脚是功率输出端；5 脚是正电源输入端。

TDA2030 的典型应用电路如图 1.5.2 所示，输入信号从 1 脚同相端输入，4 脚输出端向负载扬声器提供信号功率，使其发出声响。C_1 为输入直流去耦电容，VD_1、VD_2 组成电源极性保护电路，防止电源极性接反损坏集成功放。C_3、C_4 与 C_5、C_6 为电源滤波电容。

TDA2030 的极限参数见表 1.5.1。

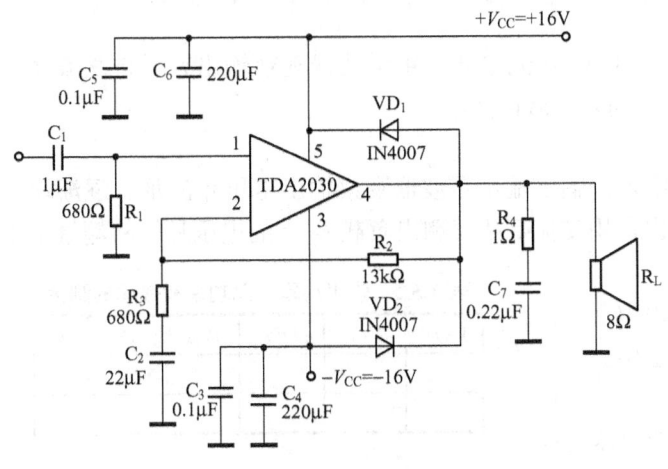

图 1.5.2 集成功率放大器实验电路

表 1.5.1 TDA2030 极限参数

参数名称	极限值	单位
电源电压(V_{CC})	±18	V
输入电压(V_{in})	V_{CC}	V
差分输入电压(V_{id})	±15	V
峰值输出电流(I_o)	3.5	A
耗散功率(P_T)	20	W
工作温度(T_{opr})	−40~+150	℃
存储温度(T_{stg})	−40~+150	℃

2. 功率放大器的主要性能指标

（1）输出功率和最大输出功率

若输出电压的有效值为 V_o，幅值为 V_{om}，输出电流的有效值为 I_o，幅值为 I_{om}，则输出功率为：

$$P_O = V_o I_o = \frac{V_{om}^2}{2R_L} \tag{1.5.1}$$

由上式可知，输出功率和激励信号有关，激励信号越大，输出功率就越大。因此，如果忽略晶体管的饱和压降，负载上可以获得最大的功率。最大输出功率为：

$$P_{O\max} = \frac{1}{2}\frac{V_{CC}^2}{R_L} \tag{1.5.2}$$

（2）效率与最高效率

放大器的效率定义为输出功率 P_O 和电源供给的功率 P_D 之比，用 η 表示。一般情况下有：

$$\eta = \frac{P_O}{P_D} = \frac{\pi}{4}\frac{V_{om}}{V_{CC}} \tag{1.5.3}$$

最大效率为：

$$\eta_{\max} = P_{O\max}/P_D \tag{1.5.4}$$

求解放大器的效率，首先应求出直流电源供给的功率。当有信号输入时，两直流电源提供的平均功率为：

$$P_{\mathrm{D}} = \frac{1}{\pi}\int_0^\pi V_{\mathrm{CC}} I_{\mathrm{om}} \sin\omega t\, \mathrm{d}\omega t = \frac{2}{\pi}\frac{V_{\mathrm{CC}} V_{\mathrm{om}}}{R_{\mathrm{L}}} \qquad (1.5.5)$$

三、实验内容

按图 1.5.2 所示搭建电路。

（1）静态测试

检查电路接线无误后，接通 $V_{\mathrm{CC}}=16\mathrm{V}$ 直流电源。用示波器观察输出有无自激振荡现象；如有自激，则改变 R_4 和 C_7 的值以消除自激振荡。

（2）测量 P_{Omax} 和效率 η

输入端接 $f=1\mathrm{kHz}$ 的正弦信号 v_i，输出端用示波器观察输出电压 v_o 波形。逐渐增大 V_i，使输出电压达到最大不失真输出，用交流毫伏表测出负载 R_L 上的电压 V_o，将测量结果和计算结果填入表 1.5.2 中。

（3）电源电压改为 12 V，重复内容（2），并把测量结果和计算结果填入表 1.5.2 中。

表 1.5.2　输出功率、总功率和效率的测量

$V_{\mathrm{CC}}/\mathrm{V}$	V_i/V	V_o/V	P_{omax}	P_{D}	η

（4）信噪比 α 的测量

信噪比是指放大器的输出信号的电压与同时输出的噪声电压的比，常用分贝数表示，设备的信噪比越高表明它产生的杂音越少。一般来说，信噪比越大，说明混在信号里的噪声越小，声音回放的音质越好，否则相反。信噪比一般不应该低于 70 dB，高保真音箱的信噪比应达到 110 dB 以上。根据定义只要测出集成功放的输出噪声电压，即可求出信噪比。在集成功放的输入端并联上一个信号源等效内阻（SG1020P 型函数信号发生器的等效内阻为 50 Ω），断开集成功放的输入信号，测量集成功放此时的输出电压，即为噪声电压 V_{on}，则有

$$\alpha = 10\lg\left(\frac{P_\mathrm{N}}{P_\mathrm{n}}\right) = 10\lg\left(\frac{V_\mathrm{o}^2}{V_{\mathrm{on}}^2}\right) = 20\lg\left(\frac{V_\mathrm{o}}{V_{\mathrm{on}}}\right) \qquad (1.5.6)$$

记录输入信号有效值、噪声电压有效值，并根据上式求出信噪比。

四、实验仪器

1. 数字示波器　　　　　1 台
2. 低频信号源　　　　　1 台
3. 交流毫伏表　　　　　1 只
4. 双路直流稳压电源　　1 台
5. 万用表　　　　　　　1 只

五、实验报告要求

1. 说明集成功率放大电路的工作原理和动态技术指标。
2. 认真记录和整理测试数据，按要求填入表格。
3. 总结实验过程中遇到的问题及其解决方法。

六、思考题

1. TDA2030 属于哪类功放？其理论最高效率为多少？实验测量中达不到最高效率的原因是什么？
2. 实验中为什么要给 TDA2030 增加散热片？如果散热不好，电路会出现何种问题？
3. 能否通过改变电路中的反馈量来改变输出功率？

1.6　集成运算放大器应用

一、实验目的

1. 掌握 LM741 集成运放的功能和使用方法。
2. 掌握反相放大、低通滤波、正弦波振荡电路的测试和计算方法。
3. 掌握在运放电路中引入负反馈的方法。

二、实验原理

集成运算放大器是具有高增益、高输入电阻和低输出电阻的直接耦合多级放大电路。通常，集成运放有 2 个输入端（同相端和反相端），1 个输出端，有的还有辅助调零端。

将集成运算放大器接入由不同的线性或非线性器件组成的输入和负反馈电路，可以实现各种不同的电路功能。分析时只要实际的运用条件不使运算放大器的某个技术指标明显下降，就可将运算放大器视为理想运算放大器。理想运算放大器的特性包括：差模电压放大倍数：$A_{vd} = \infty$；差模输入电阻：$R_{id} = \infty$；输出电阻：$R_{od} = 0$；带宽：$f_{BW} = \infty$；共模抑制比足够大。

本实验采用通用型集成运算放大器 LM741 作为实验基本器件，它是具有高放大倍数（$10^5 \sim 10^8$）、高输入阻抗、低输出阻抗的直接耦合放大电路。芯片引脚图如图 1.6.1 所示。

理想运算放大器在外加线性负反馈后是运算放大器的线性应用，可以实现多种运算器，如反相比例放大器、同相比例放大器、加法运算、减法运算、积分运算等；运算放大器在开环情况下和加正反馈后是运算放大器的非线性运用，可以构成单门限电压比较器、迟滞比较器、窗口比较器等；结合线性和非线性应用可以构成多种波形的转换电路。

集成运算放大电路的应用有很多，本实验仅对几种基本电路进行研究。

（1）反相比例运算电路

反相放大器是由一个运算放大器组成的深度负反馈电路，输入信号加在运算放大器的反相输入端，而反馈电阻 R_f 由输出端接到反相输入端。电路如图 1.6.2 所示。

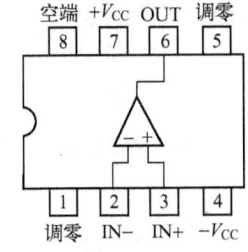
图 1.6.1　LM741 芯片引脚图

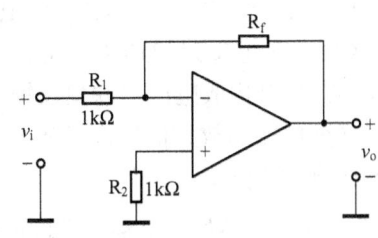
图 1.6.2　反相放大电路

反相放大器的闭环电压增益为:

$$A_v = -R_f / R_1 \tag{1.6.1}$$

当 $R_f = R_1$ 时，$v_o = -v_i$，电路实现反相跟随功能，称为反相器。

（2）积分器

基本积分电路如图 1.6.3(a)所示，在运算放大器理想且电容两端初始电压为 0V 的条件下，基本积分器输出电压和输入电压的关系为:

$$v_o = -\frac{1}{C_f R_1} \int_0^{t_0} v_i \mathrm{d}t + v_o(0) = -\frac{1}{C_f R_1} \int_0^{t_0} v_i \mathrm{d}t \tag{1.6.2}$$

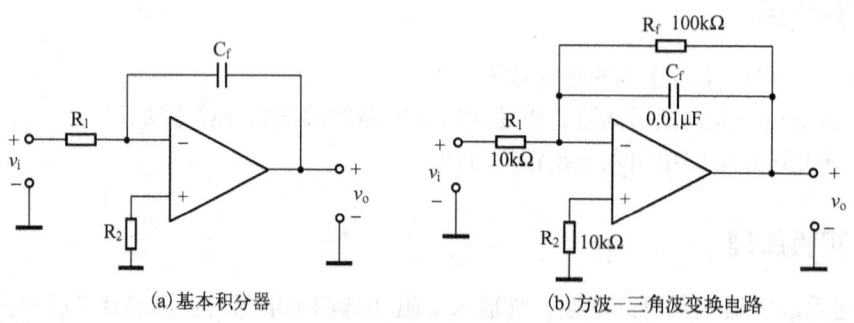

图 1.6.3 积分电路

式中，$R_1 C_f$ 为积分时间常数。$R_1 C_f$ 的大小影响输出波形。$R_1 C_f$ 值过大，输出幅度会过低；$R_1 C_f$ 值过小，运算放大器会偏向正饱和值或负饱和值，从而使输出波形出现失真。另外，由于运放存在输入失调误差，用该电路进行实验时，其输出将漂移不定，直至输出偏向饱和值（接近正或负电源电压）为止。为了消除积分器的饱和现象，降低电路的低频电压增益，将反馈电容和电阻 R_f 并联，如图 1.6.3(b)所示，起到直流负反馈的作用，能够有效改善输出波形出现失真的情况。此时电路仍具有积分的功能，但输入信号的频率会受到一定的限制。当输入频率大于 $f_o = \dfrac{1}{2\pi R_f C_f}$ 时，电路为积分器；若输入频率远低于 f_o，电路近似一个反相器，低频电压增益为: $A_v = -R_f / R_1$。

（3）正弦波信号发生器

文氏电桥正弦波信号发生器原理电路如图 1.6.4 所示。该电路是在一个集成运放输出端与输入端之间施加了正负两种反馈而构成的。$R_1 C_1$ 和 $R_2 C_2$ 组成串并联网络，构成正反馈支路。R_f 和 R' 组成的负反馈支路没有选频作用，故只有依靠 $R_1 C_1$ 和 $R_2 C_2$ 组成的串并联网络来实现正反馈和选频作用，才能使电路产生振荡。R_f 和 R' 构成电压串联负反馈支路，调整 R_f 值可以改变电路的放大倍数，使放大电路工作在线性区，减小波形失真。

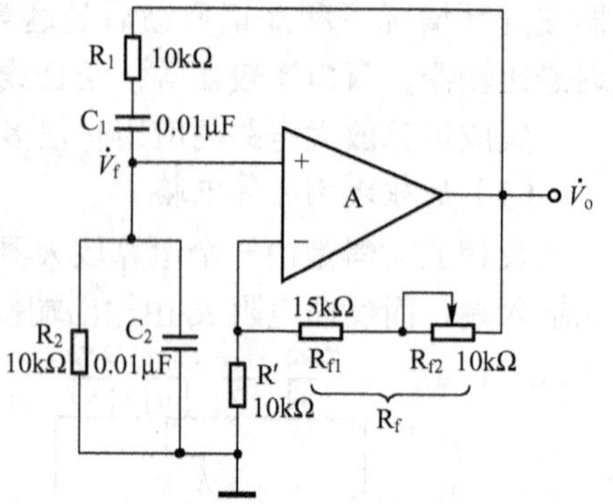

图 1.6.4 文氏桥正弦波信号发生器原理电路

根据振荡电路的起振条件，电路参数取值应满足 $A_{vf} = 1 + \dfrac{R_f}{R'} \geq 3$，即 $R_f > 2R'$ 时电路才能

维持振荡输出。当取 $R_1=R_2=R$，$C_1=C_2=C$ 时，电路振荡频率 $f_0=\dfrac{1}{2\pi RC}$。

（4）迟滞比较器

电压比较器是将模拟电压信号与基准电压相比较的电路，主要用于信号幅度检测。常应用于越界报警、模数转换和波形变换等场合。

反相输入的迟滞比较器原理电路如图 1.6.5(a) 所示。图 1.6.5(b) 为电压传输特性曲线。

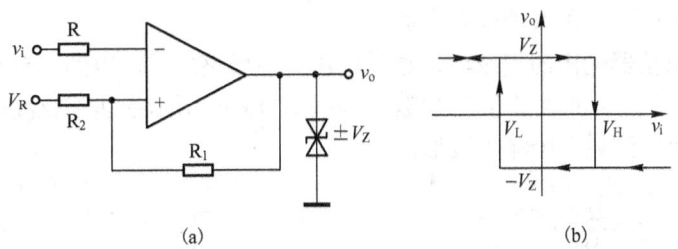

图 1.6.5　反相迟滞比较器原理电路和传输特性曲线

其中上下限门限电压为：

$$V_H = \frac{R_1}{R_1+R_2}V_R + \frac{R_2}{R_1+R_2}V_Z \tag{1.6.3}$$

$$V_L = \frac{R_1}{R_1+R_2}V_R - \frac{R_2}{R_1+R_2}V_Z \tag{1.6.4}$$

若输入信号低于两个门限电压时，输出电压 $v_o=V_Z$；当输入信号增大达到上门限电压 V_H 时，输出电压从 V_Z 跳变到 $-V_Z$；若输入电压高于两个门限电压时，输出电压 $v_o=-V_Z$；当输入电压减小达到下门限 V_L，输出电压从 $-V_Z$ 跳变到 V_Z。

三、实验内容

（1）测量反相放大倍数

按图 1.6.2 连线经检查确认无误后，接入 $\pm V_{CC}=\pm 12$ V，调信号源频率 $f_i=1$ kHz，有效值设置为 0V，接入电路后，逐渐增大 V_i，使输出电压有效值 $V_o=2$ V，按表 1.6.1 测定不同 R_f 的 V_i 值。

（2）观察反相积分电路

将如图 1.6.3 所示的积分电路，接入方波信号，保持信号幅度为 1V，按表 1.6.2 所示改变信号频率依次测出输出波形，并标出周期和幅度值。

表 1.6.1　反相放大器放大倍数测量

R_f(kΩ)	V_o(V)	V_i(mV)	$A_v=\dfrac{V_o}{V_i}$	$A_v'=-\dfrac{R_f}{R_1}$	$\dfrac{\|A_v'-A_v\|}{\|A_v'\|}$ %
5.1	2				
51	2				
100	2				

（3）测量正弦振荡的振荡频率 f_0、反馈系数 F、反馈电压 V_f 及振幅 V_o。

按图 1.6.4 连线，在电路振荡条件下测量表 1.6.3 中电路的各参数值。验证起振条件采用"替代法"：当振荡电路产生了一个稳定完整的正弦波形后，断开正反馈环节，用低频信号源信号替代自振荡电路的模拟输入信号(注：此时 R_f 应保持不变)，调信号源的幅度、频率，

用示波器观察输出 V_o' 的波形，使 $V_o'=V_o$，$f_o'=f_o$，然后测出此时的 V_i、V_f。

表 1.6.2 信号频率对积分电路的影响

f_i(Hz)	10	50	100	1k	10k	40k
输出波形						

表 1.6.3 正弦波振荡电路动态参数测量

测量值				计算值		
V_o(V)	V_f(V)	V_i(V)	T(ms)	$F=V_f/V_o$	$A_{vf}=V_o/V_i$	$f=1/T$(Hz)

（4）正弦波-方波-三角波函数发生器

根据正弦波振荡器输出的正弦波，通过电压比较器整形后，得到一个较好的方波，将方波通过积分器进行积分，即可得到三角波。按照图 1.6.6 所示搭建正弦波-方波-三角波发生器电路，并分别定量测量三个输出波形。

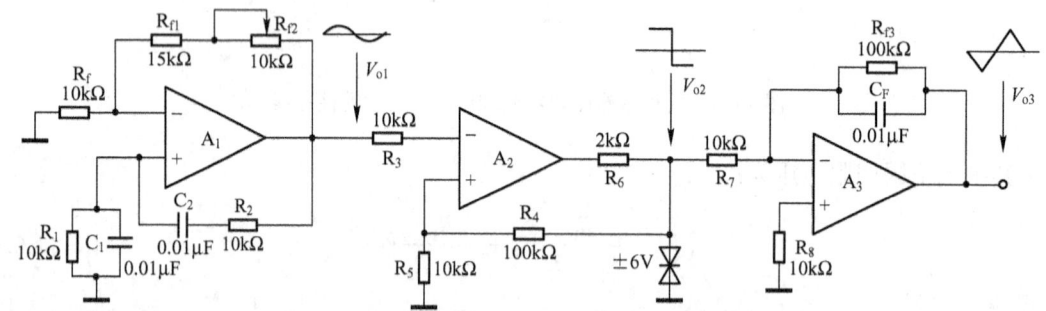

图 1.6.6 正弦波-方波-三角波函数发生器电路

四、实验仪器

1. 数字存储示波器   1 台
2. 交流毫伏表   1 只
3. 低频信号源   1 台
4. 双路直流稳压电源 1 台
5. 万用表   1 只

五、实验报告内容

1. 画出反相放大器的电路图，记录和整理测试表格，和理论结果进行比较。
2. 画出反相积分电路的电路图，整理测量数据表格，分析数据。
3. 说明正弦波振荡电路的振荡原理，整理测量表格，和理论结果进行比较。
4. 画出正弦波-方波-三角波函数发生器电路图，简单说明原理，并画出实验中测量到的波形图，注意标注幅度和周期。
5. 总结实验过程中遇到的问题及其解决方法。

六、思考题

1. 对 LM741 运放如何实现调零？
2. 当 $R_f=100\ \text{k}\Omega$ 时，在理想反相放大电路中，若考虑运算放大器的最大输出幅度时

(±12 V)，V_i的大小不应超过多少伏？

3．正弦波振荡电路中输出信号幅度由什么元器件控制？该电路可以自动限幅稳压吗？

4．积分电路中和C_f相并联的电阻R_f的作用是什么？使用R_f实现方波-三角波转换时，应该注意什么？

1.7 直流稳压电源

一、实验目的

1．掌握直流稳压电源的基本工作原理。
2．掌握直流稳压电源主要技术指标的测试方法。

二、实验原理

电子设备中所用的直流电源，往往采用电网提供的交流电源经过转换得到直流电源。常用的直流稳压电源组成方框图如图 1.7.1 所示，由电源变压器、整流、滤波和稳压电路四部分组成。

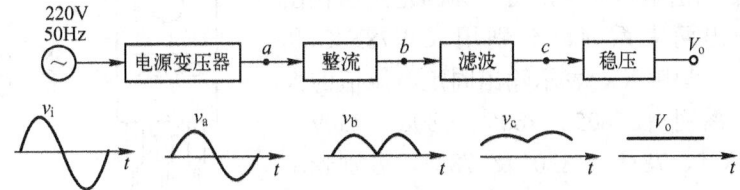

图 1.7.1 直流稳压电源组成方框图

电源变压器是将电网电压转换成整流电路所需的交流电压，半导体电路中常用的直流电源有：5 V，6 V，12 V，24 V 等额定电压值，因此电源变压器主要起降压作用。

整流电路是将降压的交流电变成单向的脉动电压，常见的整流电路有单相半波、单相全波、单相桥式和倍压整流电路。

整流输出的直流电的脉动成分比较大，还需要利用滤波电路将其中的交流成分滤掉，得到较平滑的直流电。常见的滤波电路有电容滤波、电感滤波和 π 型滤波。电容滤波电路简单，滤波效果好，是一种应用最多的滤波电路。

图 1.7.2 所示的桥式整流加电容滤波电路，当开关打开时构成桥式整流电路，四个整流管接成电桥的形式。不论输入信号的正半周还是负半周，在负载电阻上的电流方向始终是一致的，所以在输出端得到单方向全波脉动电压。若整流输入电压v_2的有效值为V_2，那么整流输出电压的平均值为：

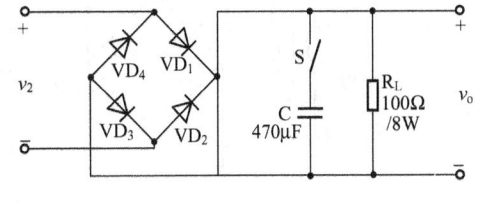

图 1.7.2 整流滤波电路

$$V_O = V_L = \frac{1}{\pi}\int_0^\pi \sqrt{2}V_2\sin\omega t\,d\omega t = \frac{2\sqrt{2}}{\pi}V_2 = 0.9V_2 \quad (1.7.1)$$

当开关合上时构成电容滤波电路，电容滤波利用了当储能元件电容的容量足够大时，交流所呈现的阻抗很小，从而使输出成为比较平滑的直流电压。桥式整流电容滤波电路的输出电压的平均值为 $(0.9 \sim \sqrt{2})V_2$，其系数大小主要由负载电流大小决定。负载电阻很小时，输出平均值接近 $0.9V_2$；负载电阻开路时，输出电压为 $\sqrt{2}V_2$。滤波电容满足 $C \geqslant (3 \sim 5)\dfrac{T}{2R_L}$（$T$ 是信号源的周期）时，才有较好的效果，输出电压为 $1.2V_2$。

整流滤波后的电压值还会受到电网电压波动和负载变化的影响，这样的直流电源是不稳定的，因此，最后加上稳压电路部分，从而得到稳定的直流电压，使输出的直流电压在电网电压或负载电流发生变化时保持稳定。简单的稳压电路可以由电阻和稳压管构成，但是电网电压变化和负载电流变化太大时就不适合了。而早期的串联稳压电路由取样、比较放大、基准电压和调整管等组成，但由于电路不够简单和功能不强等原因，现在已经很少用。现广泛使用集成稳压器进行稳压。集成稳压器具有体积小、成本低、性能好、工作可靠性高、外电路简单、使用方便、功能强等优点。常见的集成稳压器分为多端式和三端式。三端式集成稳压器外部只有三个引线端子，分别接输入端、输出端和公共接地端，一般不需外接元件，并且内部限流保护、过热保护及过压保护，使用方便安全。

三端式集成稳压器又分为固定输出和可调输出两种。图 1.7.3 所示为三端式集成稳压电路中的 CW7800 系列集成稳压器的外形图和电路符号。这种稳压器输出电压固定，可分为固定正压输出和固定负压输出两大系列，分别用 CW78XX 和 CW79XX 表示，其中 XX 表示输出固定电压值的大小。CW78XX 系列有 7805、7806、7808、7809、7810、7812、7815、7818、7820 及 7824，分别表示 5 V、6 V、8 V、9 V、10 V、12 V、15 V、18 V、20 V 和 24 V；而对应的 CW79XX 系列表示相应的负电压。

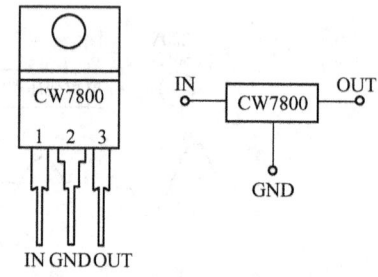

图 1.7.3 CW7800 系列集成稳压器外形图和电路符号

本实验需要分析输出电压为 12V 的稳压电源，参考电路如 1.7.4 所示。

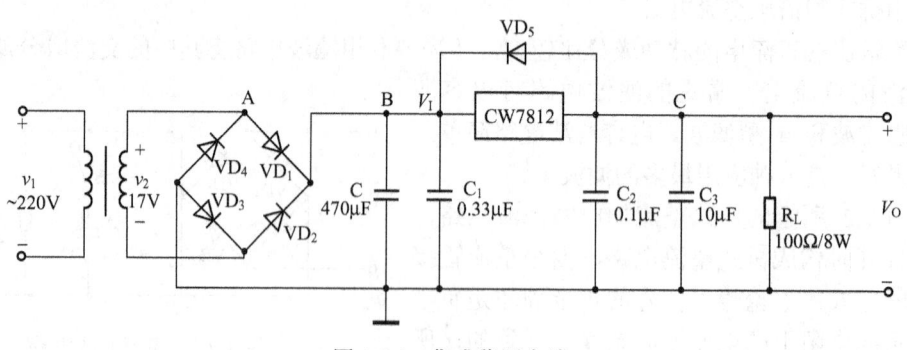

图 1.7.4 集成稳压电路

一般集成稳压器输入电压有效值 V_I 比输出电压至少大 2.5 V，因此稳压电路的输入直流电压 $V_I \geqslant 15$ V。而桥式整流电路输出电压由式(1.7.1)可知为 $0.9V_2$，二极管的压降约 0.6 V，因此变压器副边电压的有效值 $V_2 > 15/0.9 + 1.2 = 16.7$V。所以变压器需要将工频电源转换成有效值大于 17 V 的交流电压 v_2。接着由二极管 $VD_1 \sim VD_4$ 组成的桥式整流电路将 v_2 整流成单向脉动的信号。电容 C 和 C_3 起低频滤波作用，C_1、C_2 起高频滤波作用。三端稳压器 CW7812 是稳压电路的核心器件，二极管 VD_5 是为保护 CW7812 而加的，以防稳压器的输入端和输出端接错而烧毁稳压器。负载使用大功率电阻，不允许使用小功率电阻，否则可能烧坏电阻。

三、实验内容

1. 整流、滤波电路测试

实验参考电路如图 1.7.2 所示。注意连线时应先连接整流电路，再连接滤波电路（电解电容的极性一定不能接反），最后连接变压器。

（1）将开关打开，即电路未接滤波电容时，用示波器分别观察变压器副边输出电压 v_2 和桥式整流输出电压的波形并描绘波形。

（2）将开关合上，即电路接上滤波电容时，用示波器观察整流滤波输出电压波形，画出此波形。

（3）改变电容的大小，测量 V_2 和 V_O，计算整流系数 $K = V_O/V_2$（其中 V_O 是直流，V_2 是交流有效值），将相应的结果填入表 1.7.1 中。（测量 V_O 使用数字示波器观测波形，填写测量结果，测量 V_2 用万用表 AC 挡测量，测量结果就是有效值。）

表 1.7.1 滤波电容对电路的影响

电容值	470μF	100μF	2200μF
输入电压有效值 V_2			
输出电压平均值 V_O			
整流系数 K			
波形			

2. 稳压电路测试

实验参考电路如图 1.7.4 所示。

（1）测输出电压 V_O

输出电压是指稳压电源正常工作的输出电压，用数字电压表测量输出端负载两端的电压即可。

（2）测输出电阻 R_O

分别测出稳压器输出端不带负载的输出电压 V_O 和带负载电阻时的输出电压 V_{OL}，以及流过负载电阻的电流 I_{OL}。根据下式得到输出电阻值

$$R_O = \frac{V_O - V_{OL}}{I_{OL}} \tag{1.7.2}$$

（3）测量纹波电压 $V_{OL\sim}$

纹波电压是指叠加在直流输出电压上的交流分量，一般为 mV 量级。测量时，保持输出电压 V_O 和输出电流为额定值，可用示波器或交流毫伏表测量。

（4）分析稳压前后的纹波系数以及纹波抑制比

使用示波器测量稳压前 V_I 的纹波电压 $V_{I\sim}$，计算稳压前的纹波系数 γ_I

$$\gamma_I = V_{I\sim}/V_I \tag{1.7.3}$$

使用示波器测量稳压后带负载的输出电压 V_{OL} 和纹波电压 $V_{OL\sim}$，计算稳压后的纹波系数 γ_O

$$\gamma_O = V_{OL\sim}/V_{OL} \tag{1.7.4}$$

计算纹波抑制比 S_{inp}： $$S_{inp} = 20 \log \frac{V_{I\sim}}{V_{OL\sim}} \tag{1.7.5}$$

四、实验仪器

1. 交流毫伏表　　　　　1只
2. 万用表　　　　　　　1只
3. 示波器　　　　　　　1台

五、实验报告内容

1. 说明直流稳压电源的工作原理。
2. 绘制实验电路(图 1.7.2)中桥式整流部分与整流滤波部分的输出波形，并完成表 1.7.1。
3. 绘制实验电路(图 1.7.4)的测试点 A、B、C 各点波形，并自拟实验数据表格。列表整理测试数据。
4. 总结实验过程中遇到的问题及其解决方法。

六、思考题

1. 若桥式整流电路中的整流管有一个出现开路，则实验电路(图 1.7.4)的各测试点波形会出现什么变化？
2. 直流稳压电源电路在设计过程中如何减小纹波电压？
3. 固定输出的三端集成稳压器，能否得到可调的输出电压？如果能，请画出实现电路。

第2章 数字电路实验

2.1 逻辑门电路测试

一、实验目的

1. 验证 TTL 与非门和 CMOS 或门的逻辑功能。
2. 掌握 TTL 与非门和 CMOS 或门的参数意义及测试方法。
3. 熟悉数字电路实验箱的使用方法。

二、实验原理

逻辑门电路是指能完成一些基本逻辑功能的电子电路,是构成数字电路的基本单元电路。逻辑门电路的测试主要包括功能测试和参数测试。

1. TTL 与非门

图 2.1.1 为 TTL 中速与非门 74LS20 的引脚图,内部共集成了 2 个与非门。

表 2.1.1 为 74LS20 与非门的逻辑功能表,其逻辑功能为"有 0 出 1,全 1 出 0"。74LS20 中的每个与非门的逻辑表达式是 $Y = \overline{ABCD}$。

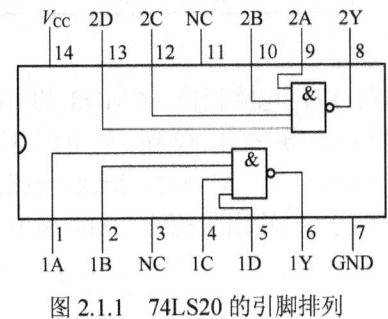

图 2.1.1 74LS20 的引脚排列

表 2.1.1 74LS20 的逻辑功能表

输入				输出
A	B	C	D	Y
1	1	1	1	0
0	×	×	×	1
×	0	×	×	1
×	×	0	×	1
×	×	×	0	1

TTL 与非门的主要参数:

(1) 空载导通电源电流 I_{CCL}:是指所有输入端悬空,相当于输入全 1,输出为低电平,与非门工作在导通状态,输出端空载时电源供给的电流。

I_{CCL} 的大小标志着门电路空载导通功耗 P_{ON} 的大小, $P_{ON} = V_{CC} \cdot I_{CCL}$。

(2) 空载截止电源电流 I_{CCH}:是指输入端接低电平,输出为高电平,与非门工作在截止状态,输出端空载时电源供给的电流。

I_{CCH} 的大小标志着门电路空载截止功耗 P_{OFF} 的大小, $P_{OFF} = V_{CC} \cdot I_{CCH}$。

(3) 输入短路电流 I_{IS}:是指输入端一端接地,其余输入端悬空,由被测输入端流出的电流值。

I_{IS}是与非门的一个重要参数，它的大小直接影响前级电路带负载的个数。

（4）输入高电平电流I_{IH}：是指当输入端一端接高电平，其余输入端接地时，流入输入端的电流。该电流很小，只有微安级。

（5）输出高电平V_{OH}：是指与非门有一个以上输入端接地或接低电平时的输出电平值。

（6）输出低电平V_{OL}：是指与非门的所有输入端均接高电平时的输出电平值。

（7）开门电平V_{ON}：保证门电路可靠地导通，输出为低电平时的最小输入高电平值。

（8）关门电平V_{OFF}：保证门电路可靠地截止，输出为高电平时的最大输入低电平值。

（9）扇出系数N_O：是指能正常驱动同类门的最大个数，反映了门电路带负载的能力。

实际应用中，与非门后面总要与其他门电路相连接，前者称为驱动门，后者称为负载门。负载电流从负载门流入驱动门，称为灌电流负载；负载电流从驱动门流向负载门，称为拉电流负载。

2. CMOS 或门

图 2.1.2 为 CMOS 或门 CD4072 的引脚图，内部共集成了 2 个或门。

表 2.1.2 为 CD4072 或门的逻辑功能表，其逻辑功能为"有 1 出 1，全 0 出 0"。CD4072 中的每个或门的逻辑表达式是 Y = A+B+C+D。

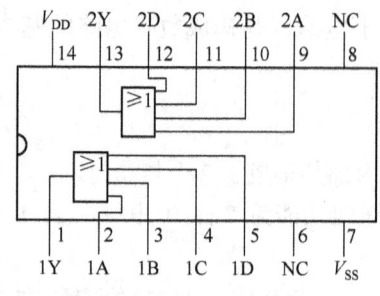

图 2.1.2 CD4072 的引脚排列

表 2.1.2 CD4072 的逻辑功能表

输入				输出
A	B	C	D	Y
0	0	0	0	0
1	×	×	×	1
×	1	×	×	1
×	×	1	×	1
×	×	×	1	1

CMOS 门电路的主要参数定义及测试方法与 TTL 电路相仿。CMOS 的电压传输特性接近于理想的开关特性，曲线转折区非常窄，因此直流噪声容限较高。当电源电压 V_{DD} 为 5V 时，标准 4000 系列 CMOS 电路的噪声容限最小值为 1V。另外对 CMOS 电路而言，电源电压越高，直流噪声容限越大。CMOS 电路输入阻抗高，输出阻抗低，因此扇出系数很大。

三、实验内容

本实验所用电源均为 5V。

1. TTL 与非门逻辑功能测试

在数字电路实验箱上验证 TTL 与非门逻辑关系(TTL 门电路输入端悬空相当于高电平)，将测试结果填入表 2.1.3 中。

表 2.1.3 74LS20 与非门逻辑功能表

输入				输出
A	B	C	D	Y
1	1	1	1	
0	1	1	1	
1	0	1	1	
1	1	0	1	
1	1	1	0	

2. TTL 与非门主要参数测试

（1）空载导通电源电流I_{CCL}

测试电路如图 2.1.3(a)所示，连接电路，通电后读出电流表的读数，填入表 2.1.4 中。

表 2.1.4 74LS20 与非门参数测试表

参数名称	I_{CCL}(mA)	I_{CCH}(mA)	I_{IS}(mA)	I_{IH}(uA)	V_{OH}(V)	V_{OL}(V)	N_O
测试值							

（2）空载截止电源电流 I_{CCH}

测试电路如图 2.1.3(b) 所示，连接电路，通电后读出电流表的读数，填入表 2.1.4 中。

（3）输入短路电流 I_{IS}

测试电路如图 2.1.4(a) 所示，连接电路，通电后读出电流表的读数，填入表 2.1.4 中。

（4）输入高电平电流 I_{IH}

测试电路如图 2.1.4(b) 所示，连接电路，通电后读出电流表的读数，填入表 2.1.4 中。

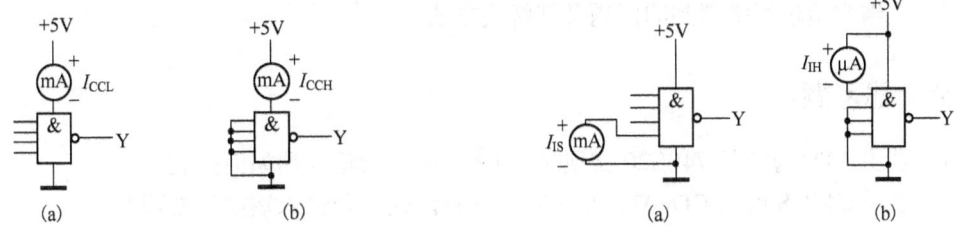

图 2.1.3 空载导通/截止电源电流参数测试电路   图 2.1.4 输入短路/高电平电流参数测试电路图

（5）输出高电平 V_{OH}

测试电路如图 2.1.5(a) 所示，连接电路，通电后读出电压表的读数，填入表 2.1.4 中。

（6）输出低电平 V_{OL}

测试电路如图 2.1.5(b) 所示，连接电路，通电后读出电压表的读数，填入表 2.1.4 中。

（7）扇出系数 N_O

测试电路如图 2.1.6 所示，输入端全部悬空，输出端接灌电流负载 R_L，调节 R_L 使 I_{OL} 增大，V_{OL} 随之增高，当 V_{OL} 达到 $V_{OLmax} = 0.4V$ 时的 I_{OL} 就是允许灌入的最大负载电流 I_{OLmax}，由此可以得到低电平扇出系数 $N_{OL} = I_{OLmax} / I_{IS}$，$I_{IS}$ 为前面所测出的输入短路电流（严格讲应该使用输入低电平电流 I_{IL}）。

试设计最大拉电流 I_{OHmax} 和高电平扇出系数 N_{OH} 的测试电路，扇出系数 N_O 定义为 N_{OL} 和 N_{OH} 的较小值，将此测试结果填入表 2.1.4 中。

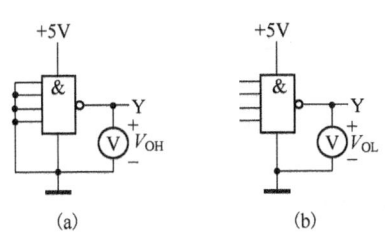
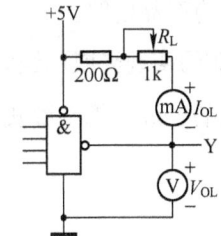

图 2.1.5 输出高/低电平电压参数测试电路   图 2.1.6 低电平扇出系数测试电路

3. CMOS 或门逻辑功能测试

在数字电路实验箱上验证 CMOS 或门逻辑关系，将测试结果填入表 2.1.5 中。

四、实验主要仪器

1. 74LS20 与非门　　1 片
2. CD4072 或门　　　1 片
3. 数字电路实验箱　　1 台
4. 万用表及工具　　　1 套

表 2.1.5　CD4072 或门逻辑功能表

输入				输出
A	B	C	D	Y
0	0	0	0	
1	0	0	0	
0	1	0	0	
0	0	1	0	
0	0	0	1	

五、实验报告内容

1. 说明门电路的外特性参数测试原理。
2. 记录和整理实验测试值，并对结果进行分析。
3. 总结实验过程中遇到的问题及其解决方法。

六、思考题

1. 若用 TTL 与非门 74LS20 实现 $Y = \overline{AB}$，则多余输入端如何处理？
2. 若用 CMOS 或门 CD4072 实现 $Y = A + B$，则多余输入端如何处理？
3. 在 TTL 门电路的外特性参数测试过程中，为什么输入端悬空相当于输入高电平？

2.2　组合逻辑电路设计

一、实验目的

1. 掌握组合逻辑电路的分析与设计方法。
2. 学会电路故障的检查与排除。

二、实验原理

组合逻辑电路，是指该电路在任一时刻的输出状态仅由该时刻的输入信号决定，与电路在此信号输入之前的状态无关。组合电路通常由一些逻辑门构成，而许多具有典型功能的组合电路已集成为商品电路。

1. 用与非门实现异或门逻辑功能

两个变量的异或逻辑函数式为

$$Y(A,B) = A \oplus B$$
$$= A\overline{B} + \overline{A}B$$
$$= A\overline{A} + A\overline{B} + \overline{A}B + B\overline{B}$$
$$= A(\overline{A} + \overline{B}) + B(\overline{A} + \overline{B})$$
$$= A\overline{AB} + B\overline{AB}$$
$$= \overline{A\overline{AB} \cdot B\overline{AB}}$$

因此，可以用四个与非门实现异或门的逻辑功能。图 2.2.1 为 74LS00 的引脚图，内部共集成了 4 个与非门；图 2.2.2 为与非门实现异或门的电路。

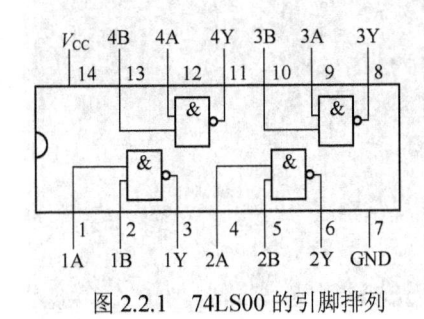

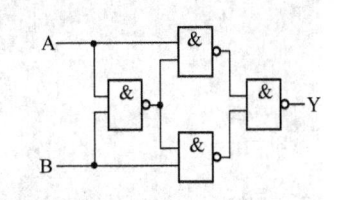

图 2.2.1　74LS00 的引脚排列　　　　　图 2.2.2　与非门实现异或门电路

2．二进制加法运算电路

（1）半加器

仅仅考虑两个一位二进制数相加，而不考虑低位的进位的运算电路。半加器真值表如表 2.2.1 所示，故相加的和 $S(A, B) = A \oplus B$，向高位的进位 $C(A, B) = AB$。

图 2.2.3 为 74LS86 的引脚图，内部共集成了 4 个异或门。图 2.2.4 是用与非门和异或门设计实现的半加器电路，图 2.2.5 和图 2.2.6 则是基于 Multisim 的半加器电路仿真图和仿真波形，验证了电路设计的正确性。

表 2.2.1　半加器真值表

输入		输出	
A	B	CO	S
0	0	0	0
0	1	0	1
1	0	0	1
1	1	1	0

图 2.2.3　74LS86 的引脚排列　　　　　图 2.2.4　半加器电路图

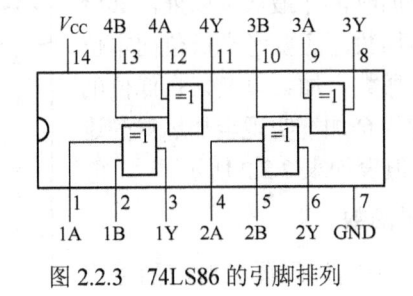

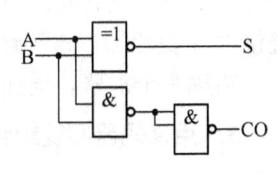

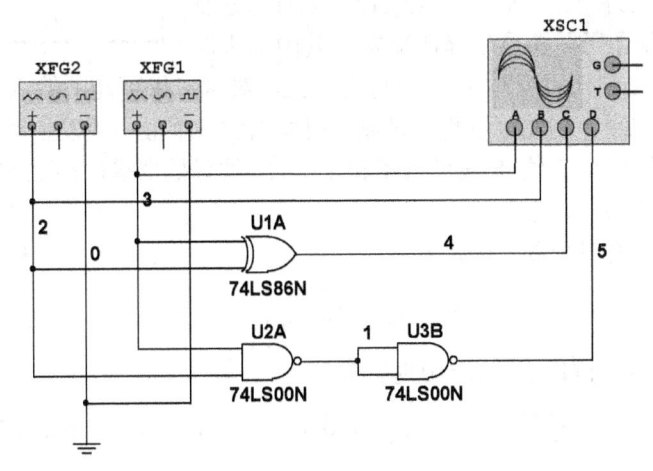

图 2.2.5　基于 Multisim 的半加器电路仿真图

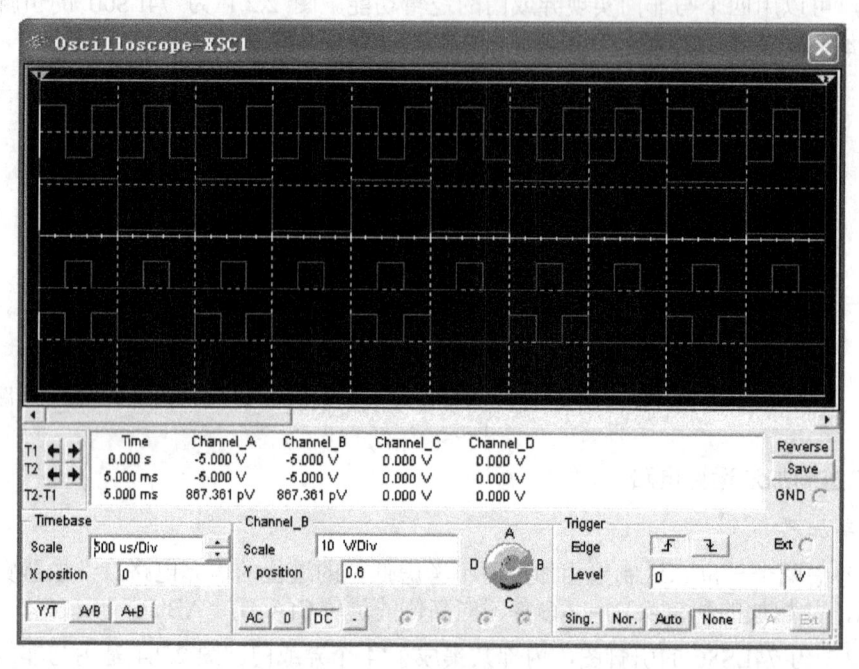

图 2.2.6　基于 Multisim 的半加器电路仿真波形

（2）全加器

在将两个多位二进制数相加时，除最低位以外，其余各位既要考虑本位的被加数和加数，还要考虑低位向本位的进位。也就是将对应位的被加数、加数以及来自低位的进位 3 个数相加，这种运算称为全加，实现全加运算的逻辑电路称为全加器。全加器真值表如表 2.2.2 所示。

表 2.2.2　全加器真值表

输入			输出	
A	B	CI	CO	S
0	0	0	0	0
0	0	1	0	1
0	1	0	0	1
0	1	1	1	0
1	0	0	0	1
1	0	1	1	0
1	1	0	1	0
1	1	1	1	1

3. 用译码器实现组合逻辑函数

译码器是将每个输入的二进制代码译成对应的输出高、低电平信号或另外一个代码。常见的译码器有二进制译码器、二-十进制译码器和显示译码器等。其中二进制译码器由于 n 位二进制代码可对应 2^n 个特定含义，对每一组可能的输入代码，仅有一个输出信号为有效逻辑电平，因此可以将二进制译码器当做一个最小项发生器。常见的二进制译码器有 2 线-4 线译码器、3 线-8 线译码器和 4 线-16 线译码器等。图 2.2.7 为 3 线-8 线译码器 74LS138 的引脚图。

74LS138 的输出逻辑函数表达式为

$$\overline{Y}_i = \overline{G_1 \overline{G}_{2A} \overline{G}_{2B} m_i}, \quad i = 0,1,\cdots,7$$

即当使能输入端 $G_1 = 1$ 且 $\overline{G}_{2A} = \overline{G}_{2B} = 0$ 时，有

$$\overline{Y}_0 = \overline{\overline{C}\,\overline{B}\,\overline{A}} = \overline{m}_0, \quad \overline{Y}_1 = \overline{\overline{C}\,\overline{B}\,A} = \overline{m}_1, \quad \cdots, \quad \overline{Y}_7 = \overline{CBA} = \overline{m}_7$$

任何组合逻辑函数都可以表示为最小项之和或最大项之积的形式，所以基于二进制译码

器和适当的门电路就可以实现组合逻辑函数。例如，用 74LS138 和与非门 74LS20 实现逻辑函数

$$F(Q,X,P) = \overline{Q}\overline{X}P + \overline{Q}X\overline{P} + Q\overline{X}P + QX\overline{P}$$

当 $G_1 = 1$、$\overline{G}_{2A} = \overline{G}_{2B} = 0$，$C = Q$、$B = X$、$A = P$ 时，逻辑电路如图 2.2.8 所示。

$$F(Q,X,P) = \overline{Q}\overline{X}P + \overline{Q}X\overline{P} + Q\overline{X}P + QX\overline{P} = \overline{\overline{\overline{Q}\overline{X}P} \cdot \overline{\overline{Q}X\overline{P}} \cdot \overline{Q\overline{X}P} \cdot \overline{QX\overline{P}}} = \overline{\overline{m_1} \cdot \overline{m_2} \cdot \overline{m_5} \cdot \overline{m_6}}$$

图 2.2.7　74LS138 的引脚排列

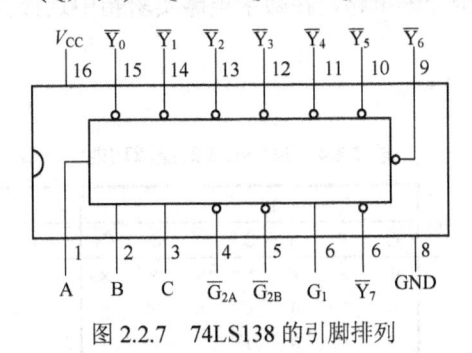

图 2.2.8　用 74LS138 实现函数的逻辑电路

4．用数据选择器实现组合逻辑函数

在数字系统中，经常需要从 N 路输入数据中选择其中一路送至输出端，完成这一功能的逻辑电路称为数据选择器。为确定选择哪一路送至输出端，还需设有 k 路地址码输入端，且地址码与数据输入端之间为一一对应的关系，满足 $2^k = N$。常见的有 2 选 1、4 选 1、8 选 1 及 16 选 1 等数据选择器，这里以 4 选 1 数据选择器 74LS153 为例说明其电路特点和应用。图 2.2.9 为其引脚图。

每一个 4 选 1 数据选择器的输出逻辑函数表达式为：

$$Y = (\overline{B}\overline{A}C_0 + \overline{B}AC_1 + B\overline{A}C_2 + BAC_3)\overline{\overline{G}}$$

当 $\overline{G} = 1$ 时，则该数据选择器禁止工作，输出为 0。当 $\overline{G} = 0$ 时，有

$$Y = \overline{B}\overline{A}C_0 + \overline{B}AC_1 + B\overline{A}C_2 + BAC_3 = m_0C_0 + m_1C_1 + m_2C_2 + m_3C_3$$

由此可以看出，基于数据选择器可以实现组合逻辑函数。例如，试用 74LS153 和与非门 74LS00 实现逻辑函数

$$F(Q,X,P) = \overline{Q}\overline{X}P + \overline{Q}X\overline{P} + Q\overline{X}P + QX\overline{P}$$

若 $\overline{G} = 0$，令 4 选 1 数据选择器的两个地址变量 $B = Q$、$A = X$ 时，则有 $C_0 = P$、$C_1 = \overline{P}$、$C_2 = P$、$C_3 = \overline{P}$，即可实现上述逻辑函数，其逻辑电路如图 2.2.10 所示。

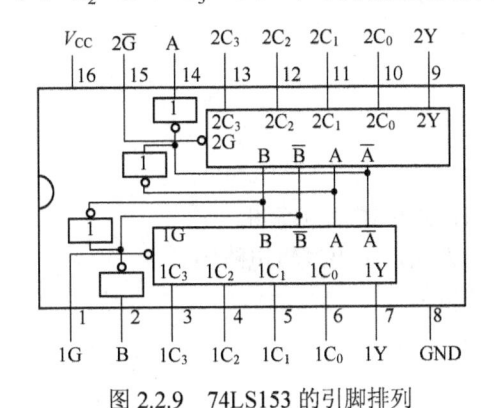

图 2.2.9　74LS153 的引脚排列

图 2.2.10　用 74LS153 实现函数的逻辑电路

三、实验内容

（1）用异或门 74LS86 和与非门 74LS00 设计实现全加器电路，在数字电路实验箱中连接完成该电路，并按表 2.2.2 测试逻辑功能。

（2）测试 74LS138 的逻辑功能，并填入表 2.2.3。

（3）用 74LS138 和与非门 74LS20 设计实现全加器电路，在数字电路实验箱中连接完成该电路，并按表 2.2.2 测试逻辑功能。

（4）测试 74LS153 的逻辑功能，并填入表 2.2.4 中。

表 2.2.3　74LS138 的逻辑功能测试表

输入					输出							
G_1	$\bar{G}_2$	C	B	A	$\bar{Y}_0$	$\bar{Y}_1$	$\bar{Y}_2$	$\bar{Y}_3$	$\bar{Y}_4$	$\bar{Y}_5$	$\bar{Y}_6$	$\bar{Y}_7$
1	0	0	0	0								
1	0	0	0	1								
1	0	0	1	0								
1	0	0	1	1								
1	0	1	0	0								
1	0	1	0	1								
1	0	1	1	0								
1	0	1	1	1								
×	1	×	×	×								
0	×	×	×	×								

注：$\bar{G}_2 = \bar{G}_{2A} + \bar{G}_{2B}$

表 2.2.4　74LS153 的逻辑功能测试表

输入							输出
$\bar{G}$	B	A	C_0	C_1	C_2	C_3	Y
1	×	×	×	×	×	×	
0	0	0	0	×	×	×	
0	0	0	1	×	×	×	
0	0	1	×	0	×	×	
0	0	1	×	1	×	×	
0	1	0	×	×	0	×	
0	1	0	×	×	1	×	
0	1	1	×	×	×	0	
0	1	1	×	×	×	1	

（5）用 74LS153 和与非门 74LS00 设计实现全加器电路，在数字电路实验箱中连接完成该电路，并按表 2.2.2 测试逻辑功能。

四、实验主要仪器

1. 74LS00 与非门　　　　　　1 片
2. 74LS20 与非门　　　　　　1 片
3. 74LS86 异或门　　　　　　1 片
4. 74LS138 译码器　　　　　　1 片
5. 74LS153 数据选择器　　　　1 片
6. 数字电路实验箱　　　　　　1 台
7. 万用表及工具　　　　　　　1 套

五、实验报告内容

1. 说明用译码器实现全加器电路的设计方法，画出逻辑电路图。
2. 说明用数据选择器实现全加器电路的设计方法，画出逻辑电路图。
3. 记录和整理实验测试值，并对结果进行分析。
4. 总结实验过程中遇到的问题及其解决方法。

六、思考题

1. 用9个二输入与非门设计全加器。
2. 用1片双4选1数据选择器74LS153和少量门电路,设计实现8选1数据选择器。
3. 用1片双4选1数据选择器74LS153和少量门电路,设计一位全减器。

2.3 触发器功能及应用

一、实验目的

1. 掌握触发器的逻辑功能和测试方法。
2. 学会触发器逻辑功能的转换方法。
3. 掌握触发器的应用。

二、实验原理

触发器是能存储一位二值信号的存储单元电路。触发器具有两个能自行保持的稳定状态,用来表示逻辑0和逻辑1。在触发信号作用下,可使电路从一个稳定状态转换到另一个稳定状态;当触发信号取消后,能将获得的新状态保存下来。根据触发器逻辑功能的不同,可分为RS触发器、JK触发器、D触发器和T触发器等类型,这里主要介绍JK触发器和D触发器。

1. 触发器

(1) JK触发器

在时钟脉冲的作用下,JK触发器具有保持、置"0"、置"1"、翻转4种功能,在各类触发器中,其功能最为齐全,通用性强,使用灵活。图2.3.1为双JK触发器74LS112的引脚图。

74LS112是下降沿触发的边沿触发器,每个触发器都有异步置"0"端$\overline{PR}$和异步置"1"端$\overline{CLR}$,均为低电平有效。CLK为时钟输入端,下降沿触发。J和K是数据输入端,在时钟脉冲CLK作用下,JK触发器功能表如表2.3.1所示。

表2.3.1 JK触发器功能表

输入					输出		功能
$\overline{PR}$	$\overline{CLR}$	CLK	J	K	Q^{n+1}	$\overline{Q}^{n+1}$	
0	1	×	×	×	1	0	异步置"1"
1	0	×	×	×	0	1	异步置"0"
1	1	↓	0	0	Q^n	$\overline{Q}^n$	保持
1	1	↓	0	1	0	1	置"0"
1	1	↓	1	0	1	0	置"1"
1	1	↓	1	1	$\overline{Q}^n$	Q^n	翻转

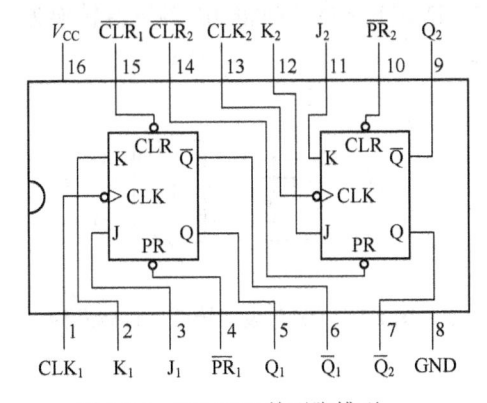

图2.3.1 74LS112的引脚排列

JK触发器的特性方程为$Q^{n+1} = J\overline{Q}^n + \overline{K}Q^n$。

（2）D触发器

在时钟脉冲的作用下，D触发器具有置"0"、置"1"的功能，也是一种应用广泛的触发器。图2.3.2为双D触发器74LS74的引脚图。

74LS74是上升沿触发的边沿触发器，每个触发器都有异步置"0"端$\overline{PR}$和异步置"1"端$\overline{CLR}$，均为低电平有效。CLK为时钟输入端，上升沿触发。表2.3.2为D触发器功能表。

表2.3.2 D触发器功能表

输入				输出	
$\overline{PR}$	$\overline{CLR}$	CLK	D	Q^{n+1}	$\overline{Q}^{n+1}$
0	1	×	×	1	0
1	0	×	×	0	1
1	1	↑	0	0	1
1	1	↑	1	1	0

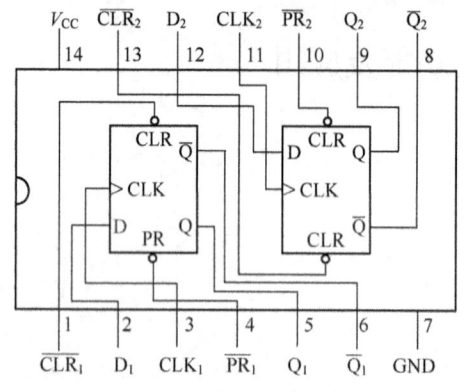

图2.3.2 74LS74的引脚排列

D触发器的特性方程为$Q^{n+1} = D$。

2. 触发器逻辑功能的转换

在集成触发器产品中，常见的有JK触发器和D触发器，而在实际应用中，有可能用到各种功能的触发器，这就需要进行不同类型触发器之间的转换。要将已有触发器转换成待求触发器，需在已有触发器的输入端加上一定的转换电路，如图2.3.3所示。

由图2.3.3可知，转换的关键就是求转换电路的$X = f_1(A, B, Q^n)$和$Y = f_2(A, B, Q^n)$的表达式，即可实现将已有的XY触发器转换为待求的AB触发器。例如将JK触发器转换为D触发器，已有的JK触发器的特性方程：$Q^{n+1} = J\overline{Q^n} + \overline{K}Q^n$，而待求D触发器的特性方程：$Q^{n+1} = D$，为了能求出J、K的表达式，可以变换

$$Q^{n+1} = D = D(\overline{Q^n} + Q^n) = D\overline{Q^n} + DQ^n$$

并与JK触发器的特性方程相比较，由此得到$J = D$、$K = \overline{D}$，故将JK触发器转换为D触发器的转换电路如图2.3.4所示。

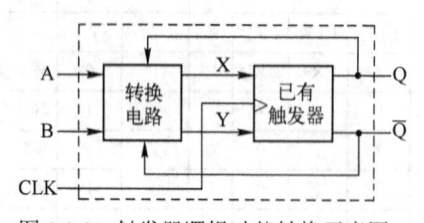

图2.3.3 触发器逻辑功能转换示意图

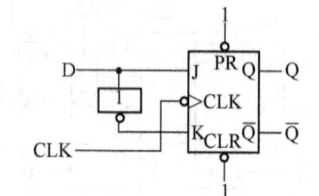

图2.3.4 JK触发器转换为D触发器

3. 触发器的应用

（1）分频电路

分频就是用同一个时钟信号通过一定的电路结构转换成不同频率的时钟信号。如二分频

电路就是通过有分频作用的电路结构，使时钟每触发 2 个周期时，电路输出 1 个周期信号，波形如图 2.3.5(a)和(b)所示。

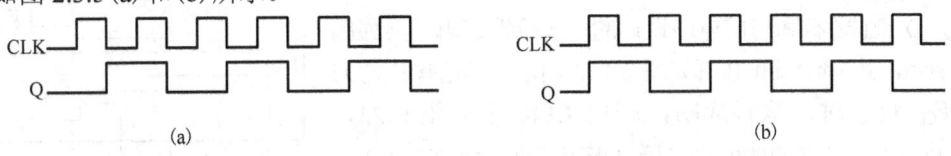

图 2.3.5　二分频波形示意图

从图 2.3.5 可以看出，用触发器构成二分频电路，其状态方程为 $Q^{n+1}=\overline{Q^n}$。例如，分别使用 JK 触发器 74LS112 和 D 触发器 74LS74 设计二分频电路，逻辑电路分别如图 2.3.6 和图 2.3.7 所示；用 74LS112 实现二分频的 Multisim 仿真电路图和仿真波形分别如图 2.3.8 和图 2.3.9 所示，验证了二分频电路设计的正确性。

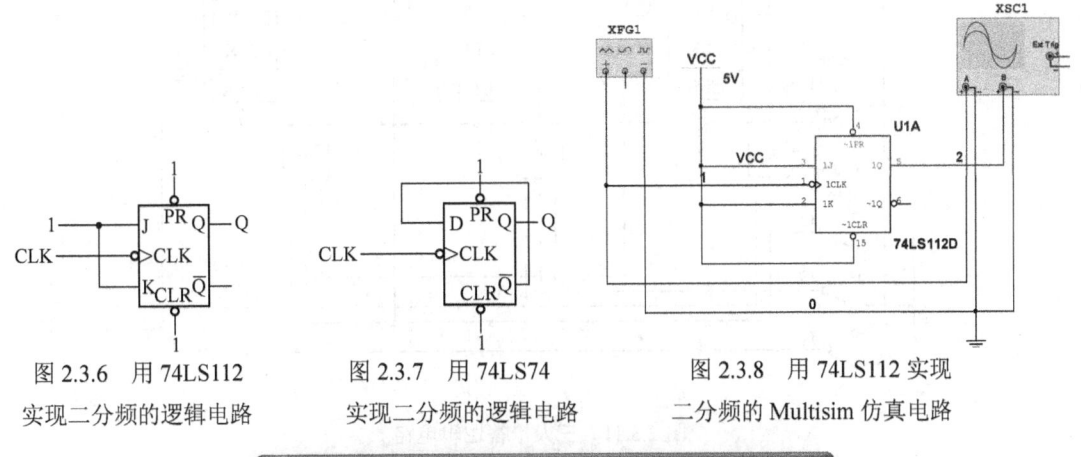

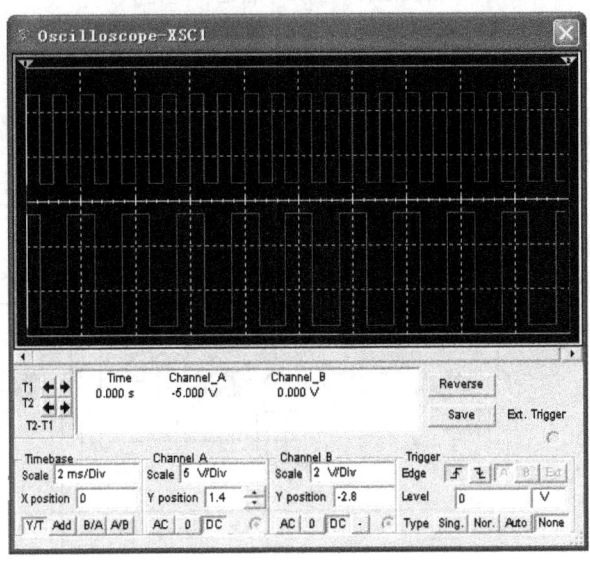

图 2.3.6　用 74LS112 实现二分频的逻辑电路

图 2.3.7　用 74LS74 实现二分频的逻辑电路

图 2.3.8　用 74LS112 实现二分频的 Multisim 仿真电路

图 2.3.9　用 74LS112 实现二分频的 Multisim 仿真波形

（2）抢答电路

用 D 触发器和与门电路设计一个三人抢答电路，要求：当一人抢答成功后，对应的发光二极管指示灯亮，其他选手抢答无效；主持人开关可复位电路，进行新一轮抢答。其中 D

触发器可选用如图 2.3.2 所示的 74LS74 芯片，与门可选用如图 2.3.10 所示的 74LS21 芯片。

用 D 触发器和与门电路设计的三人抢答逻辑电路如图 2.3.11 所示，其 Multisim 仿真如图 2.3.12 所示。当抢答开关 J2 拨到 V_{CC} 状态时，抢答成功，产生 CLK 上升沿脉冲，$Q_0^{n+1} = D_0 = 1$，其对应的发光二极管指示灯亮，而 $\overline{Q_0^{n+1}} = 0$，则封锁其余抢答电路的 CLK 脉冲，使他人抢答无效。若主持人开关拨至"地"后拨回，则电路复位，方可进行新一轮抢答。

图 2.3.10 74LS21 的引脚排列

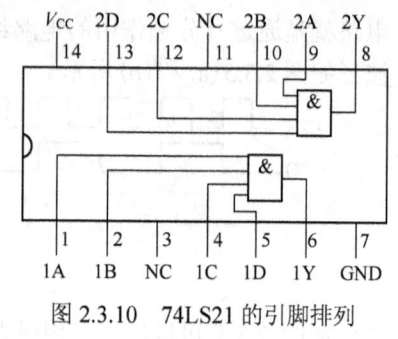

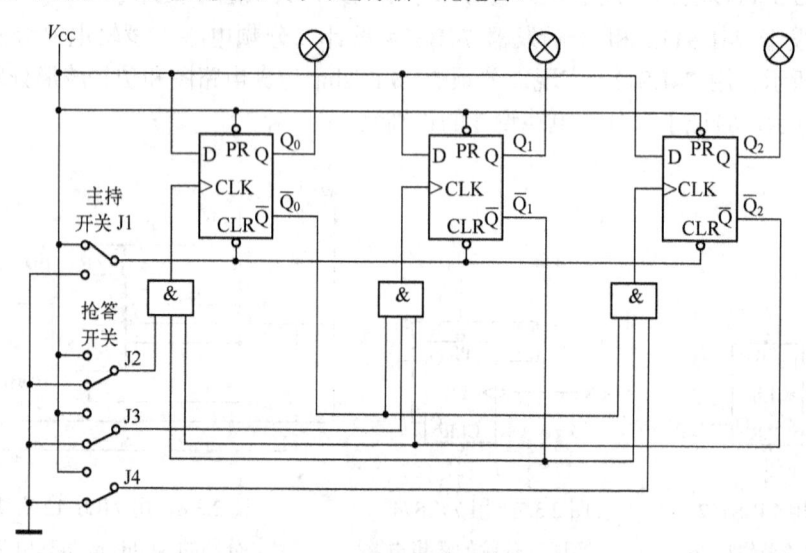

图 2.3.11 三人抢答逻辑电路

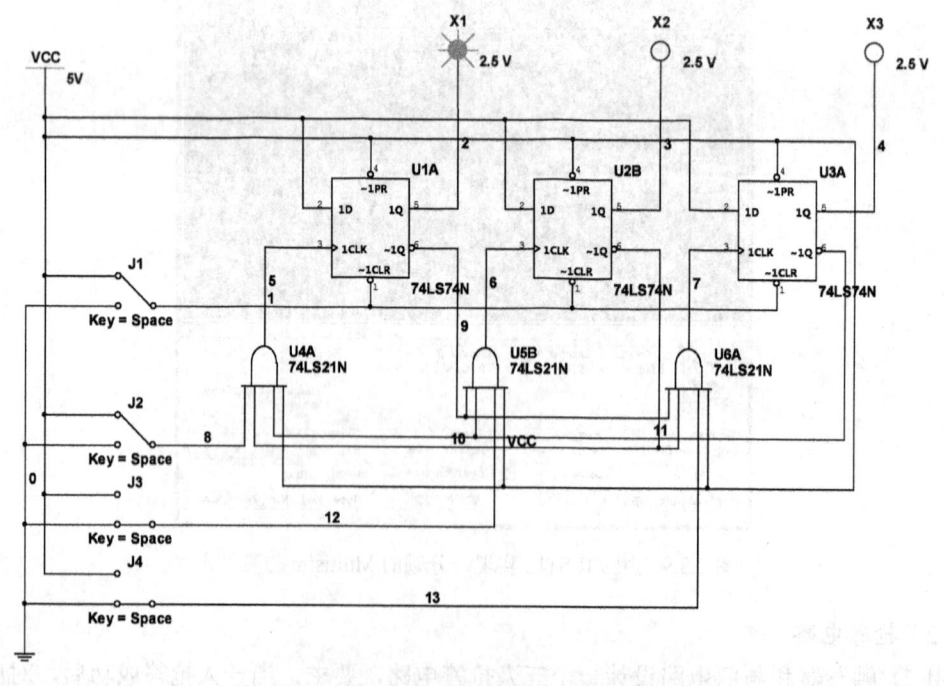

图 2.3.12 基于 Multisim 的三人抢答电路仿真

三、实验内容

1. 分别测试 JK 触发器和 D 触发器的逻辑功能。
2. 将 D 触发器转换为 T 触发器，画出逻辑电路图，测试其逻辑功能。（T 触发器的特性方程为 $Q^{n+1} = T \oplus Q^n$）
3. 用 D 触发器设计实现异步 4 分频电路，画出逻辑电路图，绘制工作波形图。
4. 用 JK 触发器设计能自启动的同步模 5 计数器，其有效状态转换图如图 2.3.13 所示。画出逻辑电路图，绘制工作波形图。

图 2.3.13 模 5 计数器的有效状态转换图

四、实验主要仪器

1. 74LS112JK 触发器　　　2 片
2. 74LS74D 触发器　　　　1 片
3. 74LS86 异或门　　　　　1 片
4. 74LS21 与门　　　　　　2 片
5. 示波器　　　　　　　　　1 台
6. 数字电路实验箱　　　　　1 台
7. 万用表及工具　　　　　　1 套

五、实验报告内容

1. 记录和整理实验测试值，并对结果进行分析。
2. 说明用 D 触发器转换为 T 触发器的设计方法，画出实验逻辑电路图。
3. 说明用 D 触发器实现异步 4 分频电路的设计方法，画出实验逻辑电路图和工作波形图。
4. 说明用 JK 触发器实现同步模 5 计数器的设计方法，画出实验逻辑电路图和工作波形图。
5. 总结实验过程中遇到的问题及其解决方法。

六、思考题

1. 将 JK 触发器转换为 T 触发器，画出逻辑电路图。
2. 用 74LS112JK 触发器和少量门电路设计能够自启动的同步可逆模 5 计数器，其有效状态转换图如图 2.3.14 所示，画出设计的逻辑电路图。

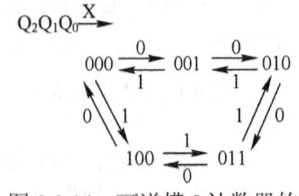

图 2.3.14 可逆模 5 计数器的有效状态转换图

2.4　计数器设计及应用

一、实验目的

1. 熟悉计数器的工作原理和逻辑功能。
2. 掌握计数器的设计方法和应用。

二、实验原理

计数器是一种能统计脉冲个数的电路。按计数进制分为二进制和非二进制计数器；按计数方式可分为加法、减法和可逆计数器；按计数脉冲的作用方式可分为同步和异步计数器，在同步计数器中，所有触发器状态的改变都与时钟脉冲同步，即所有的触发器使用同一个时钟脉冲源。在异步计数器中，有些触发器直接受输入计数脉冲控制，而有些则是把其他触发器的输出作为时钟输入信号。同步计数器由于其触发器的状态改变发生在同一时刻，因此工作速度快。

计数器还可以用于分频、定时、信号产生等多种数字设备中。

1. 4 位二进制同步加法计数器

（1）集成计数器 74LS161

4 位二进制同步加法计数器 74LS161 具有异步清零、同步置数、保持、计数等 4 种功能，图 2.4.1 为 74LS161 的引脚图。

在图 2.4.1 中，CLK 为计数器脉冲输入端，上升沿触发；$\overline{CLR}$ 为异步清零端；$\overline{LD}$ 是同步置数控制端；D_3、D_2、D_1、D_0 是预置数据输入端；ENT、ENP 是计数使能控制端；RCO 是进位输出端且 RCO = ENT·Q_3·Q_2·Q_1·Q_0。表 2.4.1 为 74LS161 的功能表。

由表 2.4.1 可知，74LS161 具有以下功能：

① 异步清零：只要 $\overline{CLR}=0$，不管其他输入端的状态如何，也不论有无时钟脉冲 CLK 作用，计数器都将直接清零。

图 2.4.1　74LS161 的引脚排列

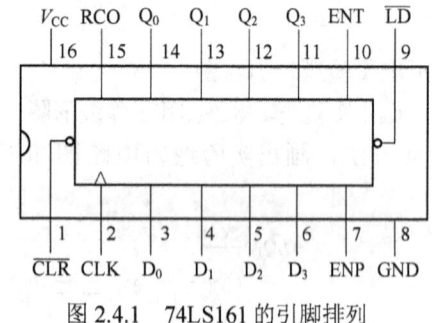

表 2.4.1　74LS161 功能表

CLK	$\overline{CLR}$	$\overline{LD}$	ENP	ENT	功　能
×	0	×	×	×	异步清零
↑	1	0	0	×	同步置数
×	1	1	0	1	保持（包括 RCO 的状态）
×	1	1	×	0	保持（RCO=0）
↑	1	1	1	1	加计数

② 同步置数：当 $\overline{CLR}=1$、$\overline{LD}=0$，且在 CLK 上升沿作用时，并行输入端的数据 $D_3 \sim D_0$ 被置入计数器的输出端。

③ 保持：当 $\overline{CLR}=\overline{LD}=1$，ENT·ENP=0 时，不论有无 CLK 作用，计数器都将保持原状态不变，即为禁止计数。由于进位输出 RCO = ENT·Q_3·Q_2·Q_1·Q_0，所以当 ENP=0，ENT=1 时，进位输出 RCO 也保持不变；而当 ENT=0 时，不管 ENP 如何，进位输出 RCO=0。

④ 计数：当 $\overline{CLR}=\overline{LD}$ = ENT = ENP = 1 时，在 CLK 端输入脉冲，74LS161 进行二进制计数。

（2）集成计数器 74LS163

4 位二进制同步加法计数器 74LS163 和 74LS161 芯片引脚排列相同，在功能上非常相似，具有同步清零、同步置数、保持、计数等 4 种功能，表 2.4.2 为 74LS163 的功能表。

分析表 2.4.2 和表 2.4.1 可知，主要区别为同步清零：当 $\overline{CLR}=0$，且在时钟脉冲 CLK

上升沿作用时，计数器将被清零。

2．十进制 BCD 码同步加法计数器

（1）集成计数器 74LS160

4 位二进制同步加法计数器 74LS160 和 74LS161 芯片引脚排列相同，但进位输出端 RCO = ENT·Q_3·Q_0；在功能上非常相似，具有异步清零、同步置数、保持、计数等 4 种功能，表 2.4.3 为 74LS160 的功能表。

表 2.4.2　74LS163 功能表

CLK	$\overline{CLR}$	$\overline{LD}$	ENP	ENT	功　能
↑	0	×	×	×	同步清零
↑	1	0	×	×	同步置数
×	1	1	0	1	保持（包括 RCO 的状态）
×	1	1	×	0	保持（RCO=0）
↑	1	1	1	1	加计数

表 2.4.3　74LS160 功能表

CLK	$\overline{CLR}$	$\overline{LD}$	ENP	ENT	功　能
×	0	×	×	×	异步清零
↑	1	0	×	×	同步置数
×	1	1	0	1	保持（包括 RCO 的状态）
×	1	1	×	0	保持（RCO=0）
↑	1	1	1	1	加计数

74LS160 和 74LS161 的主要区别为 BCD 码计数：当 $Q_3Q_2Q_1Q_0$ = 1001，且 ENT=1 时，进位输出端 RCO=1。而 74161 为 4 位二进制同步加法计数器。

（2）集成计数器 CD4518

十进制 BCD 码同步加法计数器 CD4518 具有异步清零、保持、计数等功能，图 2.4.2 为 CD4518 的引脚图，内含两个单元的加计数器。

在图 2.4.2 中，CLK、EN 都可以作为计数器脉冲输入端与使能控制端；CLR 为异步清零端；Q_3、Q_2、Q_1、Q_0 为计数器计数状态输出端。表 2.4.4 为 CD4518 的功能表。

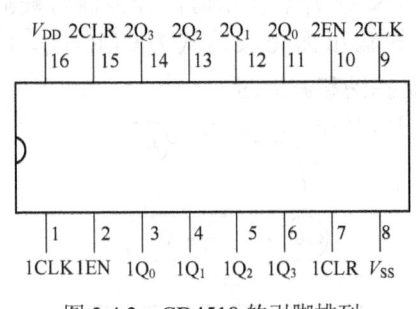

图 2.4.2　CD4518 的引脚排列

表 2.4.4　CD4518 功能表

CLK	EN	CLR	功　能
×	×	1	异步清零
↑	0	0	保持
1	↓	0	保持
↓	×	0	保持
×	↑	0	保持
↑	1	0	加计数
0	↓	0	加计数

由表 2.4.4 可知，CD4518 具有以下功能：

① 异步清零：只要 CLR=1，不管其他输入端的状态如何，也不论有无时钟脉冲作用，计数器都将直接清零。

② 保持：在 CLR=0 时，当"CLK 上升沿作用且 EN=0"、"EN 下降沿作用且 CLK=1"、"CLK 下降沿作用"、"EN 上升沿作用"这 4 种情况下，计数器都将保持原状态不变，即为禁止计数。

③ 计数：在 CLR=0 时，当"CLK 上升沿作用且 EN=1"、"EN 下降沿作用且 CLK=0"这两种情况下，CD4518 进行十进制 BCD 码同步加法计数功能。

3. 任意进制计数器设计

利用已有的中规模集成计数器，通过外电路的不同连接，得到任意进制计数器。任意进制计数器设计的常用方法有：利用清零端的反馈清零法、利用置数端的反馈置数法。

（1）反馈清零法

反馈清零法是通过控制已有计数器的清零端来获得任意进制计数器的一种方法。使用已有的中规模集成计数器构成任意进制计数器时要注意清零端是异步方式还是同步方式。

例如，分别使用集成计数器 74LS161 和 74LS163 构成模 6 加法计数器。

① 考虑到 74LS161 的 $\overline{CLR}$ 为异步清零端，且为低电平有效。通过控制异步清零端获得的任意进制计数器存在一个极短暂的过渡状态，该短暂状态不是真正的计数状态，但又是不可缺少的，否则将无法产生清零信号。故用 74LS161 构成模 6 加法计数器的反馈电路的输出简化表达式为 $\overline{CLR} = \overline{Q_2 Q_1}$，如图 2.4.3(a) 所示，图 2.4.3(b) 和 (c) 分别为计数器的状态图和波形图。

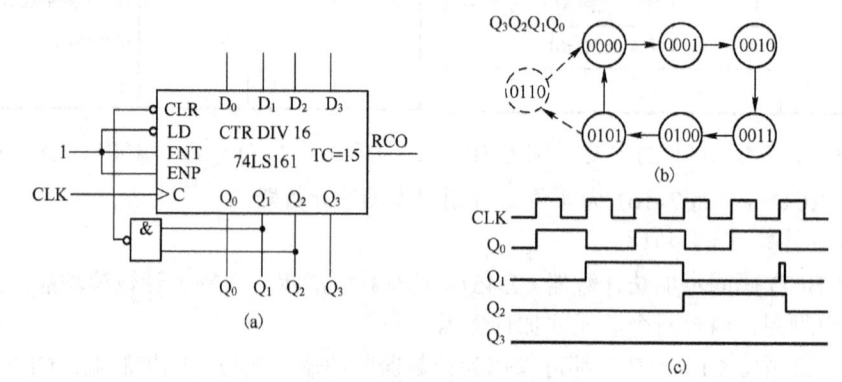

图 2.4.3　74LS161 构成模 6 计数器

② 考虑到 74LS163 的 $\overline{CLR}$ 为同步清零端，且为低电平有效。通过控制同步清零端获得的任意进制计数器，当 $\overline{CLR} = 0$，且在时钟脉冲 CLK 上升沿作用时，计数器将被清零。故用 74LS163 构成模 6 加法计数器的反馈电路的输出简化表达式为 $\overline{CLR} = \overline{Q_2 Q_0}$，如图 2.4.4(a) 所示，图 2.4.4(b) 和 (c) 分别为计数器的状态图和波形图。

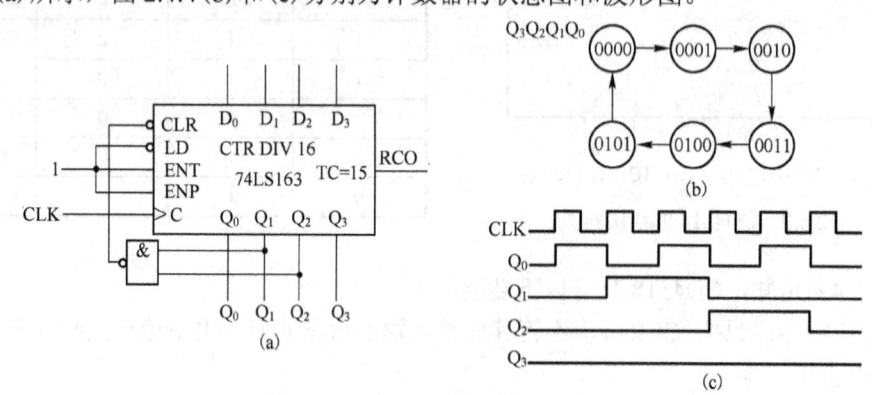

图 2.4.4　74LS163 构成模 6 计数器

（2）反馈置数法

反馈置数法是通过控制已有计数器的预置数控制端来获得任意进制计数器的一种方法。使用已有的中规模集成计数器构成任意进制计数器时要注意预置数控制端是异步方式还是同步方式。通过控制异步置数端获得的任意进制计数器存在一个极短暂的过渡状态，该短暂状态不是真正的计数状态，但又是不可缺少的。这里主要介绍控制同步置数端获得的任意进制计数器的方法。

考虑到 74LS163 的 $\overline{LD}$ 为同步置数端，且为低电平有效。通过控制同步置数端获得的任意进制计数器，当 $\overline{LD}=0$，使计数器处于预置数工作状态，且在 CLK 上升沿作用时，计数器的输出状态 $Q_3Q_2Q_1Q_0 = D_3D_2D_1D_0$。这里用 74LS163 构成模 6 加法计数器的电路如图 2.4.5(a)所示，图 2.4.5(b)和(c)分别为计数器的状态图和波形图。图 2.4.6 为该模 6 计数器的 Multisim 仿真电路图，图 2.4.7 是其 Multisim 仿真波形。

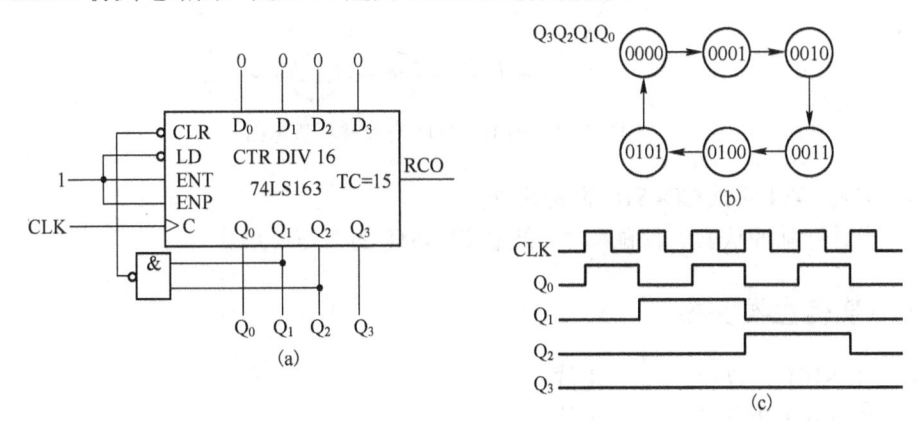

图 2.4.5 用反馈置数法将 74LS163 接成模 6 计数器

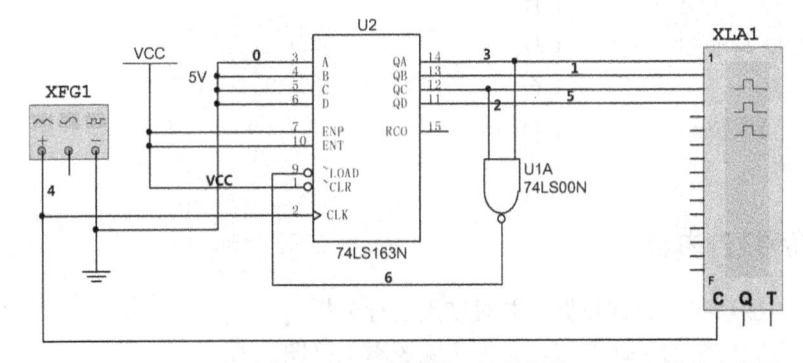

图 2.4.6 用反馈置数法将 74LS163 接成模 6 计数器的 Multisim 仿真电路图

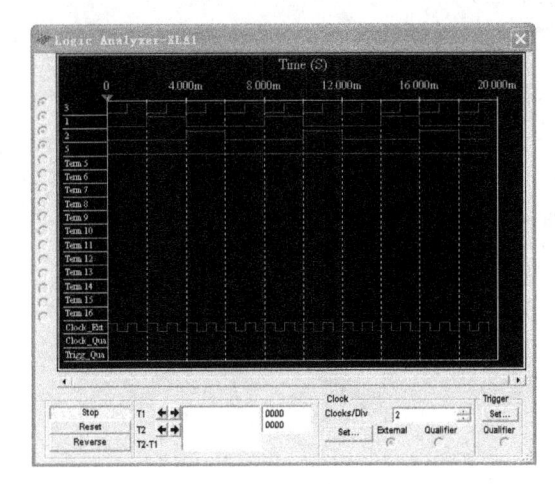

图 2.4.7 用反馈置数法将 74LS163 接成模 6 计数器的 Multisim 仿真波形

三、实验内容

1. 按表 2.4.1 测试 74LS161 的逻辑功能。
2. 用 74LS161 设计完成 8421BCD 码计数器功能（反馈清零法）。
3. 用 74LS161 设计完成如图 2.4.8 所示有效循环状态图的计数器功能。

$Q_3Q_2Q_1Q_0$

0101 → 0110 → 0111 → 1000 → 1001 → 1010

1111 ← 1110 ← 1101 ← 1100 ← 1011

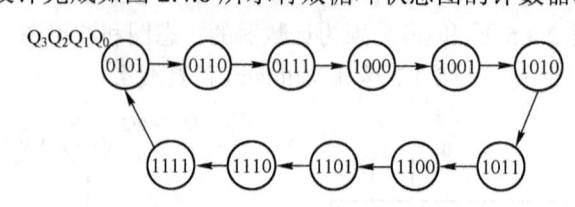

图 2.4.8　0101～1111 有效循环状态图

4. 按表 2.4.4 测试 CD4518 的逻辑功能。
5. 当时钟脉冲从 EN 端输入时，绘制 CD4518 的工作波形。

四、实验主要仪器

1. 74LS161 计数器　　　　1 片
2. 74LS163 计数器　　　　1 片
3. CD4518 计数器　　　　1 片
4. 74LS00 与非门　　　　1 片
5. 示波器　　　　　　　　1 台
6. 数字电路实验箱　　　　1 台
7. 万用表及工具　　　　　1 套

五、实验报告内容

1. 记录和整理实验测试数据，并对结果进行分析。
2. 说明实验电路的设计方法，画出实验逻辑电路图。
3. 正确绘制工作波形图。
4. 总结实验过程中遇到的问题及其解决方法。

六、思考题

1. 用异步清零端、同步清零端构成 N 进制计数器的区别是什么？
2. 用 74LS161 辅以 74LS138 译码器、74LS20 与非门设计一个能产生序列信号为 1001101 的计数型序列信号发生器。

2.5　移位寄存器及应用

一、实验目的

1. 熟悉移位寄存器的工作原理和逻辑功能。

2. 掌握移位寄存器的设计方法和应用。

二、实验原理

寄存器是用于暂时存放二进制代码的时序逻辑器件。移位寄存器除了具有存放代码功能外，还具有移位功能，即寄存器中所存的代码能够在移位脉冲作用下逐位左移或右移。按移位方向，移位寄存器可分为单向移位寄存器、双向移位寄存器；按输入/输出的方式，移位寄存器可分为串入-串出、串入-并出、并入-串出、并入-并出四种类型。因此，移位寄存器不仅可以用来寄存代码，还可以实现数据的串行-并行转换、数值的运算及数据处理等。

1. 4 位双向移位寄存器 74194

中规模 4 位双向移位寄存器 74194，具有异步清零、保持、右移、左移和并行置数的功能，图 2.5.1 为 74194 的引脚图。

在图 2.5.1 中，CLK 为时钟脉冲输入端，上升沿触发；$\overline{CLR}$ 为异步清零端，低电平有效；S_A 和 S_B 为移位寄存器工作状态控制端；D_0、D_1、D_2、D_3 是并行数据输入端；Q_0、Q_1、Q_2、Q_3 是并行数据输出端；D_{SR} 是右移串行数据输入端；D_{SL} 是左移串行数据输入端。表 2.5.1 为 74194 的功能表。

图 2.5.1 74194 的引脚排列

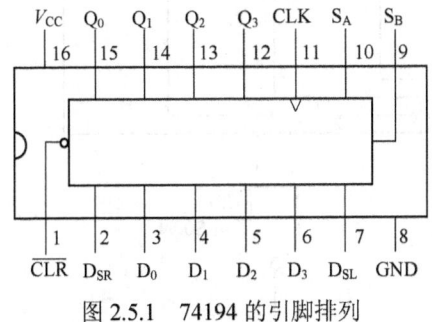

表 2.5.1 74194 功能表

CLK	$\overline{CLR}$	S_A	S_B	功能
×	0	×	×	异步清零
↑	1	0	0	保持
↑	1	0	1	右移
↑	1	1	0	左移
↑	1	1	1	并和置数

由表 2.5.1 可知，74LS194 具有以下功能：

① 异步清零：只要 $\overline{CLR}=0$，不管其他输入端的状态如何，也不论有无时钟脉冲 CLK 作用，移位寄存器 74LS194 都将直接清零。

② 保持：当 $S_A S_B = 00$ 时，74LS194 保持原状态输出。

③ 右移：当 $S_A S_B = 01$ 时，74LS194 实现右移功能，D_{SR} 端串行输入数据，在一系列移位脉冲 CLK 的上升沿作用下，依次沿 $Q_0 \rightarrow Q_1 \rightarrow Q_2 \rightarrow Q_3$ 的方向右移。

④ 左移：当 $S_A S_B = 10$ 时，74LS194 实现左移功能，D_{SL} 端串行输入数据，在一系列移位脉冲 CLK 的上升沿作用下，依次沿 $Q_3 \rightarrow Q_2 \rightarrow Q_1 \rightarrow Q_0$ 的方向左移。

⑤ 并行置数：当 $S_A S_B = 11$ 时，74LS194 实现并行置数功能，从 D_0、D_1、D_2、D_3 并行输入数据，在一个 CLK 脉冲的上升沿作用下，输出端 $Q_0 Q_1 Q_2 Q_3 = D_0 D_1 D_2 D_3$。

2. 移位寄存器的应用

设计一个四位彩灯控制电路，彩灯的状态变化见图 2.5.2(a)，灯亮为 1，灯灭为 0。设计时应考虑到该电路的自启动问题，即能够将无效状态引导到相应的有效状态。可采用修改反馈逻辑的方法，实现自启动特性，如图 2.5.2(b) 的卡诺图所示，$D_{SR} = \overline{Q_2 Q_3}$。经修改反馈逻辑后，完整状态图如图 2.5.2(c) 所示。图 2.5.3 为四位彩灯控制电路的 Multisim 仿真电路图。

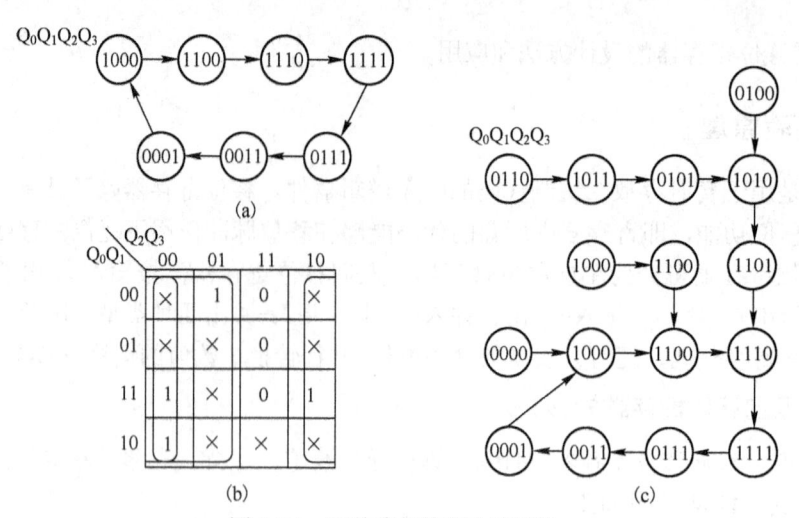

图 2.5.2 四位彩灯控制电路设计

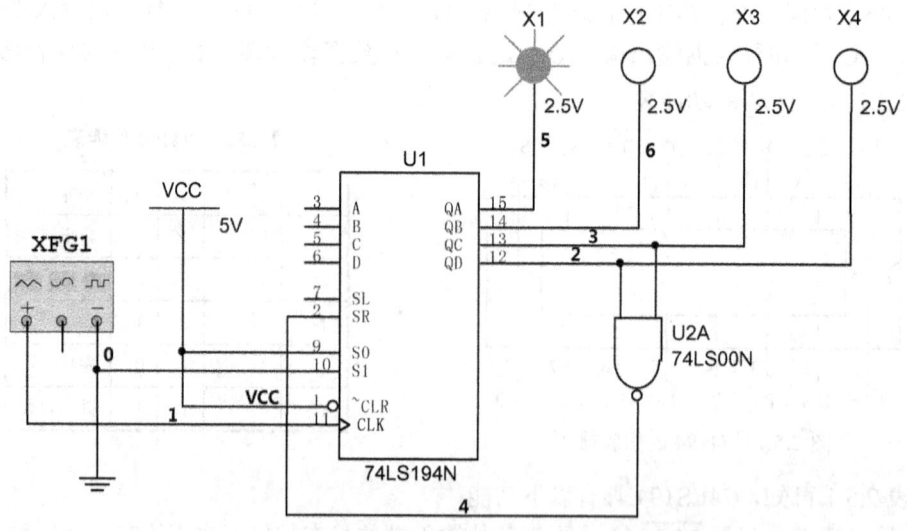

图 2.5.3 四位彩灯控制电路的 Multisim 仿真电路图

三、实验内容

1. 按表 2.5.1 测试 74LS194 的逻辑功能。
2. 用 74LS194 设计实现状态转换图如图 2.5.4 所示的环形计数器。（要求能够自启动，并通过示波器观察波形）
3. 用 74LS194 设计实现状态转换图如图 2.5.5 所示的扭环形计数器。（要求能够自启动，并通过示波器观察波形）

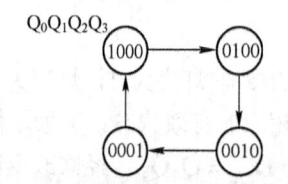

图 2.5.4 环形计数器状态转换图 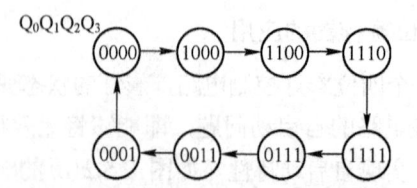　　　图 2.5.5 扭环形计数器状态转换图

4．用 74LS194 设计实现 $M = 2^n - 1$ 最大长度计数。（要求能够自启动，并通过示波器观察波形）

四、实验主要仪器

1．74LS194 移位寄存器　　　　1 片
2．74LS86 异或门　　　　　　　1 片
3．74LS00 与非门　　　　　　　2 片
4．74LS21 与门　　　　　　　　1 片
5．示波器　　　　　　　　　　　1 台
6．数字电路实验箱　　　　　　　1 台
7．万用表及工具　　　　　　　　1 套

五、实验报告内容

1．记录和整理实验测试数据，并对结果进行分析。
2．说明实验电路的设计方法，画出实验逻辑电路图。
3．记录 $M = 2^n - 1$ 最大长度计数器循环状态。
4．正确绘制工作波形图。
5．总结实验过程中遇到的问题及其解决方法。

六、思考题

1．在设计实验电路过程中，如何解决电路自启动问题？
2．用中规模 4 位双向移位寄存器 74194 辅以少量门设计一个能产生序列信号为 00001101 的移存型序列信号发生器。

2.6　计数、译码与显示电路设计

一、实验目的

1．熟悉显示译码器、LED 数码管的使用方法。
2．掌握构成任意进制计数、译码和显示电路的设计方法。

二、实验原理

利用中规模集成计数器构成任意进制计数器的方法已在前面的实验中讲述，这里介绍显示译码器和 LED 数码管的电路结构，在此基础上完成计数、译码与显示电路设计。

1. 显示译码器

驱动七段数码管的译码器称为 BCD-7 段显示译码器，可以将 BCD 码转换成数码管所需要的驱动信号，使数码管用十进制数字显示出 BCD 码所表示的数值。实验采用的显示译

码器是 4 线-7 段译码器 CD4511，其引脚排列如图 2.6.1 所示。

在图 2.6.1 中，D、C、B、A 为 BCD 码输入端；a～g 是译码器输出端，高电平有效，可驱动共阴 LED 数码管；$\overline{LT}$ 为灯测试输入端；$\overline{BI}$ 为消隐功能端；LE 为数据锁存输入端。表 2.6.1 为 CD4511 的功能表。

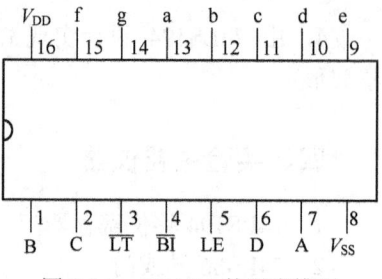

由表 2.6.1 可知，CD4511 具有以下功能：

① 灯测试功能：当 $\overline{LT}=0$ 时，不管 D、C、B、A 输入端的状态如何，输出均为 1，所驱动的共阴 LED 数码管显示数码"8"，因此可以检查 7 段显示器各字段工作是否正常。

图 2.6.1 CD4511 的引脚排列

表 2.6.1 CD4511 功能表

输入							输出							显示
LE	$\overline{BI}$	$\overline{LT}$	D	C	B	A	a	b	c	d	e	f	g	
×	×	0	×	×	×	×	1	1	1	1	1	1	1	8
×	0	1	×	×	×	×	0	0	0	0	0	0	0	
0	1	1	0	0	0	0	1	1	1	1	1	1	0	0
0	1	1	0	0	0	1	0	1	1	0	0	0	0	1
0	1	1	0	0	1	0	1	1	0	1	1	0	1	2
0	1	1	0	0	1	1	1	1	1	1	0	0	1	3
0	1	1	0	1	0	0	0	1	1	0	0	1	1	4
0	1	1	0	1	0	1	1	0	1	1	0	1	1	5
0	1	1	0	1	1	0	0	0	1	1	1	1	1	6
0	1	1	0	1	1	1	1	1	1	0	0	0	0	7
0	1	1	1	0	0	0	1	1	1	1	1	1	1	8
0	1	1	1	0	0	1	1	1	1	0	0	1	1	9
0	1	1	1	0	1	0	0	0	0	0	0	0	0	
0	1	1	1	0	1	1	0	0	0	0	0	0	0	
0	1	1	1	1	0	0	0	0	0	0	0	0	0	
0	1	1	1	1	0	1	0	0	0	0	0	0	0	
0	1	1	1	1	1	0	0	0	0	0	0	0	0	
0	1	1	1	1	1	1	0	0	0	0	0	0	0	
1	1	1	×	×	×	×	显示 LE 由 0 到 1 时 BCD 码的输入值							

② 消隐功能：当 $\overline{BI}=0$ 且 $\overline{LT}=1$ 时，不管 D、C、B、A 输入端的状态如何，输出均为 0，所驱动的共阴 LED 数码管各字段均消隐，不显示任何数字。通常是在有效数据最高位或最低位的零不需要显示时使用。

③ 译码功能：当 LE=0、$\overline{BI}=1$、$\overline{LT}=1$ 时，CD4511 输入数据从 0000 到 1001 时，所驱动的共阴 LED 数码管显示数码"0"到"9"。而当输入数据为 1010 到 1111 时，输出均为

0，所驱动的共阴 LED 数码管各字段自行消隐。

④ 数据锁存功能：当 LE=1，且 $\overline{BI}=1$、$\overline{LT}=1$ 时，CD4511 为锁定保持状态，输出被保持在 LE 由 0 到 1 时 BCD 码的输入值。

2．LED 数码管

LED（Light Emitting Diode）数码管的 7 个发光段是 7 个条状的发光二极管，可分为共阳极和共阴极两种形式。共阳极数码管是将 7 个发光二极管的阳极连接在一起，如图 2.6.2 所示，使用时将公共阳极接高电平，当二极管的阴极为低电平时，该段亮，若为高电平时，则该段不亮。共阴极数码管是将 7 个发光二极管的阴极连接在一起，如图 2.6.3 所示，使用时将公共阴极接低电平，当二极管的阳极为高电平时，该段亮，若为低电平时，则该段不亮。

图 2.6.4 为 LED 双字共阴显示器的引脚排列，下标 1 表示左面显示字的 7 段输入码，下标 2 表示右面显示字的 7 段输入码，每个字的 7 段输入码分别与显示译码器的 7 段输出码相连接。DP 是小数点信号输入端，若显示译码器只译 7 段，没有小数点信号，则 DP_1 和 DP_2 不接任何信号，也就不会显示。

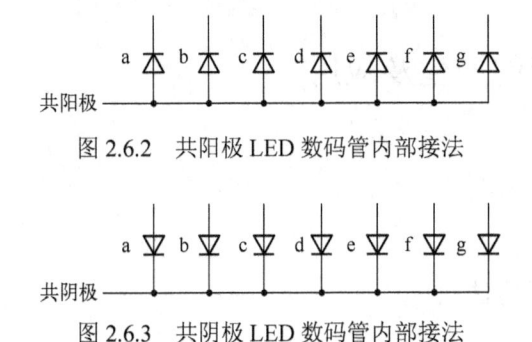

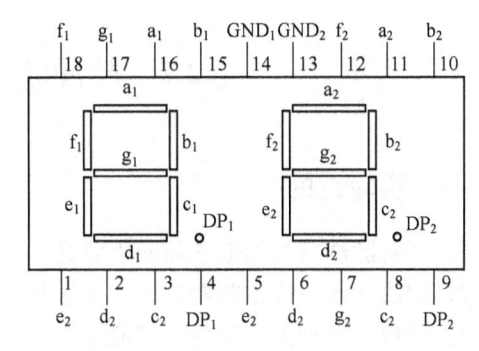

图 2.6.2 共阳极 LED 数码管内部接法

图 2.6.3 共阴极 LED 数码管内部接法

图 2.6.4 LED 双字共阴显示器的引脚排列

三、实验内容

1．按表 2.6.1 测试 CD4511 的逻辑功能。

2．设计 24 进制的计数、译码、显示电路

（1）利用计数器 CD4518 设计实现数字钟的 24 进制计数 00～23。计数器输出端可接至数字电路实验箱上的发光二极管，检查所设计的电路是否正确。

（2）将 CD4511、限流电阻、LED 双字共阴显示器串联起来，在 CD4511 输入端输入 BCD 码，观察 LED 双字共阴显示器是否显示相应的数字。

（3）将（1）中的计数器电路与（2）中的译码、显示电路连接起来，实现 24 进制的计数、译码、显示功能。

四、实验主要仪器

1．CD4518 计数器　　　　　1 片
2．CD4511 译码器　　　　　2 片
3．LED 双字共阴显示器　　 1 片
4．74LS21 与门　　　　　　1 片
5．电阻若干

6. 示波器　　　　　　　　　　1 台
7. 数字电路实验箱　　　　　　1 台
8. 万用表及工具　　　　　　　1 套

五、实验报告内容

1. 记录和整理实验测试数据，并对结果进行分析。
2. 说明实验电路的设计方法，画出实验逻辑电路图。
3. 总结实验过程中遇到的问题及其解决方法。

六、思考题

1. 如何利用计数器 CD4518 设计实现数字钟的 60 进制计数 00～59？画出电路图。
2. 如何用万用表判别所给定的 LED 数码显示器是共阴极还是共阳极电路？说明判别过程。

2.7　脉冲波形的产生及应用

一、实验目的

1. 了解脉冲信号的概念与应用意义。
2. 熟悉 555 集成定时器的工作原理与使用方法。
3. 掌握脉冲波形的产生及其应用。

二、实验原理

1. 脉冲波形

广义上，凡不具有连续正弦波形状的信号，几乎都可以称为脉冲信号，例如矩形波、方波、锯齿波等。最常见的脉冲波形是矩形波和方波，广泛应用于数字电路中。

图 2.7.1(a)所示的理想正向脉冲波形，在 t_0 时刻出现上升沿或前沿，在 t_1 时刻出现下降沿或后沿，因为假设上升沿和下降沿的变化是在 0 s 内完成的，故称为理想脉冲波形。对一个正向脉冲，前沿为上升沿，后沿为下降沿；对一个反向脉冲，前沿为下降沿，后沿为上升沿。

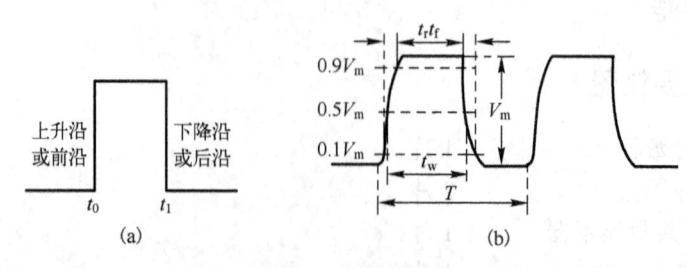

图 2.7.1　脉冲波形

图 2.7.1(b)为非理想状态下的脉冲波形,为了定量描述矩形脉冲波形的特征,通常使用以下几个主要参数:

脉冲幅度 V_m:指脉冲电压的最大变化幅度;
上升时间 t_r:指脉冲上升沿从 $0.1V_m$ 上升到 $0.9V_m$ 所需要的时间;
下降时间 t_f:指脉冲下降沿从 $0.9V_m$ 下降到 $0.1V_m$ 所需要的时间;
脉冲宽度 t_W:指从脉冲前沿的 $0.5V_m$ 处到脉冲后沿的 $0.5V_m$ 处所需要的时间;
脉冲周期 T:指在周期性重复的脉冲信号中,两个相邻脉冲同相位点之间的时间间隔;
脉冲周期的倒数就是脉冲波形的频率 $f=1/T$;
占空比 q:指脉冲宽度占脉冲周期的百分比,即 $q = (t_W/T) \times 100\%$。

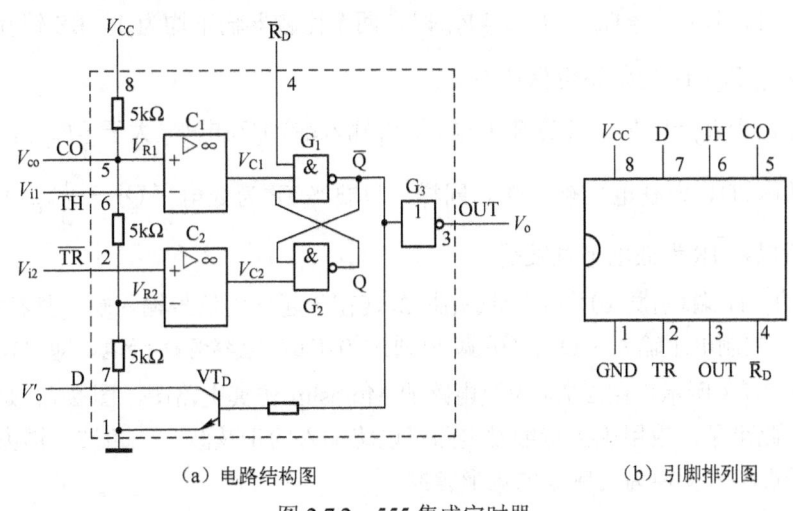

2. 555 集成定时器

555 集成定时器是集模拟和数字电路于一体的电子器件,外加少量的阻容元件,就能构成多种用途的电路,如施密特触发电路、单稳态触发电路、多谐振荡器等,在电子技术中应用广泛。图 2.7.2 为 555 集成定时器的电路结构图和引脚排列图。

(a)电路结构图   (b)引脚排列图

图 2.7.2 555 集成定时器

图 2.7.2(a)的电路结构图主要由五部分组成:

(1)由三个阻值均为 $5\ k\Omega$ 的电阻串联构成的分压器,为电压比较器 C_1 和 C_2 提供参考电压。若控制电压输入端(CO 端,引脚 5)不加控制电压时,该引出端不可悬空,一般要通过一个小电容(如 0.01 μF)接地,以旁路高频干扰,这时两参考电压分别为 $V_{R1} = 2/3\ V_{CC}$,$V_{R2} = 1/3\ V_{CC}$。若外加控制电压 V_{CO},则比较器 C_1、C_2 的参考电压分别为 $V_{R1} = V_{CO}$,$V_{R2} = 1/2\ V_{CO}$。

(2)两个高增益运算放大器 C_1 和 C_2 分别构成电压比较器。C_1 的信号输入端为运放的反相输入端(TH 端,引脚 6),C_1 的同相端接参考电压 V_{R1},输出为 V_{C1};C_2 的信号输入端为运放的同相输入端($\overline{TR}$ 端,引脚 2),C_2 的反相输入端接参考电压 V_{R2},输出为 V_{C2}。

(3)两个与非门 G_1、G_2 构成 RS 锁存器,低电平触发。比较器 C_1 和 C_2 的输出 V_{C1} 和 V_{C2} 控制锁存器的状态,也就决定了电路的输出状态。$\overline{R_D}$ 是锁存器的外部复位端,低电平有效。

(4)三极管 VT_D 构成放电开关,其状态受 RS 锁存器的 $\overline{Q}$ 端控制。当 $\overline{Q}=1$ 时,VT_D 饱和导通,此时,放电端(D 端,引脚 7)如有外接电容,则通过 VT_D 放电。当 $\overline{Q}=0$ 时,则 VT_D 截止。由于放电端的逻辑状态与输出 V_o 是相同的,故放电端也可以作为集电极开路输出 V'_o。

(5) 由反相器 G_3 构成的输出缓冲器，其作用是提高定时器的带负载能力，并隔离负载对定时器的影响。

当 CO 端不外接控制电压时，555 定时器的功能如表 2.7.1 所示。

表 2.7.1 555 定时器功能表

$\overline{R}_D$	V_{i1}(TH)	$V_{i2}(\overline{TR})$	V_o(OUT)	VT_D（放电管）
0	×	×	0	导通
1	$>\frac{2}{3}V_{CC}$	$>\frac{1}{3}V_{CC}$	0	导通
1	$<\frac{2}{3}V_{CC}$	$<\frac{1}{3}V_{CC}$	1	截止
1	$<\frac{2}{3}V_{CC}$	$<\frac{1}{3}V_{CC}$	不变	不变

由 555 定时器的功能表可知：

① 当 $\overline{R}_D=0$，不管 V_{i1}、V_{i2} 为何值，都使 $\overline{Q}=1$，因此电路输出 $V_o=0$，放电管 VT_D 导通。

② 当 $\overline{R}_D=1$，且 $V_{i1}>\frac{2}{3}V_{CC}$，$V_{i2}>\frac{1}{3}V_{CC}$ 时，比较器 C_1 输出 $V_{C1}=0$，比较器 C_2 输出 $V_{C2}=1$，使 RS 锁存器的 $\overline{Q}=1$，$V_o=0$，VT_D 导通。

③ 当 $\overline{R}_D=1$，且 $V_{i1}<\frac{2}{3}V_{CC}$，$V_{i2}<\frac{1}{3}V_{CC}$ 时，比较器 C_1 输出 $V_{C1}=1$，比较器 C_2 输出 $V_{C2}=0$，使 RS 锁存器的 $\overline{Q}=0$，$V_o=1$，VT_D 截止。

④ 当 $\overline{R}_D=1$，且 $V_{i1}<\frac{2}{3}V_{CC}$，$V_{i2}>\frac{1}{3}V_{CC}$ 时，两个比较器输出均为 1，RS 锁存器的状态保持不变，所以 V_o 和 VT_D 的状态也保持不变。

由此可知，当 $\overline{R}_D=1$ 时，只要 TH 端(即 V_{i1} 输入端)加高电平(大于 $\frac{2}{3}V_{CC}$)，$\overline{Q}$ 总为 1，$V_o=0$，所以称 TH 为高电平触发端。同样，只要当 $\overline{TR}$ 为低电平(小于 $\frac{1}{3}V_{CC}$)时，Q 总为 1，$V_o=1$，所以称 $\overline{TR}$ 为低电平触发端。

将 555 的 TH 端(引脚 6)和 $\overline{TR}$ 端(引脚 2)连在一起作为信号输入端，且将复位端 $\overline{R}_D$ 与电源 V_{CC} 相连，控制电压输入 CO 端(引脚 5)通过 0.01μF 电容旁路接地，即可构成施密特触发电路，如图 2.7.3 所示。图 2.7.4 为该电路的 Multisim 仿真电路图，图 2.7.5 是其 Multisim 仿真波形。由此可见，应用施密特触发电路可以将输入的正弦波、三角波、锯齿波等边沿变化缓慢的周期性信号变换为同频率的矩形脉冲。

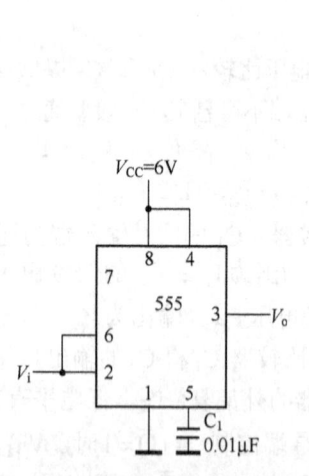

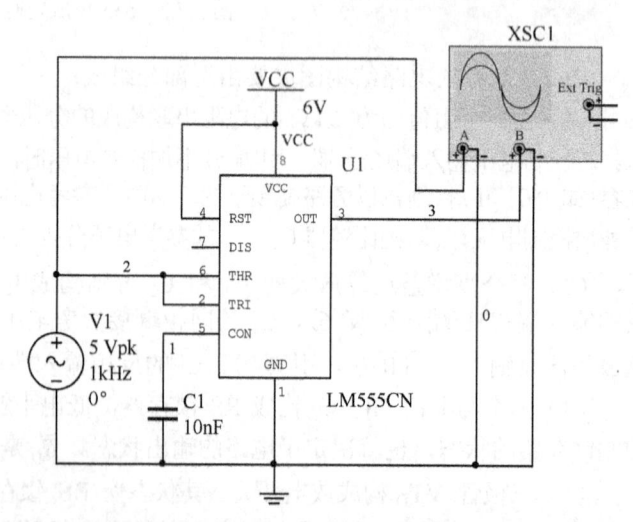

图 2.7.3 用 555 定时器构成施密特触发电路   图 2.7.4 用 555 定时器构成施密特触发电路的 Multisim 仿真电路图

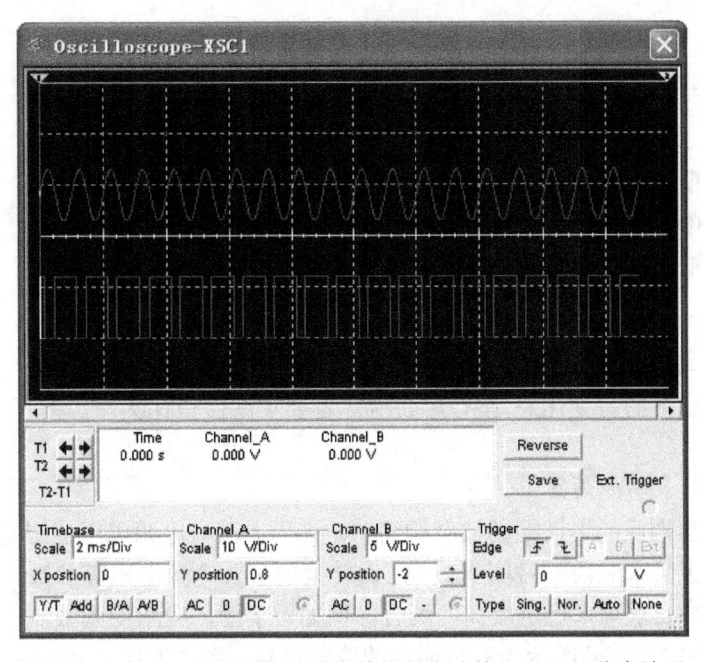

图 2.7.5 用 555 定时器构成施密特触发电路的 Multisim 仿真波形

3．脉冲波形的产生

（1）555 定时器构成多谐振荡器

用 555 定时器构成的多谐振荡器如图 2.7.6(a)所示，R_1、R_2、C 为外接定时元件。多谐振荡器稳定工作后的波形如 2.7.6(b)所示。

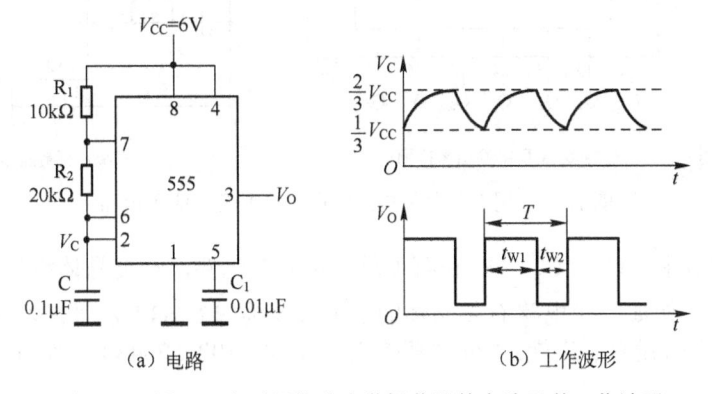

图 2.7.6 用 555 定时器构成多谐振荡器的电路及其工作波形

图 2.7.6 中电路的振荡周期 $T = t_{W1} + t_{W2}$，其中 t_{W1} 为电容充电时间，即电容电压 V_C 从 $\frac{1}{3}V_{CC}$ 上升到 $\frac{2}{3}V_{CC}$ 所需的时间，故

$$t_{W1} = \tau_1 \ln \frac{V_C(\infty) - V_C(0^+)}{V_C(\infty) - V_C(t_{W1})} = (R_1 + R_2)C \ln \frac{V_{CC} - \frac{1}{3}V_{CC}}{V_{CC} - \frac{2}{3}V_{CC}} = (R_1 + R_2)C \ln 2$$

t_{W2} 为电容放电时间，即电容电压 V_C 从 $\frac{2}{3}V_{CC}$ 下降到 $\frac{1}{3}V_{CC}$ 所需时间，故

$$t_{w2} = \tau_2 \ln \frac{V_C(\infty) - V_C(0^+)}{V_C(\infty) - V_C(t_{w2})} = R_2 C \ln \frac{0 - \frac{2}{3}V_{CC}}{0 - \frac{1}{3}V_{CC}} = R_2 C \ln 2$$

因此振荡周期 $T = t_{w1} + t_{w2} = (R_1 + 2R_2)C \ln 2 \approx 0.7(R_1 + 2R_2)C$

脉冲周期的倒数就可以得到脉冲波形的频率 $f = 1/T$。

根据脉冲波形占空比的定义，脉冲宽度占脉冲周期的百分比：

$$q = \frac{t_{w1}}{T} \times 100\% = \frac{R_1 + R_2}{R_1 + 2R_2} \times 100\%$$

可见，输出脉冲的占空比总是大于 50%。若要实现占空比大于、等于或小于 50%，则要改进该电路。

（2）石英晶体多谐振荡器

由 555 定时器构成的多谐振荡器结构简单，使用灵活，电源电压范围宽，调节方便；但缺点是电路的振荡频率取决于时间常数 RC、转换电平及电源电压等参数，导致输出频率稳定性较低。在一些要求频率稳定度高的场合，例如数字钟，应用受到限制，故常采用石英晶体多谐振荡器。图 2.7.7(a) 所示为石英晶体的逻辑符号，图 2.7.7(b) 为 14 位二进制串行计数器 CD4060 引脚排列图，图 2.7.7(c) 所示是石英晶体脉冲源产生电路。

(a) 石英晶体逻辑符号　　　(b) CD4060 引脚排列　　　(c) 石英晶体脉冲源产生电路

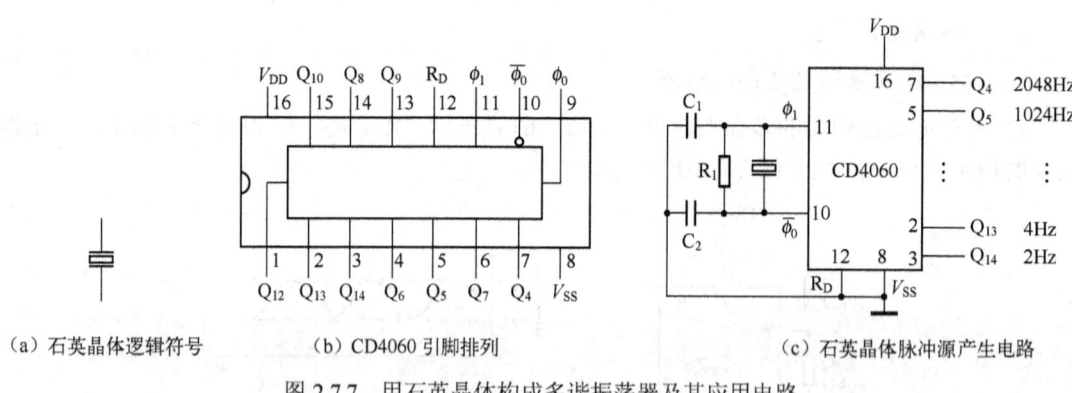

图 2.7.7　用石英晶体构成多谐振荡器及其应用电路

在图 2.7.7(c) 中，C_1、C_2、R_1 和石英晶体是外接元件，石英晶体型号可根据不同的谐振频率要求选取。例如，当电路石英晶体的谐振频率为 32 768 Hz 时，经 CD4060 多级分频，从 $Q_{14} \sim Q_4$（Q_{11} 没有引出端）可分别获得 2, 4, 8, …, 1024, 2048 Hz 等 10 级不同频率的输出信号。

三、实验内容

1. 按图 2.7.3 所示，在数字电路实验箱上连接完成 555 定时器构成的施密特触发电路。若 V_i 输入如图 2.7.4 所示的正弦波形，用示波器观察并画出 2 脚或 6 脚 V_i 以及 3 脚 V_o 的波形，并与图 2.7.4 中仿真波形比较。

2. 按图 2.7.6 所示，在数字电路实验箱上连接完成 555 定时器构成的多谐振荡器电路。用示波器观察并画出 2 脚 V_C 和 3 脚 V_o 的波形，且将 3 脚 V_o 波形的测试值填入表 2.7.2。

表 2.7.2 用 555 定时器构成多谐振荡器的输出波形参数测试表

参数 条件	输出幅值 V_{om}/V	正脉宽 T_1/ms	负脉宽 T_2/ms	周期 T/ms	频率 f/Hz	占空比 q
R_1=10 kΩ R_2=20 kΩ C=0.1 μF						

3．按图 2.7.8 所示，在数字电路实验箱上连接完成 555 定时器构成的单稳态触发电路。当用手触摸 V_i 输入端口的导线后，记录发光二极管发光的时间。

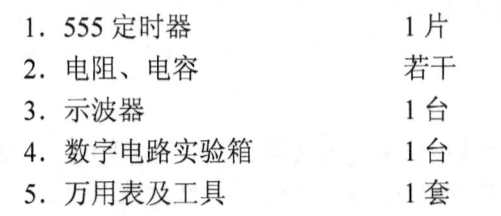

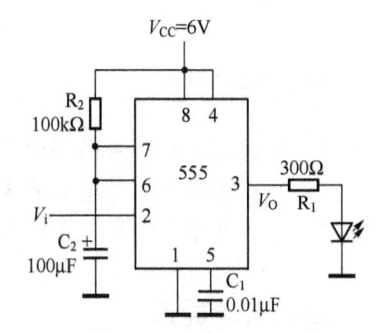

图 2.7.8 用 555 定时器构成的单稳态触发电路及其应用

四、实验主要仪器

1．555 定时器　　　　　　　　1 片
2．电阻、电容　　　　　　　　若干
3．示波器　　　　　　　　　　1 台
4．数字电路实验箱　　　　　　1 台
5．万用表及工具　　　　　　　1 套

五、实验报告内容

1．记录和整理实验测试数据。
2．分析测试结果，并将理论值与实测值进行比较。
3．正确绘制工作波形图，并标注相应参数。
4．总结实验过程中遇到的问题及其解决方法。

六、思考题

1．对于图 2.7.6 所示 555 定时器构成的多谐振荡器电路，若要实现输出脉冲的占空比大于、等于或小于 50%，则如何改进该电路？画出改进电路图。

2．对于图 2.7.8 所示 555 定时器构成的单稳态触发电路，当发光二极管发光时，此时该电路的输出为稳定状态还是暂稳定状态？若使该电路发光二极管的发光时间变短，应如何适量改变图 2.7.8 中哪些元器件的值？

第3章 高频电子线路实验

3.1 高频小信号谐振放大实验

一、实验目的

1. 掌握高频小信号谐振放大器的基本工作原理。
2. 掌握高频小信号谐振放大器电压增益、通频带和选择性的定义、测试及计算。
3. 了解高频小信号谐振放大器动态范围的测试方法。

二、实验原理

高频小信号谐振放大器的功能是放大各种无线电设备中的高频小信号，以便进一步地变换和处理。所谓"小信号"，主要强调输入信号电平较低，放大器工作在线性范围内。

高频小信号谐振放大器以各种选频回路作为负载，兼具阻抗变换和选频滤波的功能。高频小信号谐振放大器电路主要由放大器与选频回路两部分构成。用于放大的有源器件可以是半导体三极管，也可以是场效应管、电子管或者集成运算放大器。用于调谐的选频器件可以是 LC 谐振回路，也可以是晶体滤波器、陶瓷滤波器、LC 集中滤波器、声表面波滤波器等。本实验用三极管作为放大器件，LC 谐振回路作为选频器。

高频小信号谐振放大器是接收机的前端电路，主要用于高频小信号或微弱信号的线性放大。其实验电路如图 3.1.1 所示。该电路由晶体管 VT_1、选频回路 T_1 两部分组成。它不仅对高频小信号进行放大，而且还有一定的选频作用。本实验中输入信号的频率为 12 MHz。基极偏置电阻 R_{W3}、R_{22}、R_4 和射极电阻 R_5 决定晶体管的静态工作点。调节可变电阻 R_{W3} 可改变基极偏置电阻，从而改变晶体管的静态工作点，进而改变放大器的增益。

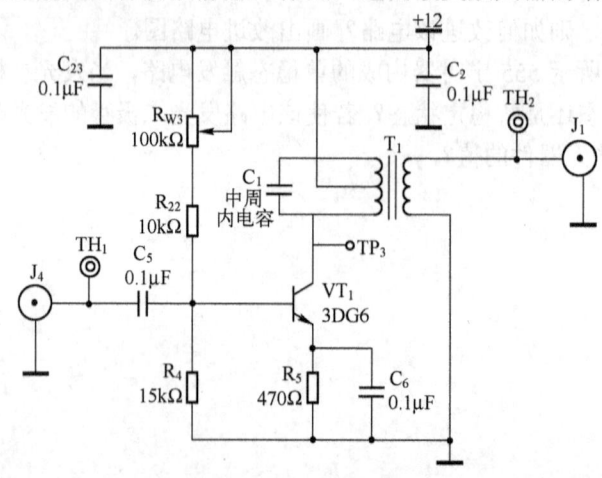

图 3.1.1 高频小信号谐振放大器电路

表征高频小信号调谐放大器的主要性能指标，有谐振频率 f_0、谐振电压放大倍数 A_{vo}、放大器的通频带 BW 及选择性(通常用矩形系数 $K_{r0.1}$ 来表示)等。

谐振频率 f_0 的表达式为

$$f_0 = \frac{1}{2\pi\sqrt{LC_\Sigma}}$$

其中，L 为调谐回路电感线圈的电感量，C_Σ 为调谐回路的总电容。

三、实验内容

1. 调整晶体管的静态工作点。

在不加输入信号时用万用表(直流电压测量档)测量电阻 R_4 两端的电压(即 V_{BQ})和 R_5 两端的电压(即 V_{EQ})，调整可调电阻 R_{W3}，使 $V_{EQ}=4.8$ V，记下此时的 V_{BQ}、V_{EQ}，并计算出此时的 $I_{EQ}=V_{EQ}/R_5$ ($R_5=470\ \Omega$)。

2. 调节高频信号发生器，使它输出频率为 12 MHz 的高频信号，并将该信号输入到 J4 口，在 TH1 处观察信号峰-峰值约为 100 mV 以上。

3. 调谐放大器的谐振回路使其谐振在输入信号的频率点上。

将示波器探头连接在调谐放大器的输出端(即 TH2)上，调节示波器直到能观察到输出信号的波形，再调节中周磁心使示波器上的信号幅度最大，此时放大器即被调谐到输入信号的频率点上。

4. 测量电压增益 A_{vo}。在调谐放大器对输入信号已经谐振的情况下，用示波器探头在 TH1 和 TH2 分别观测输入和输出信号的幅度大小，则 A_{vo} 即为输出信号与输入信号幅度之比。

5. 测量放大器通频带。对放大器通频带的测量有两种方式：用频率特性测试仪(即扫频仪)直接测量；用点频法来测量。用示波器来测量各个频率信号的输出幅度，最终描绘出通频带特性，具体方法如下：通过调节放大器输入信号的频率，使信号频率在谐振频率附近变化(以 20 kHz 或 500 kHz 为步进间隔来变化)，并用示波器观测各频率点的输出信号的幅度，然后就可以在"幅度-频率"坐标轴上标出放大器的通频带特性。

6. 测量放大器的选择性。描述放大器选择性的最主要的一个指标就是矩形系数，这里用 $K_{r0.1}$ 来表示：

$$K_{r0.1} = \frac{2\Delta f_{0.1}}{2\Delta f_{0.7}}$$

式中，$2\Delta f_{0.7}$ 为放大器的通频带；$2\Delta f_{0.1}$ 为相对放大倍数下降至 0.1 处的带宽。用第 5 步中的方法，我们就可以测出 $2\Delta f_{0.7}$ 和 $2\Delta f_{0.1}$ 的大小，从而得到 $K_{r0.1}$ 的值。

注意：对高频电路而言，随着频率升高，电路分布参数的影响将越来越大，而我们在理论计算中是没有考虑到这些分布参数的，所以实际测试结果与理论分析可能存在一定的偏差。另外，为了使测试结果准确，应使仪器的接地尽可能良好。

四、实验仪器

1. 频率特性测试仪　　　　　　1 台
2. 信号发生器　　　　　　　　1 台

3. 双踪示波器　　　　　　　　　1 台
4. 直流稳压电源　　　　　　　　1 台
5. 万用表　　　　　　　　　　　1 只

五、实验报告内容

1. 根据实验内容测得小信号调谐放大器的主要性能指标。
2. 整理实验数据，并画出幅频特性曲线。

六、思考题

试分析单调谐放大回路的发射极电阻和谐振回路的阻尼电阻对放大器的增益、带宽和中心频率各有何影响。

3.2　电容反馈三点式振荡器实验

一、实验目的

1. 进一步了解振荡器的工作原理，对电容三点式振荡电路进行起振条件研究以及工作点变化对振荡器的影响和频率稳定度等方面的实验研究，从而对振荡器有初步的了解，掌握振荡器出现的主要问题及解决办法。
2. 熟悉一些常用仪器(如通用计数器、超高频毫伏表、示波器和 Q 表等)的使用方法。
3. 学会对几十兆赫以下的正弦波振荡器的简单设计调试。

二、实验原理

在电子技术领域，广泛使用各种各样的振荡器；在广播、电视、通信设备、各种信号源和各种测量仪器中，振荡器都是它们必不可少的核心组成部分之一。振荡器一般由晶体管等有源器件和具有某种选频能力的无源网络组成。根据选频网络的形式可以将正弦波振荡器分为 LC 振荡器、晶体振荡器和 RC 振荡器等。本实验对应用最为广泛的 LC 振荡器进行研究。

1. 工作点的变化情况

反馈振荡器自激振荡必须满足起振条件，而起振条件有两个：①相位起振条件：反馈必须是正反馈，即反馈至输入端的反馈电压(电流)必须与输入电压(电流)同相；②幅度起振条件：正反馈的电压必须足够大，即 v_f 应大于 v_i。

当振荡器开机后，相当于接入一个脉冲跳变信号，它包含许多谐波分量，谐振回路选择出符合相位条件的频率分量，虽然它很弱，但经正反馈放大过程，就可增强起来，这就逐渐建立了振荡，但幅度不会无止境地增大。因为，随着振荡幅度的增加，晶体管将要出现饱和、截止现象。也就是说，在刚开始时，晶体管处于甲类工作状态，随着振荡幅度的增大，放大器由甲类工作状态进入乙类工作状态，甚至丙类工作状态。晶体管的非线性特性起了稳幅作用。

而工作状态的变化表现在工作点的变化，即发射结由正偏变为较小的正偏甚至反偏。工作点的变化及偏压的建立过程如图 3.2.1 所示。

工作点的变化在本实验中可以看到。

在日常工作中还可利用检查振荡管工作点是否变化来判断振荡器是否起振。

2. 起振条件

前面已经提到，振荡器的起振条件为两个：相位起振条件和幅度起振条件。而在 LC 振荡电路——三点式振荡电路中，相位起振条件表现为 X_1 与 X_2 应为同性质电抗（在电容三点式中应为容抗），X_3 则必须是异性电抗，且满足 $X_3 = -(X_1+X_2)$，如图 3.2.2 所示。幅度起振条件表现为满足下式：

$$g_m \geq F g_{ie} + \frac{1}{F} g_{oe}$$

其中，F 为反馈系数，$F = \dfrac{v_f}{v_o} = \dfrac{X_1}{X_1+X_2}$。

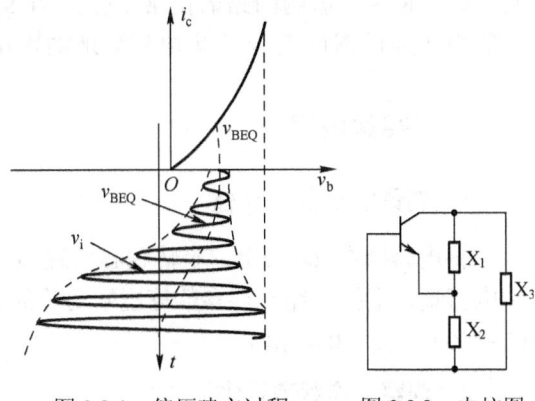

图 3.2.1 偏压建立过程　　图 3.2.2 电抗图

在管子选定后，则管子的参数及负载就确定了，g_{ie}、g_{oe} 则已定，这时所需跨导取决于反馈系数 F。在 F 远小于 1 时，起振跨导主要由第二项决定，不易起振；当 F 较大或远大于 1 时，第一项将是主要的，F 越大，所需 g_m 越大，也不易起振。可见，在 g_{ie}、g_{oe} 一定时，反馈系数 F 有一个适当的范围，在这一范围内，要求的起振跨导比较小，F 太大或太小都不易满足起振条件，而且过大的 F 还会导致振荡波形的失真，这些在本实验中可以验证。

3. 静态工作点的影响

合理地选择静态工作点，对振荡器工作的稳定性及波形好坏有着密切关系。当振荡稳定下来后，振荡器必然工作在非线性区域，可能进入截止区，也可能进入饱和区。当进入饱和区时，输出波形将产生失真，而且振荡管饱和时，输出阻抗很小，并联在振荡回路中，使 Q 值下降，引起频率稳定度降低。所以，我们不希望振荡器进入饱和区来使振幅稳定。因此，一般总是使得起振开始时的静态工作点远离饱和区，靠近截止区。通常集电极工作电流取为 1～4 mA。本实验中可以看到，工作点过高时，输出幅度降低，且波形失真。

4. 频率稳定度

频率稳定度对于振荡器是一项十分重要的技术指标，它有自身的因素，也受外界因素的影响，如机械振动、周围温度、湿度、大气压、电源电压变化以及周围磁场和负载不稳定等。

要提高频率的稳定度，也就是要力求减小振荡频率受外界因素的影响程度，除了采用高稳定度和高 Q 值的回路电容电感外，还可以采用补偿电路或采用部分接入的办法，以减小管子极间电容和分布电容的影响。根据部分接入方法改进的电容三点式电路有两种：克拉泼电路、希勒电路。本实验采用克拉泼电路。电路原理图如图 3.2.3 所示。

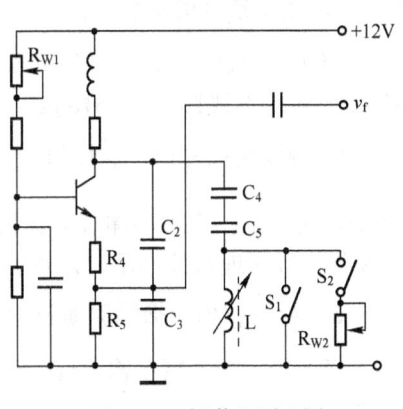

图 3.2.3 振荡器原理图

本电路用改变电感量的方法来改变振荡器频率。电感是在有机玻璃骨架上绕制而成的，旋动磁心在线圈中的位置，可改变电感量，从而改变振荡频率。电位器 R_{W1} 是用来调节振荡管的工作点的，R_{W2} 是用来改变振荡器回路 Q 值的，S_1、S_2 为开关。当 S_1 闭合时，振荡电感被短路，电路停振，这时可测静态工作点；S_1 断开，电路正常工作。当 S_2 断开时，R_{W2} 不影响回路的正常工作；当 S_2 闭合时，R_{W2} 降低了振荡回路的 Q 值，C_3 两端的电压为反馈电压 v_f，集电极到地的电压为振荡幅度 v_o。

三、实验内容

1. 测量电感量及 Q 值

将电感接在 Q 表上，旋转磁心使磁心全部拧入及全部拧出线圈，测出最大电感量及最小电感量，根据回路元件参数算出本实验的最低及最高振荡频率（$C_3=1000$ pF，$C_2=430$ pF，$C_4=200$ pF，$C_5=0.01$ μF）。

2. 观察工作状态变化

检查电源电压为 12 V 后，接入实验板。

将 S_1 拨至"停振"，调整 R_{W1}，用万用表测量发射极对地的电压为 4 V（发射极电阻 R_4、R_5 分别为 10 Ω、1 kΩ，此时工作电流 I_e 为 4 mA），再测出基极与发射极之间的电压 V_{be}，记录测量结果。然后将 S_1、S_2 同时拨至"工作"，再测出 V_{be}，并用示波器在输出端观察是否有振荡波形，比较起振前后工作点的变化。

3. 比较理论计算和实验测得的最高及最低振荡频率

将 S_1、S_2 同时拨至"工作"，旋动振荡电感上的磁心，改变它对线圈的相对位置，以改变电感量，用通用计数器在输出端测出最大和最小振荡频率，并记录。在实验报告中将测量值与由实验内容 1 测出的参数算出的理论计算值加以比较，并讨论。

4. 振荡管工作电流对振荡幅度及波形的影响

改变 R_{W1} 以改变振荡管的直流工作点，用万用表测出其值的大小（测直流工作点时 S_1 拨至"停振"），用超高频毫伏表在输出端测其相应的输出幅度，再用示波器观察其输出波形。列表记录测试数据及输出波形，在实验报告中画出 v_f 与 I_e 的关系曲线，并予以讨论。

5. 起振条件的实验研究

将工作点调至 $V_e = 4$ V，改变反馈系数，观察振荡幅度，具体做法是：将电感线圈上的磁心全部拧入线圈，将 510 pF、1000 pF、1500 pF、2000 pF、3000 pF 的电容，分别插入 C_2、C_3 两端的插孔内，这样相当于 C_2 或 C_3 的电容值加大，使反馈系数 $F = \dfrac{C_2}{C_2+C_3}$ 增大或减小，用示波器在输出端观察其振荡幅度及波形，用超高频毫伏表测量 C_3 两端的反馈电压 v_f 和集电极对地振荡电压 v_o，并填入表 3.2.1 中。

6. 回路 Q 值对振荡频率及幅度的影响

（1）将示波器接在输出端，S_2 接通，旋动电位器 R_{W2}，由大到小，观察 R_{W2} 变化时振荡幅度的变化。

(2) 将数字频率计接在输出端，重复上述实验，观察振荡频率的变化。

(3) 用热烙铁靠近振荡管(注意不能靠得太近，以免损坏管子)，观察振荡频率的变化。

表 3.2.1

C_3/pF		1000	1000	1000	1000	1000	1000+510	1000+1000	1000+2000	1000+3000
C_2/pF		430+3000	430+1500	430+1000	430+510	430	430	430	430	430
v_f										
v_o										
反馈系数	计算值 $C_2/(C_2+C_3)$									
	实测值 v_f/v_o									

四、实验仪器

1. 通用计数器　　　　　1 台
2. 双踪示波器　　　　　1 台
3. 超高频毫伏表　　　　1 只
4. Q 表　　　　　　　　1 只
5. 直流稳压电源　　　　1 台
6. 万用表　　　　　　　1 只

五、实验报告内容

根据实验内容提出的要求测出所有数据，并列表或画出曲线。

六、思考题

1. 为什么提高回路 Q 值可以提高频率稳定度？
2. 在 C_3 两端插入 2000 pF 电容时，旋动磁心，为什么当电感较小时振荡器停振，而电感较大时电路不停振？

3.3 高频谐振功率放大器实验

一、实验目的

1. 通过实验，进一步熟悉谐振功率放大器的工作原理，对该放大器的工作状态及负载特性应有深入的了解。
2. 初步掌握由振荡器、缓冲级、高频功率放大器组成的整机的调试和测量方法。

二、实验原理

高频谐振功率放大器的主要功能是放大高频大信号，并且以高效率输出大功率，它主要应用于各种无线电发射机中。低频功率放大器可以工作在甲类状态或者甲乙类状态。为了提高效率，高频功率放大器多工作在丙类状态。丙类功率放大器的集电极电流为周期性脉冲，因此其集电极负载为LC选频网络，以输出大功率正弦信号。

实验电路方框图如图3.3.1所示。

电路原理图如图3.3.2所示。

图3.3.1 实验电路方框图

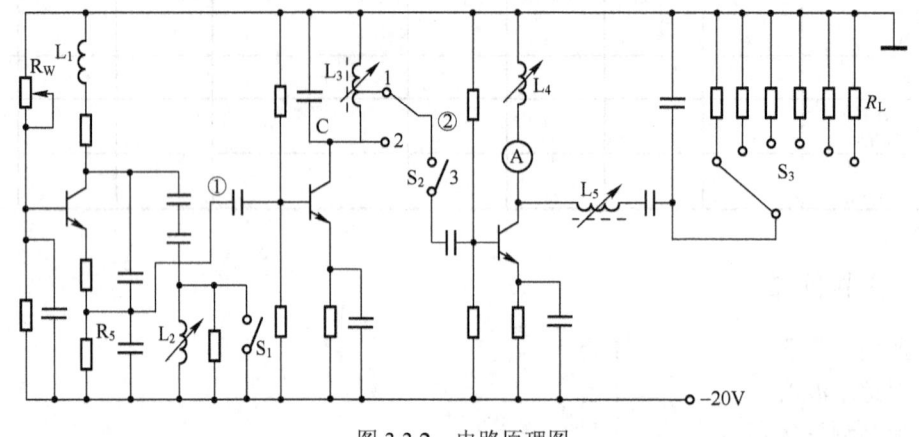

图3.3.2 电路原理图

谐振功放的等效电路如图3.3.3所示。图中 v_b 为激励电压，v_c 为回路电压，E_c 为电源电压，E_b 为负偏压。

当 $v_b=0$ 时，$i_c=0$；当激励电压 $v_b>v_{b1}$ 时，管子导通，集电极电流 i_c 呈脉冲状，通角 $\theta<90°$。由傅里叶级数可知，i_c 可分解为直流分量、基波、n 次谐波，这些电流分量流过负载回路，由于 LC（π 回路）回路的滤波作用，若回路固有谐振频率等于激励电压频率，则回路电压 v_c 为正弦波，滤除基波以外的高次谐波，从而达到不失真放大的目的。

（1）放大器的负载特性

如图3.3.4所示，当集电极负载 R_L 变化时，晶体管 i_c 波形随之变化。当 R_L 较小时（$R_L = R_1$），i_c 为余弦脉冲，放大器工作在欠压状态；当 $R_L = R_2$ 时，i_c 仍近似余弦脉冲，放大器工作在临界状态；当 $R_L = R_3$ 时，i_c 为凹顶脉冲，放大器工作在过压状态。可以看出，当集电极负载回路谐振电阻 R_L 从小到大变化时，放大器的工作状态由欠压向过压过渡。

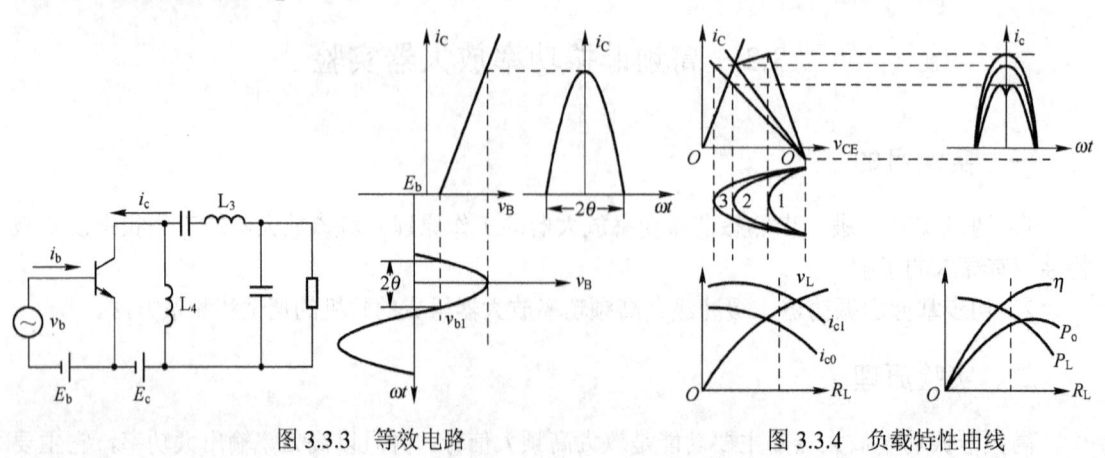

图3.3.3 等效电路

图3.3.4 负载特性曲线

图 3.3.4 示出了负载变化时放大器的 P_o、η、v_L、i_c0、P_L、i_c1 变化情况。

（2）激励电压变化对工作状态的影响

由于 $V_\text{bemax}=E_\text{b}+V_\text{bm}$，当 V_bm 较小时，V_bemax 也较小，放大器工作在欠压状态；随着 V_bm 增大，V_bemax 也增大，I_cemax、I_cm 也都增大，引起 $V_\text{cemin}=E_\text{c}-I_\text{cm}R_\text{L}$ 减小，这就使放大器的工作状态从欠压转入过压。V_bm 对放大器工作状态的影响如图 3.3.5 所示。

（3）电源电压变化对工作状态的影响

当 $V_\text{bemax}=E_\text{b}+V_\text{bm}$ 不变时，而 $V_\text{cemin}=E_\text{c}-V_\text{cm}=E_\text{c}-I_\text{cm}R_\text{L}$，当 E_c 变化时，V_cemin 也随着变化，这就使 V_cemin 和 V_bemax 的相对大小发生变化，从而引起工作状态的变化。当 E_c 较大时，V_cemin 也具有较大数值，V_cemin 远大于 V_bemax，因而放大器工作在欠压状态；随着 E_c 的减小，V_cemin 也将减小，当 V_cemin 小于 V_bemax 时，放大器将进入过压状态。E_c 对放大器工作状态的影响如图 3.3.6 所示。

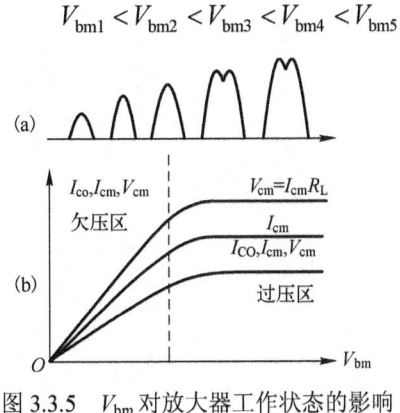

图 3.3.5 V_bm 对放大器工作状态的影响

图 3.3.6 E_c 对放大器工作状态的影响

三、实验内容

1．测试末级高功放工作状态

接通电源 $E_\text{c}=-20$ V，拨动缓冲级波段开关 S_2 至 3，使末级输入电压 $V_\text{b}=0$，测得 I_c0 值；然后将 S_2 置于"1"或"2"，即 $V_\text{b}\neq0$，测得 I_c0 值。根据所测得的数据，分析一下高功放工作在什么状态。

2．整机调整并达到所需指标

指标要求：$f=20$ MHz，$P_0\geqslant200$ mW

（1）接通电源 $E_\text{c}=-20$ V，使缓冲级波段开关（S_2）置于"3"的位置（即电流表指示为零的情况下）。

（2）调整振荡级：短路 L_2（即把 S_1 拨至通）使振荡级停振，调节偏置电位器 R_W，使振荡级 $I_\text{e}=4$ mA（即在振荡级 R_5 的 1 kΩ 电阻上用万用表测得直流电压为 4 V）。然后使振荡级正常工作，（即把 S_1 置于开路位置），调节 L_2 磁心，用频率计在测试点①测得 $f=20$ MHz 并用示波器观察波形。

（3）调节缓冲级：置 S_2 于 3 的位置，调节 L_3，在缓冲级输出端上（即测试点②）测得输出波形最大，即表示 L_3C 回路调谐。

（4）调整末级功放：把 S_2 拨至"1"或"2"的位置，调节 L_4、L_5 磁心，使示波器所观察到的输出端波形最大(用 V_L 表示输出波形幅度),同时 I_{c0} 最小,即表示末级回路调谐。

(5) 反复微调 L_3、L_4、L_5 使末级输出最大,则表示缓冲、功放调谐。

3. 负载特性的测定

在上述调整的基础上,转动 S_3,测得相应的 I_{c0}、V_L、V_c 值,并计算终端输出功率 P_o、集电极电源供给功率 P_{ds}、集电极总损耗功率 P_{zs}、效率 η_Σ。

转动 S_3 时,R_L 的值分别为 75 Ω、100 Ω、150 Ω、200 Ω、270 Ω、430 Ω。

四、实验仪器

1. 直流稳压电源　　　　1 台
2. 通用计数器　　　　　1 台
3. 双踪示波器　　　　　1 台
4. 超高频毫伏表　　　　1 只
5. 直流电流表　　　　　1 只
6. 万用表　　　　　　　1 只

五、实验报告内容

根据实验数据画出负载特性曲线。

六、思考题

1. 试问实际测出的负载特性与理论的有何区别?分析原因。
2. 末级回路调谐时,为何 V_L 最大,I_{c0} 最小?

3.4 晶体管混频实验

一、实验目的

熟悉混频器的工作原理,学会对三极管混频器的调整,了解混频器中包络失真的组合频率干扰现象,以及混频器工作点的选择和本振电压幅度对混频增益的影响。

二、实验原理

1. 本振电压的大小对变频跨导的影响

衡量混频器性能的主要参数之一是混频器的变频跨导 g_c,其定义是混频器输出中频电流幅度与输入信号电压幅度之比,变频跨导 g_c 与时变跨导 $g_m(t)$ 的关系如下式:

$$g_c = \frac{1}{2\pi}\int_{-\pi}^{\pi} g_m(t)\cos\omega_L t\, d\omega_L t$$

而时变跨导与本振电压有关,根据三极管静态伏安特性曲线及跨导特性曲线可知,本振电压幅度增加,其 $g_m(t)$ 幅度随之增加,g_c 也跟着增大;但当本振电压足够大时,由于自给偏压效应，(即随着本振电压幅度的增加，其工作点左移)，变频跨导反而下降。因此，本振电压有一最佳值，此时，变频跨导或变频增益最大。

在本实验中，根据 g_c 越大，增益越大，输出的中频电压幅度 V_I 越大的原理，通过改变本振电压 V_L 的大小，测量输出电压幅度 V_I 的方法，测出 V_I 与 V_L 的关系曲线，从中找出 g_c 与 V_L 的关系。

2．混频管工作点对变频跨导的影响

混频管的静态工作点电流对变频跨导的影响也很大，由三极管的跨导特性可知，当本振电压一定时，静态工作点电压过大过小，$g_m(t)$ 幅度均减小，相应的 g_c 也减小。因此，同样存在一个最佳工作点。

在本实验中，可通过改变混频管工作点电压 V_e，测量输出电压幅度 V_I，得出 V_I 与 V_e 的关系曲线，从中找出 g_c 与 I_e 的关系。

3．包络失真与输入信号幅度及本振电压幅度的关系

由于三极管混频器的根源就在于三极管特性的非线性，但信号通过非线性电路时会产生各种非线性失真，包络失真就是其中之一。

若本振电压 $v_L = V_{Lm}\cos\omega_L t$，输入信号电压为 $v_S = V_{Sm}\cos\omega_S t$，输出中频电流为 $i_I = I_{Im}\cos\omega_I t$，$\omega_I = \omega_L - \omega_S$，且三极管在静态工作点上展开的伏安特性为

$$i = f(v) = a_0 + a_1 v + a_2 v^2 + a_3 v^3 + a_4 v^4 + \cdots$$

其中
$$v = v_L + v_S = V_{Lm}\cos\omega_L t + V_{Sm}\cos\omega_S t$$

将 v 代入三极管在静态工作点上的伏安特性，v 的二次方项(展开式中的 $2a_2 v_L v_S$)、四次方项(展开式中的 $4a_4 v_L^3 v_S + 4a_4 v_S^3 v_L$)会产生中频电流分量，输出中频电流振幅为

$$I_{Im} = \left(a_2 V_{Lm} + \frac{1}{2}a_4 V_{Lm}^3\right)V_{Sm} + \left(\frac{1}{2}a_4 V_{Lm}\right)V_{Sm}^3$$

由此可见，对输入信号来说，除了上式等号右边线性项外，还存在非线性的三次方项，因而使输出包络不再随输入信号线性变化，从而引起包络失真。当本振电压 V_{Lm} 一定时，包络失真的大小与输入信号的振幅 V_{Sm}^3 成正比；V_{Sm} 越大，上式等号右边第二项的失真项相对于第一项的线性项所占比例越大，所以包络失真也越大。当输入信号幅度不变时，本振电压振幅 V_{Lm} 增大，则上式线性项系数增大较快，包络失真减小。通过本实验，可以证实这些。

4．寄生通道干扰

寄生通道干扰也是混频器非线性失真的另一种表现形式，当混频器有干扰电压 V_1（其频率为 f_1）和本振电压 V_L（其频率为 f_L）同时作用时，由于三极管的非线性特性，输出电流中将包含无数个组合频率分量：$\pm p f_1 \pm q f_L$（p, q=0，1，2，3，…）。当其中某些频率满足 $\pm p f_1 \pm q f_L = f_I$ 时（f_I 为输出中频频率），它将通过混频器而产生干扰，这个干扰信号就是一个寄生通道干扰。混频器有很多寄生通道，但其变换能力有强弱，p、q 值越大，其通道的变换能力越弱。本实验只找出 $p=1$、2、3，$q=0$、1、2、3 的若干通道，并观察各通道的变换能力。

实验电路原理图如图 3.4.1 所示，第一级（VT_1）为本振级，振荡电路为电容三点式，VT_2 为缓冲放大器，VT_3 为混频级。本振电压通过缓冲放大，加到混频管的发射极，输入信号通过传输线变压器加到混频管的基极。本振电压的大小由 R_{W1} 来调节，混频管工作点由 R_{W2} 来改变。

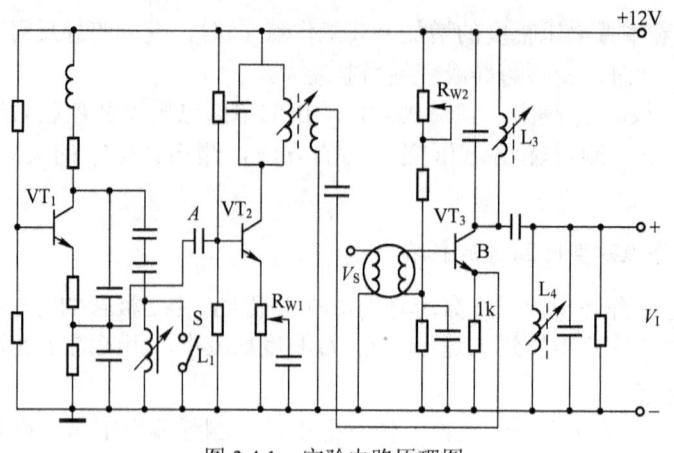

图 3.4.1　实验电路原理图

三、实验内容

检查电源电压为 12 V 后，接入实验板，将开关 S 闭合，振荡器停振，在 B 点测量 v_{e3}，调节 R_{W2} 使 $V_{e3}=0.6$ V，即 $I_{e3} \approx I_{c3} \approx 0.6$ mA。

1. 混频器的调试

（1）调整振荡级的振荡频率为 30 MHz

将拨动开关拨至"振荡"，数字频率计接电路 B 点，调节振荡回路电感 L_1，使振荡频率 $f_L=30$ MHz。

（2）调缓冲级，使之谐振频率为 30 MHz

将超高频毫伏表接电路 B 点，调节缓冲级谐振回路电感 L_2，使之谐振于 30 MHz（此时毫伏表指示最大）。

（3）调输出回路

将拨动开关拨至"停振"，设置信号发生器，使其输出 10.7 MHz 信号，并加于实验板的 V_S 输入端，用毫伏表在实验板的输出端监视，调整 L_3、L_4 使双谐振回路谐振于 10.7 MHz。

2. 测量输出电压 V_1 与本振电压 V_L 的关系

将拨动开关拨至"停振"，使信号发生器输出 V_S 信号，其振幅有效值 $\geqslant 45$ mV，$f_s=19.3$ MHz，送入实验板输入端，改变 R_{W1} 以改变本振电压幅度，用超高频毫伏表测量其本振幅度及输出幅度，测出一组

$$V_1 = f(V_L)\Big|_{\substack{V_s=\text{常数}(\geqslant 45\text{ mV}) \\ I_{c3}=\text{常数}(0.6\text{ mA})}}$$

的曲线数据并列表记录。

3. 测量输出电压 V_1 与 I_{c3} 的关系

改变 R_{W2} 以改变 I_{c3}，测出一组

$$V_1 = f(I_{c3})\Big|_{\substack{V_s=\text{常数}(\geqslant 45\text{ mV}) \\ V_L=\text{常数}(250\text{ mV})}}$$

的曲线数据并列表记录（注意：用万用表测 V_{e3} 即 I_{c3} 时，须将本振停振）。

4. 包络失真与输入信号幅度及本振电压大小的关系

使信号发生器输出一个调制频率为 1 kHz、调制系数为 30% 的调幅信号，送入混频器的

V_S 输入端，将示波器接在实验板的输出端，观察其包络波形。（若波形移动，看上去模糊一片时，可调"电平"旋钮，使波形稳定。此时 I_{c3} 应调至 0.6 mA 左右。）

（1）改变信号发生器输出信号幅度，观察混频器输出波形的变化，并记录。

（2）将信号发生器输出固定在 45 mV，调节 R_{W1} 以改变本振电压幅度，观察其输出波形的变化，记录实验结果。

5. 寄生通道干扰

V_L 调至 250 mV，将信号发生器恢复到做实验内容 2 时所置的位置，大范围内调节其输出频率，用示波器在输出端监视，记下有中频输出的信号频率及所输出电压的相对大小，与理论计算的各寄生通道加以比较，说明各属哪个通道以及各通道的变换能力如何。

四、实验仪器

1. 超高频毫伏表　　　　1 只
2. 信号发生器　　　　　1 台
3. 通用计数器　　　　　1 台
4. 双踪示波器　　　　　1 台
5. 直流稳压电源　　　　1 台
6. 万用表　　　　　　　1 只

五、实验报告内容

1. 用表格记录实验数据，用方格纸画出 $V_I = f(V_L)\Big|_{\substack{V_S=\text{常数}(\geqslant 45\text{ mV}) \\ I_{c3}=\text{常数}(0.6\text{ mA})}}$ 和 $V_I = f(I_{c3})\Big|_{\substack{V_S=\text{常数}(\geqslant 45\text{ mV}) \\ V_L=\text{常数}(250\text{ mV})}}$ 的曲线并讨论实验结果，说明 g_c 与 V_L、g_c 与 I_{c3} 的关系。

2. 列出表格，将计算出的寄生通道频率与实验所测得的相比较，并加以讨论，指出干扰最强的寄生通道。

六、思考题

1. 包络失真与混频器的哪些参数有关？
2. 三极管混频器的增益主要与哪些因素有关？怎样选择？

3.5 模拟乘法器混频实验

一、实验目的

1. 了解由模拟乘法器构成的混频器的工作原理及典型电路。
2. 了解本振电压幅度和模拟乘法器偏置电流对混频增益的影响。
3. 掌握用直流负反馈改善混频器动态范围的方法。

二、实验原理

1. 混频器的一般原理

混频器具有实现频率变换的功能。混频器是典型的频谱搬移电路，用来将载频为 f_S 的已调信号(包括振幅调制信号和频率调制信号等)不失真地变换为载频为中频 f_I 的已调信号，而载频 f_S、中频 f_I 和本机振荡频率 f_L 之间应满足下列关系：

$$f_I = \begin{cases} f_S - f_L, & \text{当 } f_S > f_L \text{ 时} \\ f_L - f_S, & \text{当 } f_S < f_L \text{ 时} \end{cases}$$

其中 $f_I > f_S$ 的混频称为上混频，$f_I < f_S$ 的混频称为下混频。

混频器通常有二极管混频、三极管混频、场效应管混频等。由于这些混频器存在固有非线性现象，因此混频器将产生组合频率干扰及其他非线性失真，还有寄生通道干扰等。采用模拟相乘器作为混频器可以消除非线性失真，有效地抑制寄生通道干扰。

2. 模拟相乘器的混频原理

当模拟相乘器的两个输入端分别送入 $v_L = V_{Lm} \cos \omega_L t$，$v_S = V_{Sm} \cos \omega_S t$ 时，模拟相乘器的输出 $v_I = K v_S v_L$。当 v_L、v_S 都为小信号时，

$$v_I = \frac{1}{2} K V_{Lm} V_{Sm} [\cos(\omega_L + \omega_S)t + \cos(\omega_L - \omega_S)t]$$

尽管在实际应用中，加到模拟相乘器上的信号不一定都是小信号，也可以在某个输入端加入大信号，使模拟相乘器离开线性区而进入开关状态，但模拟相乘器的非线性变换功能仍然是两个信号的乘积。由以上所述可知，若在模拟相乘器输出端接一个中频滤波器 ($\omega_I = \omega_L - \omega_S$) 作为负载，即可实现混频。

3. 实验原理电路

实验原理电路如图 3.5.1 所示。图中晶体三极管 VT_1 与电容 C_1、C_2、C_3、C_4 和 L_1 构成改进型电容三点式振荡电路，作为本机振荡器。晶体三极管 VT_2 构成射随器，起缓冲隔离作用。R_{W2} 是用来调节本振输出信号幅度大小的电位器。C_{13}、C_{14} 和 L_2 构成中频调谐回路 ($f_I = 2 \text{ MHz}$)。R_{W4} 接在相乘器的 2 脚和 3 脚之间，用来调节相乘器的负反馈深度。电位器 R_{W5} 用来调节相乘器的偏置电流 I_5。

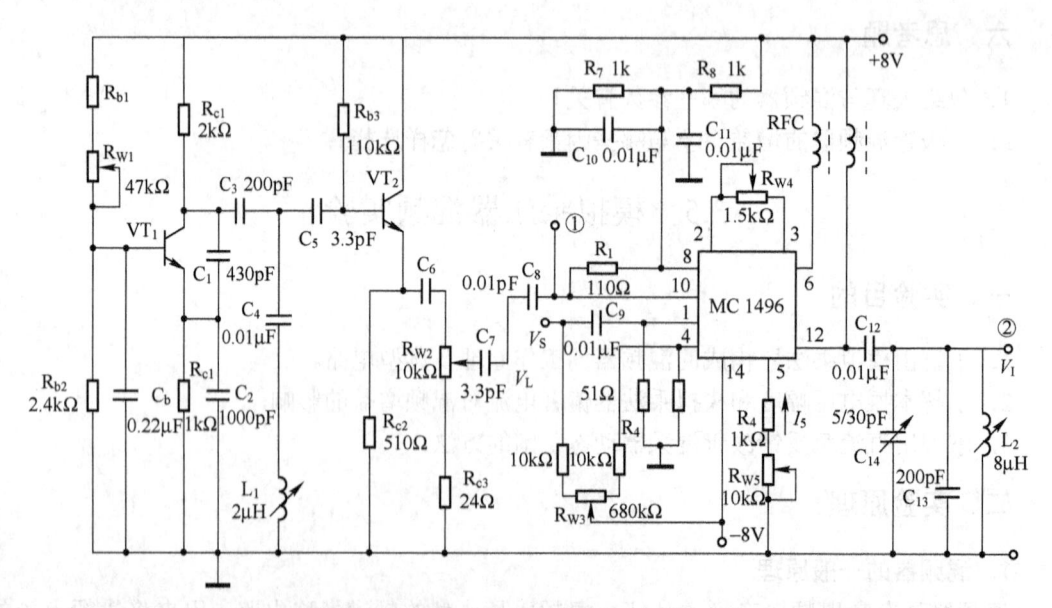

图 3.5.1 混频器实验原理电路

三、实验内容

用 1496 模拟相乘器等元器件,参照图 3.5.1 所示的原理电路构成混频器。

1. 本振、缓冲级的调整

调节 R_{W1},使 BG_1 的 V_e 为 4 V,改变 L_1 及 R_{W2},在测试点①端测量使本振信号频率 f_L 为 10 MHz,振幅 V_{Lm} 为 0.5 V 左右。

2. 混频器输出回路的调整

使 $R_{W4}=0$,调节 R_{W5},使 I_5 为 1 mA。将信号发生器输出频率 f 为 8 MHz、幅值为 100 mV 的高频信号送至混频器的 V_S 输入端。保持上述本振信号不变,分别调节 C_{14}、L_2,在测试点②端测得 V_I 频率为 2 MHz。

3. 测量 V_I-V_L 关系曲线

在上述内容 1、2 调整完毕的基础上,改变 R_{W2} 以改变本振幅度,用超高频毫伏表测量其本振幅度 V_L 及混频器输出幅度 V_I,测出一组 $V_I=f(V_L)$ 的曲线数据。

4. 测量 V_I-I_5 关系曲线

在实验内容 1、2 调整完毕的基础上,改变 R_{W5} 以改变 I_5,测出一组 $V_I=f(I_5)$ 的曲线数据。

5. 观察串联电流负反馈电阻 R_{W4} 对输出中频信号的影响

调节 R_{W2},使 $V_{Lm}=500$ mV,调节 R_{W5},使 $I_5=0.6$ mA,使信号发生器输出高频调幅信号 V_S,其载频 $f_S=8$ MHz,调制信号频率为 1 kHz,调制度 $m=40\%$。

(1) 使 $R_{W4}=0$,调节 V_S,使之逐步加大,直至 V_I 波形开始产生失真为止。记下此时的 V_S 和 V_I 的大小。

(2) 使 $R_{W4}>0$,重新调节 V_S,直到 V_I 波形再次开始产生失真为止。记下此时的 V_S 和 V_I 的大小,并与 $R_{W4}=0$ 时测得的结果进行比较。

四、实验仪器

1. 双踪示波器　　　　　1 台
2. 高频信号发生器　　　1 台
3. 通用计数器　　　　　1 台
4. 直流稳压电源　　　　1 台
5. 万用表　　　　　　　1 只

五、实验报告内容

1. 整理各项实验所得数据和波形,绘制混频输出随 V_L 和 I_5 变化的关系曲线。
2. 根据实验内容 5 所得结果说明 R_{W4} 的作用。

六、思考题

与三极管混频器相比,由模拟相乘器构成的混频器有何优缺点?

3.6 幅度调制与解调实验

一、实验目的

1. 了解模拟相乘器的两个输入信号相乘，实现幅度调制的过程。
2. 掌握用双平衡模拟相乘器来实现幅度调制及幅度解调。

二、实验原理

幅度调制是使载波(高频)信号峰值正比于调制(低频)信号瞬时值的过程。

设调制信号 $v_m = V_{mp} \sin \omega_m t$，载波信号 $v_c = V_{cp} \sin \omega_c t$，产生的调幅信号为

$$v_o = K v_c \cdot (v_m + V_{DC}) = K V_{cp} \sin \omega_c t (V_{DC} + V_{mp} \sin \omega_m t)$$

$$= K V_{cp} \cdot V_{DC} \left(1 + \frac{V_{mp}}{V_{DC}} \sin \omega_m t \right) \sin \omega_c t$$

其中，V_{DC} 为调制信号输入端叠加的直流电压值，它的大小决定了调制波形的特点，定 $m = V_{mp}/V_{DC}$ 为调幅系数。一般情况下 $V_{mp} < V_{DC}$，且 $V_{DC} \neq 0$。

调幅波的频谱如图 3.6.1 所示。图中 $f_c + f_m$ 称为上边频，$f_c - f_m$ 称为下边频，f_c 为载频。当调制信号为非单频的情况下，则频谱中除载频外，还有上边带和下边带，如图 3.6.1(b)所示。

从传输信息的角度看，载波成分不包含信息，但是载波成分需要供给功率。因此有些场合采用抑制载波的调幅方式，即将调幅波信号中的载波成分去掉，只保留上、下两个边带，这种调幅方式称为抑制载波双边带调幅。如果只传输一个边带，则称其为单边带调幅。

图 3.6.2 给出了普通调幅波和抑制载波调幅波的波形。抑制载波调幅的缺点是解调时必须有与载波频率同频同相的信号，为此要进行载波恢复，因而它的解调比较困难。

双平衡模拟相乘器 1496、1596 目前被广泛采用。1496 内部电路如图 3.6.3 所示。它由差动放大器(VT_5、VT_6)和双差分放大器 $VT_1 \sim VT_4$ 组成，VT_7、VT_8 及 VT_9 组成了差动放大器 VT_5、VT_6 的恒流源。工作时，载波信号加到 $VT_1 \sim VT_4$ 的输入端，调制信号加到 VT_5、VT_6 的输入端，其输出信号只包含和频与差频分量，而幅度受到了调制信号的调制。调制信号差动放大器的两个发射极分别引出外接引线端②和③。两端之间可接入适当的反馈电阻，使调制信号输入幅度的线性动态范围满足一定的要求，它还决定相

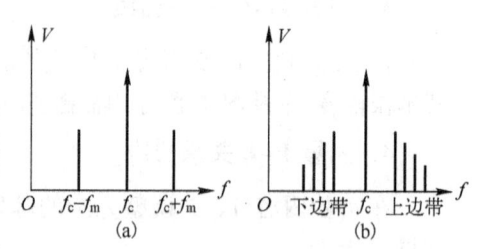

图 3.6.1 调幅波的频谱

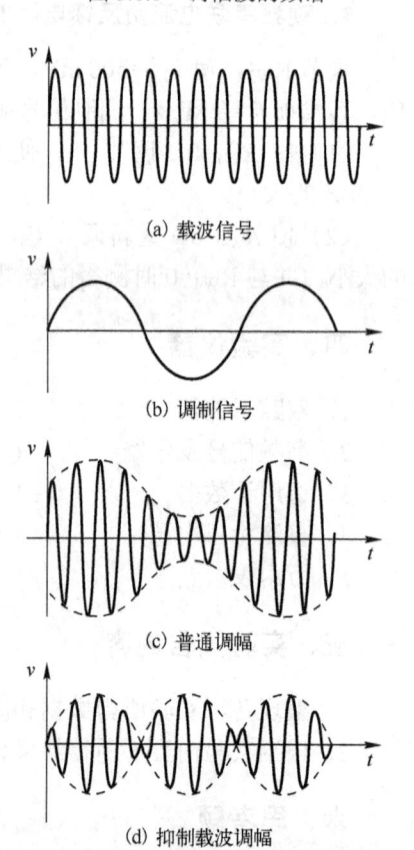

(a) 载波信号

(b) 调制信号

(c) 普通调幅

(d) 抑制载波调幅

图 3.6.2 普通调幅和抑制载波调幅的波形

乘器的增益。用 1496 模拟乘法器构成的平衡调幅的电路原理图如图 3.6.4 所示。

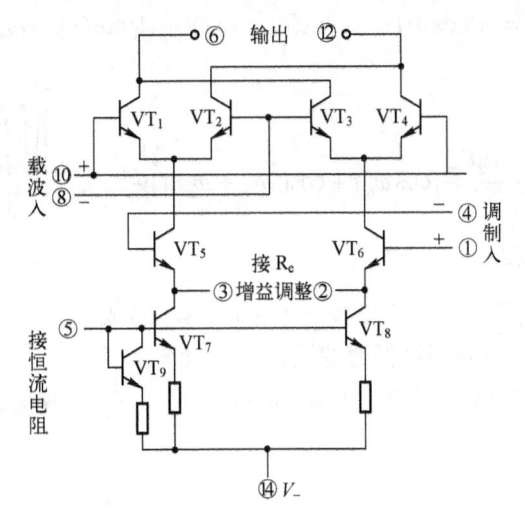

图 3.6.3 1496 内部电路

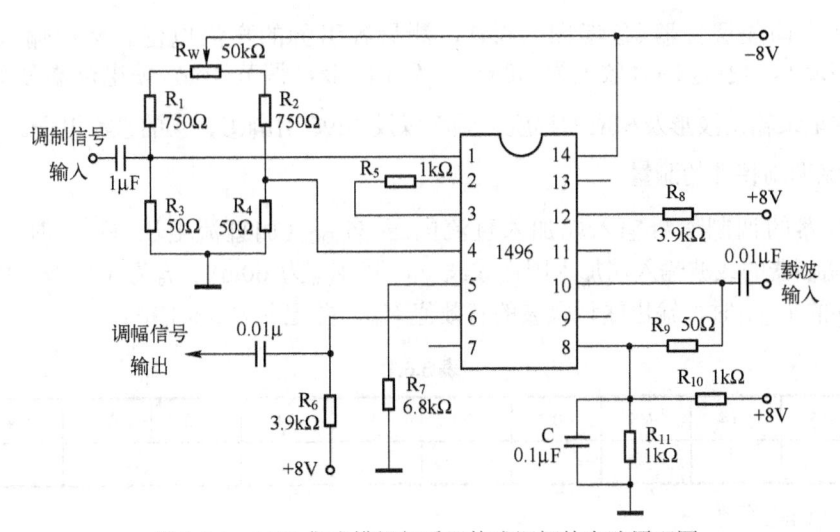

图 3.6.4 1496 集成模拟相乘器构成调幅的电路原理图

用 1496 实现解调的电路如图 3.6.5 所示。其解调原理仍是利用了相乘的原理。

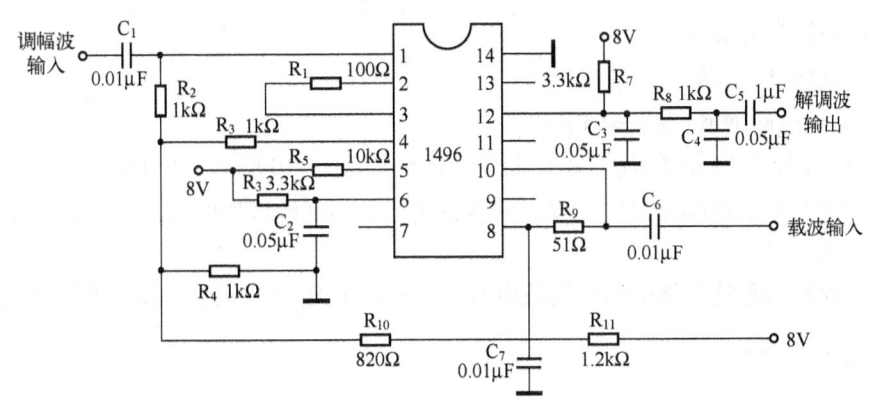

图 3.6.5 1496 构成解调器

例如，有一调制信号为
$$v_o = A_1 \cos\omega_c t + A_2 \cos(\omega_c + \omega_m)t + A_3 \cos(\omega_c - \omega_m)t$$
通过相乘器后为
$$\begin{aligned} v &= v_o \cdot V_{cp} \cos\omega_c t \\ &= \frac{A_1 V_{cp}}{2}(1+\cos 2\omega_c t) + \frac{A_2 V_{cp}}{2}[\cos\omega_m t + \cos(2\omega_c + \omega_m)t] + \\ &\quad \frac{A_3 V_{cp}}{2}[\cos\omega_m t + \cos(2\omega_c - \omega_m)t] \end{aligned}$$

其中包含了直流、调制信号 ω_m 以及 $2\omega_c$、$2\omega_c \pm \omega_m$ 等成分，由于 $\omega_c \gg \omega_m$，因此信号通过低通滤波器后，只剩下直流与调制信号 ω_m 成分，实现了解调，如图 3.6.6 所示。

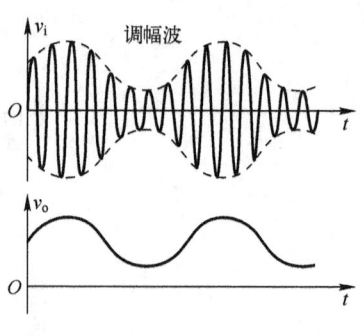

图 3.6.6 解调器输入与输出波形

三、实验内容

1. 静态工作点测试

用 1496 构成调幅器（参考图 3.6.4），测量各引脚的直流电位。然后输入载波信号 $v_c = V_{cp} \sin 2\pi f_c t$，使 v_c 的有效值为 30 mV，f_c=1 MHz，调节 R_W，使电位器可变端移到端点。观察并记录输出波形及相应的幅度、频率以及 1496 引脚①、④的直流电平。

2. 直流调制特性的测量

在调幅器的调制信号输入端加入直流电压 V_{MDC}（加直流电压 V_{MDC} 时，短路电容 1 μF），在调幅器的载波输入端加入固定载波 v_c，其 V_{cm} 为 60mV，f_c 为 1 MHz。用晶体管毫伏表测不同的 V_{MDC} 时，输出端调幅波的有效值 V_{am}，并记入表 3.6.1 中。

表 3.6.1

V_{MDC}/V	−0.5	−0.4	−0.3	−0.2	−0.1	0	0.1	0.2	0.3	0.4	0.5
V_{am}/mV											

3. 测量调幅系数 m

加入载波信号 v_c，其有效值为 30 mV，f_c 为 1 MHz，加入调制信号 v_Ω（低频），其 f_Ω 为 1 kHz。改变 v_Ω 的大小测出相应的调幅波，并计算 m。v_Ω 的变化间隔为 0.1 V，变化范围以输出调幅波不失真为前提。

4. 调幅信号的解调

用 1496 构成解调器（参见图 3.6.5）。

（1）使信号发生器输出调幅信号，其峰峰值为 100mV，f_c=1MHz，f_Ω=1 kHz，m=30%，加到解调器调幅信号输入端，并将载波信号加到解调器的载波输入端，观察并记录解调器的输出波形。

（2）去掉解调器输出端的两个滤波电容 C_3、C_4，再观察并记录解调器的输出波形。

四、实验仪器

1. 双踪示波器　　　　　　　1 台

2. 信号发生器　　　　　　1 台
3. 低频信号发生器　　　　1 台
4. 直流稳压电源　　　　　1 台
5. 晶体管毫伏表　　　　　1 只
6. 万用表　　　　　　　　1 只

五、实验报告内容

1. 根据实验数据画出直流调制特性曲线并分析、说明 V_{am} 与 V_{MDC} 之间的关系。
2. 给出实验内容 3 中的所有 m 值，并指出 v_Ω 取多大时 m 最大？
3. 画出实验内容 4 中的解调器的输出波形。

六、思考题

当电位器 R_W 分别在两端点时 $V_{am}=f(V_{MDC})$ 有什么不同？

3.7　变容二极管调频实验

一、实验目的

1. 加深对变容二极管频率调制电路工作原理的理解。
2. 掌握调频电路的调试方法及其特性、参数的测量方法。

二、实验原理

在无线电广播、电视、通信等领域，除了采用调幅来传送信息外，也常用调频的方法。所谓调频，就是把所要传送的信息作为调制信号去控制载波信号的频率，使其按照调制信号的幅度大小成正比例变化。变容二极管调频是一种最基本的直接调频方法。在变容二极管调频电路中，由于变容二极管的电容变化范围大，因而工作频率变化就大，可以得到较大的频偏，且调制灵敏度高，固有损耗小，使用方便，构成的调频器电路简单。因此，变容二极管调频器是一种应用广泛的调频电路。它的基本电路是由变容二极管 VD 接入振荡回路所构成的，如图 3.7.1 所示。

L 为回路电感，VD 为变容二极管，它的结电容 C_j 随外加反向偏压 v 而变化，其关系式为

$$C_j = \frac{C_{j0}}{\left(1+\dfrac{v}{V_D}\right)^r}$$

式中，V_D 为变容二极管的 PN 结内建电位差，r 为变容二极管的变容指数，C_{j0} 为 $v=0$ 时的变容管的结电容。其曲线如图 3.7.2 所示。此曲线通常称为变容管电容-电压曲线，简称 c-v 曲线。

回路的振荡频率近似为 $f=\dfrac{1}{2\pi\sqrt{LC_\Sigma}}$。由于 $C_\Sigma = C_1 + \dfrac{C_2(C_j+C_3)}{C_2+C_j+C_3}$，因此

$$f = \frac{1}{2\pi\sqrt{L}} \left\{ C_1 + \frac{C_2 C_{j0} + C_2 C_3 \left(1 + \frac{v}{V_D}\right)}{(C_2 + C_3)\left(1 + \frac{v}{V_D}\right)^r + C_{j0}} \right\}^{-1/2}$$

上式表明，若回路参数一定，则 f 是 v 的非线性函数。我们将这种 f 随 v 变化的曲线称为调制器的静态调制特性曲线，如图 3.7.3 所示。

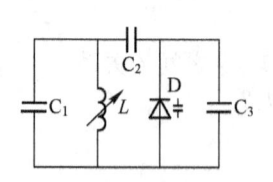

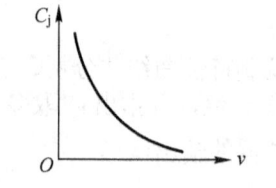

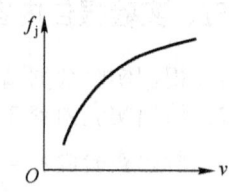

图 3.7.1　变容二极管调频基本电路　　图 3.7.2　变容管电容-电压曲线　　图 3.7.3　静态调制特性曲线

本实验电路原理图如图 3.7.4 所示。图中 VT_1、C_1、C_2、C_3、C_4、C_5、L 及 VD 构成电容三点式振荡器的振荡回路，其振荡频率为 10 MHz。调制电压 v_Ω（音频）由①端输入，调制后的调频信号经射极跟随器由②端输出。

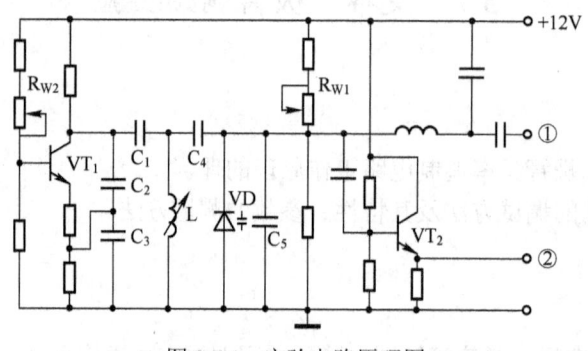

图 3.7.4　实验电路原理图

三、实验内容

1. 电路调整

接通电源，调整 R_{W2}，使 VT_1 的 $I_e \approx 3.5$ mA（即 VT_1 的 $V_e \approx 3.5$ V）。用示波器在输出端观察振荡波形，并测量振荡频率。如果电路正常，则改变 R_{W1} 时，振荡频率应有相应的变化。使 $C_4=0.01$ μF，$C_5=0$，$v_D=4$ V，调节 L，使振荡频率 $f_0 \approx 10$ MHz。

2. 静态调制特性曲线测量

在 $C_4=0.01$ μF，$C_5=0$，$v_D=4$ V，$f_0=10$ MHz 的条件下测量静态调制特性曲线 $f=g(v)$。v 的间隔为 0.3～0.5 V，v 的变化范围为 0.5 V～8.5 V，测量完成后确定调制特性线性较好的中点为静态工作点。

3. 频偏特性测量

根据内容 2 所测数据，选择最佳静态工作点。输入调制信号 v_Ω，其频率 $f_\Omega=1000$ Hz。改变 v_Ω 的大小，用调制度测量仪测出相应的频偏 Δf，算出调制灵敏度，并填入表 3.7.1 中。

表 3.7.1

v_Ω /mV	100	200	300	400	500	600	700	800	900	1000
Δf										
S										

四、实验仪器

1. 通用计数器　　　　　1台
2. 双踪示波器　　　　　1台
3. 信号发生器　　　　　1台
4. 调制度仪　　　　　　1台
5. 稳压电源　　　　　　1台
6. 万用表　　　　　　　1只

五、实验报告内容

1. 根据实验数据画出频率调制器的静态调制特性曲线，并指出最佳的静态工作点。
2. 根据实验数据，画出频偏特性曲线，计算出曲线斜率 S 的值。

六、思考题

1. 测试静态调制特性时，如果振荡器 VT_1 的 I_e 发生变化，将产生什么影响？
2. 试说明影响频偏特性的主要因素是什么。

第4章 电子线路计算机辅助设计工具

4.1 Cadence/OrCAD PSpice 16.6 简介

PSpice 是全球最大的 EDA 软件公司 Cadence Design System,Inc.在并购 OrCAD 公司之后,整合原 OrCAD 系统推出 OrCAD 系列产品中的一个重要模块。它结合了业界领先的模拟信号和模数混合信号的分析工具,为电路设计工作者提供了一个完整的电路仿真和验证解决方案。无论是简单电路的原型设计,还是复杂的系统设计,以及验证元件的成品率和可靠性,OrCAD PSpice 技术都能在布线和生产之前提供最佳的、高性能的电路仿真方案,帮助设计者分析和改进电路、元器件以及参数。

PSpice 主要分两大部分:一部分称为 PSpice A/D,也称为模拟和数字混合信号仿真器,可以仿真模拟电路,也可以仿真数字电路,以及模数混合仿真的功能;另一部分称为 PSpice AA(Advanced Analysis)模块,提供一些高级的分析方法,包括灵敏度分析、优化分析、电应力分析、蒙特卡罗分析等,可以帮助提高设计性能,优化成本,并提高可靠性。

1. PSpice 起源

PSpice 源于模拟电路仿真的 SPICE(Simulation Program with Integrated Circuit Emphasis),SPICE 软件于 1972 年由美国加州大学伯克利分校的计算机辅助设计小组利用 FORTRAN 语言开发而成,主要用于大规模集成电路的计算机辅助设计。同时在以后的几年内,陆续推出改进版本,比较有影响的是 SPICE2 和 SPICE3 系列。1988 年,SPICE 被定为美国国家工业标准。与此同时,各种以 SPICE 为核心的商用模拟电路仿真软件,在 SPICE 的基础上做了大量实用化工作,从而使 SPICE 成为最为流行的电子电路仿真软件。现在市面上所能看到的许多 SPICE 同类软件,如 PSpice(Cadence Design System,Inc.)、Star-Hspice(Synopsys)、IsSpice4(Intusoft)、TINA(DesignSoft)等,均是以 SPICE2 和 SPICE3 系列为基础加以改进而成的商业化产品。

PSpice 最初是 MicroSim 公司在 1984 年以 SPICE2 系列中的 SPICE2G.6 为基础,将其改为可在 IBM-PC 和兼容机上执行的电路仿真软件。开始时采用 FORTRAN 语言编写,直到3.0版本才改成以 C 语言进行重新编写,4.0版本后加入模拟行为模型(Analog Behavioral Model)及数字电路(Digital Circuit)的仿真功能,不但方便仿真更大的电路系统,同时也正式跨入"模拟-数字混合式仿真"(Mixed-Model Simulation)的时代。PSpice 采用自由格式语言的 5.0 版本自20世纪80年代以来在我国得到广泛应用,并且从 6.0 版本开始引入图形界面。1998 年,著名的 EDA 商业软件开发商 OrCAD 公司与 Microsim 公司正式合并,自此 Microsim 公司的 PSpice 产品正式并入 OrCAD 公司的商业 EDA 系统中。于 1999 年 9 月推出 OrCAD 9.0 版。2000 年,OrCAD 与 Cadence Design System 公司合并,推出 OrCAD 9.21 版,产品不断升级和完善,2003—2005 年期间分别推出了 10.x 系列的不同版本,增加通用性的同时,增加了很多元件库,2006—2007 年推出 15.x 版本,对软件功能进一步提升,2007 年开始推出 16.x 版本,到 2011 年版本已经提升到 16.5。

Cadence Design System 公司于 2012 年 9 月 25 日发布了具有一系列新功能的 16.6 版 PCB 设计解决方案,在新版本的发布会上,Cadence Design System 公司提到:16.6 版增强用户定制功能,模拟速度平均提高 20%,从而更好地提高用户的生产率。同时通过引入多核模拟支持系统,包括大型设计和 MOSFETs 和 BJTs 等复杂模型支配的设计,使性能显著提高。所以,16.6 版在 PSpice 部分最大的亮点在于开始支持多核技术,提高运行速度,另外就是实用性和操作性提高了,在收敛性方面增加了很多用户配置项,甚至用户可以自己修改仿真算法,为高端客户提供了选择和解决手段,另外还可以使用 TCL 语言编程进行仿真。

2. 原理图仿真的原因

（1）仿真节省经费

在生产期之前未能发现设计缺陷可能延迟计划,从而显著增加产品成本,仿真则有助于这类错误的早期发现。蒙特卡罗仿真及最坏情况仿真可以帮助获得最高的生产率。在仿真的帮助下,昂贵的部件和系统可以在不被损坏的情况下得到有效的跟踪和调试。

（2）仿真节省时间

在计算机上对电路进行仿真,比构建和调试实际的电路要快得多,可以减轻设计方案验证阶段的工作量。

（3）仿真使不可测成为可测

计算机仿真允许工程师以最坏情况值或恶劣环境条件对电路进行评估。但要在实际电路中对最坏情况的元件值进行电路性能检测是比较困难的,而仿真则很容易实现。

（4）仿真提高安全性

仿真允许对故障状态进行评估,这类故障也许对人身是有危险的。

3. PSpice 的特点

（1）丰富的仿真元器件库

元件库是仿真的精髓,找不到元件再强大的仿真功能也没有用。PSpice 包括了 3 万多种可以直接进行仿真的元器件模型,以及各种数学函数和行为模型,使仿真更为高效。

（2）强大的集成功能

从 OrCAD Capture 绘制电路图,调用 PSpice A/D 进行仿真,到高整合度的互动界面,以及强大的波形显示、分析和后处理表达式的支持功能深入探索仿真结果,直至调用 PSpice AA(Advanced Analysis)来优化设计电路的特性,最后到 OrCAD PCB Editor 进行印刷板设计,所有步骤全部在 OrCAD 集成环境中完成,无须频繁切换工作环境。

（3）完整的分析和显示功能

除了可以完成基本的分析功能如偏置点分析(Bias Point)、直流扫描分析(DC Sweep)、交流分析(AC Sweep)、瞬态分析(Transient Analysis)外,还可以完成温度分析(Temperature Sweep)、参数分析(Parametric Sweep)、傅里叶分析(Fourier Analysis)、蒙特卡罗分析(Monte Carlo)、最坏情况分析(Worst Case)、噪声分析(Noise)等功能。并且 PSpice 还提供了一套专门用于观测和测量仿真结果的 Probe 程序，它可以测量出电路参数和性能特性函数，如波特图、直方图等。

（4）数模混合仿真功能

除了模拟电路的仿真功能外，还可以进一步执行数字电路以及数模混合仿真功能。数字电路仿真包含数字最坏情况时序分析（digital worst-case timing）以及自动查错的功能。

（5）模块化和层次化设计功能

PSpice 支持模块化和层次化设计的功能，对于复杂电路的设计可以先依据其特性及复杂度分成适当数量的子电路，待相关的子电路一一设计完成后，再将它们组合起来仿真，调整参数，直到满足相应的性能指标时，整个电路的设计才算完成。

（6）提供多种高级分析工具

PSpice AA 模块提供多种高级分析工具，包括灵敏度分析工具(Sensitivity)、优化分析工具(Optimizer)、电应力分析工具(Smoke)、蒙特卡罗分析工具(Monte Carlo)，以及参数测绘仪工具(Parametric Plot)。通过灵敏度分析工具确定电路中对指定电路特性影响最大的关键元器件参数；通过优化工具可以设置多个优化电路特性函数和优化目标函数；通过运行优化工具，得到新的元器件参数值；通过蒙特卡罗分析工具对批量生产时产品成品率进行分析；通过电应力分析工具可以检查电路中是否存在超出安全工作条件的元器件，提高电路的可靠性；通过参数测绘仪工具同时进行多个复杂参数功能的扫描，并用图形显示。

（7）支持模拟行为级仿真

对于复杂或尚未设计完成的子电路，用户可以用模拟电路行为特性的描述方式进行仿真，不需真实电路，从而大大减小仿真复杂度。利用行为模拟器件也使得仿真系统层的电路变得更为方便，甚至还可以推广到非电子电路系统的仿真和分析。

（8）利用 SLPS 接口实现和 MATLAB 的联合仿真

SLPS 是 Cybernet Systems 公司与 Cadence Design System Inc.共同开发的协同仿真工具，是 MATLAB 和 PSpice 的界面接口工具，借助 SLPS 可以将 PSpice 电路模型添加到 mdl 模型中，同时处理复杂电路和控制系统仿真，综合利用了两种软件各自的优点进行协同仿真。而且新版本增加了支持在 Simulink 中调用多个 SPLS 块的功能，真正实现两种软件的无缝结合。

4. Cadence/OrCAD PSpice 组件

（1）OrCAD Capture

它是 PSpice 的前端主程序模块，相当于软件的"面包板"，使用者可以在上面画好电路图后调用 PSpice 进行电路仿真和显示结果。通过 Capture 的菜单可以调用和控制其他程序模块运行，可以根据需要创建、编辑和管理各类模拟电路、数字电路以及数模混合的电路图，设置仿真分析类型和参数，然后运行和分析仿真结果。

（2）PSpice A/D

其界面如图 4.1.1 所示，主要负责执行模拟、数字或混合式电路的仿真，并为仿真计算结果提供进一步的观察与分析。不但可以显示电路中的各个电压、电流、功率以及噪声等重要电气特征量的波形和数值，而且还可以利用其强大的数据处理功能显示更多重要的输出统计数据。

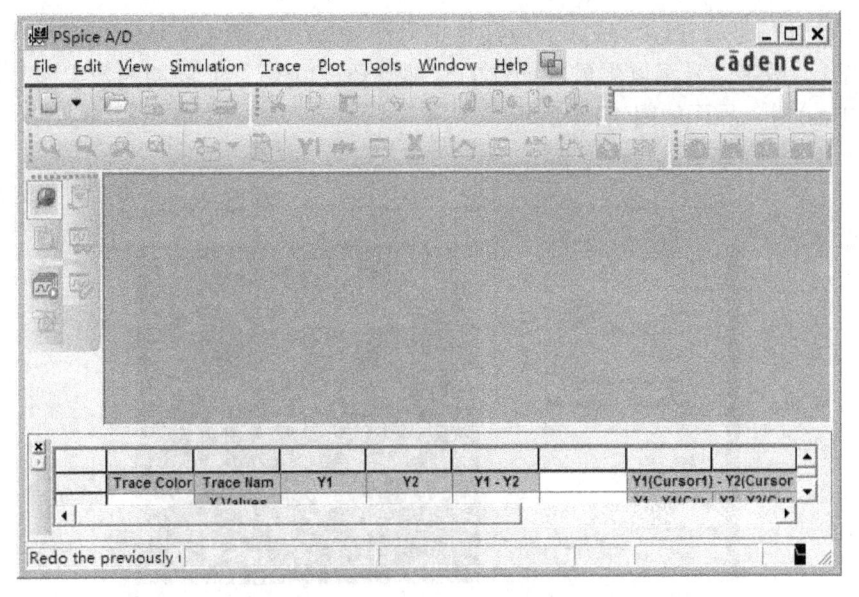

图 4.1.1　PSpice A/D 界面

（3）PSpice Advanced Analysis（AA）

PSpice 的高级仿真工具，界面如图 4.1.2 所示。它以 PSpice A/D 分析为基础，通过高级分析工具来提高设计电路的性能及可靠性。PSpice AA 中的 Optimizer 工具可以用于电路设计的优化，使用者可以运用该软件自动计算出使电路特性达到各项规格要求的各个元器件值，大幅度缩短设计过程中常出现的"尝试错误"（Trial and Error）时间。

（4）Model Editor

利用此工具使用者可以自行利用元件的 Datasheet，通过描点法构建 PSpice 元件库中未提供的元件。可以建模的元件包括以下 11 种：二极管（Diode）、晶体三极管（BJT）、结型场效应管（JFET）、绝缘栅型场效应管（MOSFET）、绝缘栅双极型晶体管（IGBT）、运算放大器（Operational Amplifier）、电压比较器（Voltage Comparator）、调压器（Voltage Regulator）、基准电压源（Voltage Reference）、磁心（Magnetic Core），以及达林顿管（Darlington Transistor），如图 4.1.3 所示。

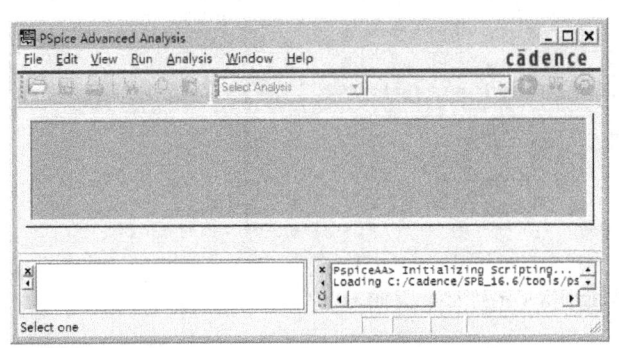

图 4.1.2　PSpice AA 界面 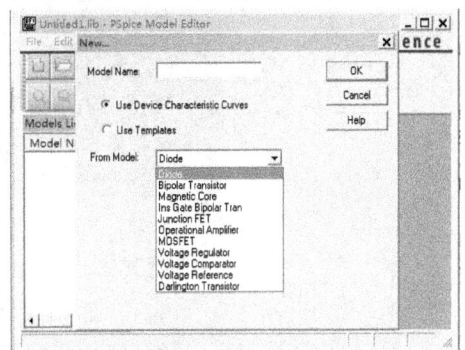　　　　图 4.1.3　Model Editor 界面

（5）Stimulus Editor

它可以编辑多种模拟与数字信号，相当于"信号发生器"，模拟信号可以生成指数信号

源(EXP)、脉冲信号源(PULSE)、分段线性信号源(PWL)、调频信号源(SFFM)，以及正弦信号源(SIN)。数字信号可以生成周期性的时钟信号(Clock)、非周期的数字信号(Signal)和总线信号(Bus)等，界面如图 4.1.4 所示。

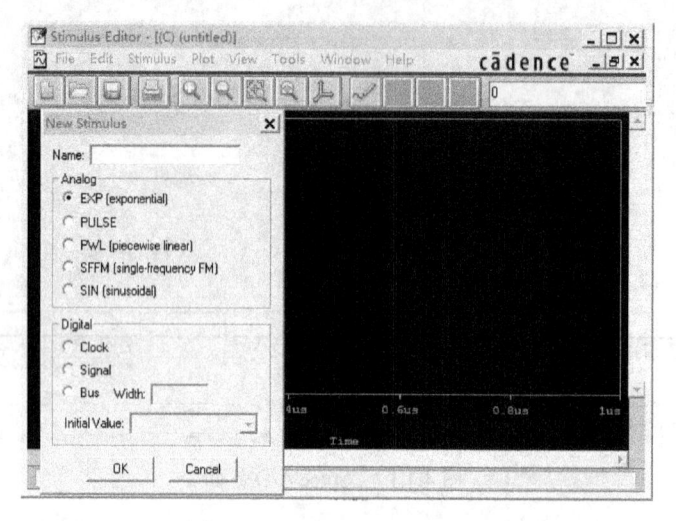

图 4.1.4 Stimulus Editor 界面

（6）Magnetic Parts Editor

即磁性器件编辑器，界面如图 4.1.5 所示，它是用来进行磁性元件设计的一种工具软件。使用者可以设计电力变压器、正激转换器、反激转换器和直流电感器等磁性元件。此外，用户还可以用其生成模型的设计组件，产生制造商按照最终用户数据要求创造的磁性元件，维持数据库的商用组件，如内核、电线、绝缘材料，用于磁力的设计过程等。

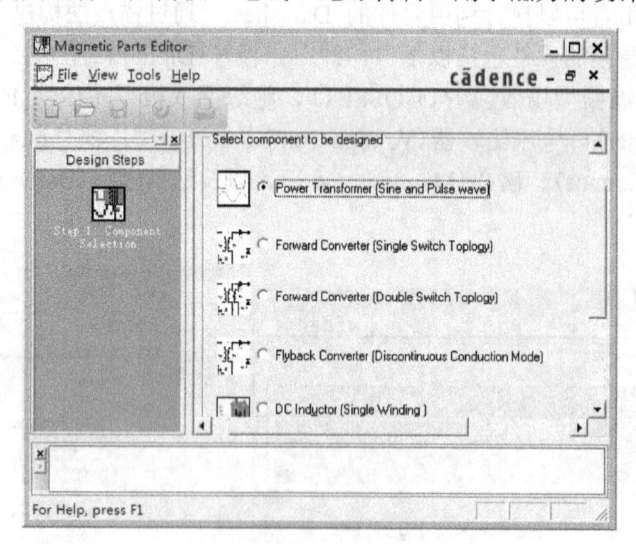

图 4.1.5 Magnetic Parts Editor 界面

5. PSpice 16.6 新增功能

Cadence 公司于 2012 年发布了具有一系列新功能的 Cadence/OrCAD 16.6 PCB 设计解决方案，用户定制功能增强，模拟性能提高 20%，使用户得以更快、更有预见性地创建产品。

同时,新型信号集成流引入了更高层次的自动化水平,实现了简化预布线拓扑和约束开发的自动化设计方法,更好地提高了可用性和生产率。在 PSpice 模块上也增加了不少功能:

(1)新版本为初学者和大学生们增加了 PSpice 学习资料,使用者可以在 Capture 的界面下,通过单击菜单栏中的 Help/Learning Resources 得到。这些学习资源是便于电气电子工程师们,尤其是电气专业的大学生们学习各种电气基本理论、电子器件以及电子设计相关的典型电路。图 4.1.6 左边资源列表所示包含:基本电路定律、RLC 回路、AC 电路、三相电路、二极管、三极管、运算放大器,还有开关电源范例等。

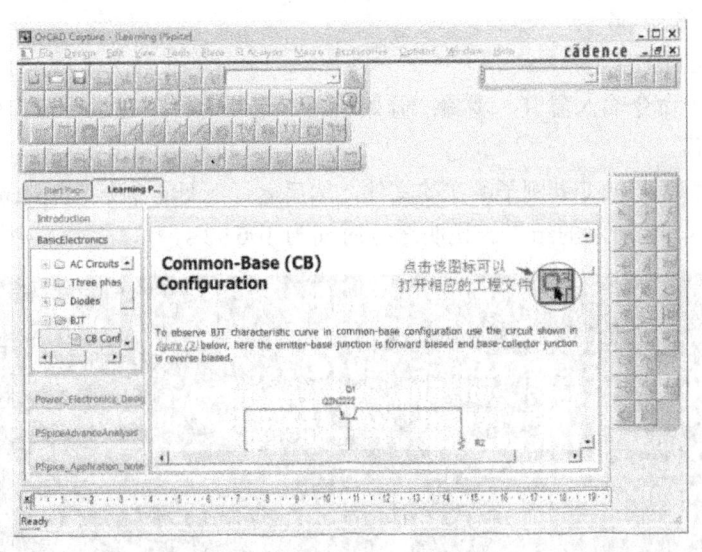

图 4.1.6 Learning Resources 界面

若需要学习和运行相关电路,可以单击图 4.1.6 界面中右上角的图标,便可打开说明文档中介绍的工程项目。这些工程中的仿真文件、仿真设置都是已经完成的,可以直接运行得到结果。该功能对学习电子线路理论和使用 PSpice 软件都是非常有帮助的。

(2)新版本增加了快速放置 PSpice 器件的菜单。进行 PSpice 仿真的电路元器件都需要选择指定路径下的、具有 PSpice 属性的器件,但是对于刚刚接触 PSpice 的初学者就会有些无所适从,经常会因为不了解器件在哪个库文件中,或是因为不知道需要寻找的器件在 PSpice 库中取什么名字,而找不到器件。新版本增加了如图 4.1.7 所示的快捷菜单,选择一些常见器件就可以不需要加载库文件,只需直接选择该菜单下的元件即可。从而在选择常用器件时节省了时间,提高了绘制电路图的效率。

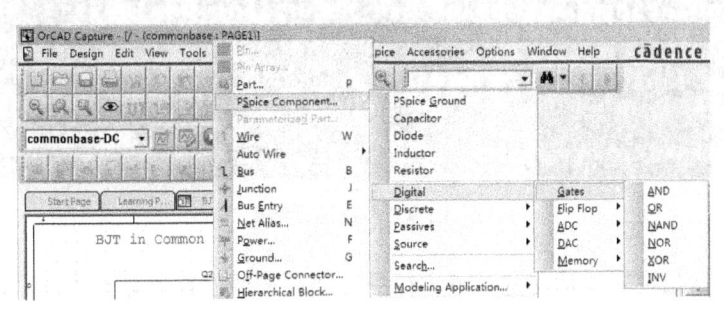

图 4.1.7 增加快速选取器件的菜单

（3）PSpice16.6 最大的突破就是支持 CPU 的多核工作，提高运行速度。通过引入多核模拟支持系统，包括大型设计及 MOSFETs 及 BJTs 等复杂模型支配的设计，取得了性能的显著提高。

运行下面的名为 multicore.cir 文件体验一下新版本的提速表现。

multicore.cir 文件内容：

.OPTIONS THREADS=1

.lib multicoretest.lib

.TRAN 1e-09 6.5e-06

.options PSEUDOTRAN

首先打开一个命令输入窗口，步骤：开始菜单，选择运行，在运行窗口中输入：cmd，打开 dos 命令窗口。

其次将路径标识符改变到例子所在的文件，然后运行下面的命令：psp_cmd multicore.cir，运行后得到如图 4.1.8 所示的结果。说明运行时间为 106.92 s。

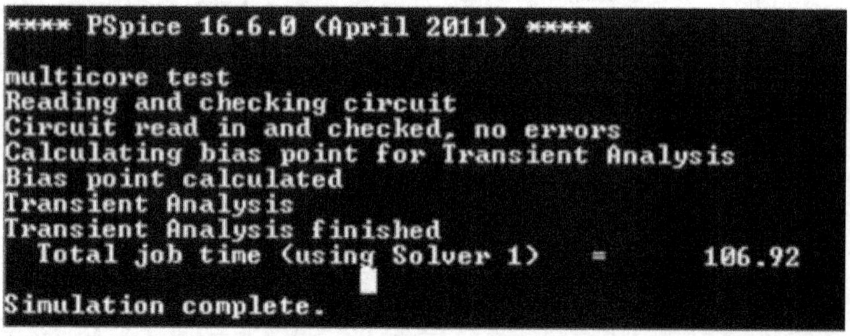

图 4.1.8　单核运行的结果

接着修改 multicore.cir 文件，将.OPTIONS THREADS=1 这一行删除，表示按照系统实际的线程数工作。保存后，重新运行，得到如图 4.1.9 所示的结果。说明运行时间为 78.02 s，相比单核运行，速度提高了 27%。当然这个速度取决于所用计算机的配置。配制越高，运行速度越快。

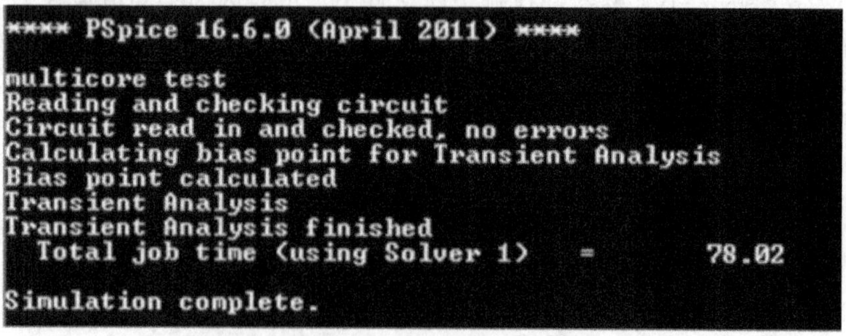

图 4.1.9　多核运行结果

在新版本中默认设置就是支持多核运行的，如果需要设置和修改该选项，可以在仿真设置窗口的 Option 中进行设置，如图 4.1.10 所示。THREADS=1 表示单线程仿真，THREADS=0 表示使用默认线程计算，默认线程的数量取决于使用设备的 CPU 核心数和所安装的软件的许可证(license)。线程数一般小于等于 CPU 核心数的一半，而常规的 PSpice 许可证最大可使用的线程数是 4 个。

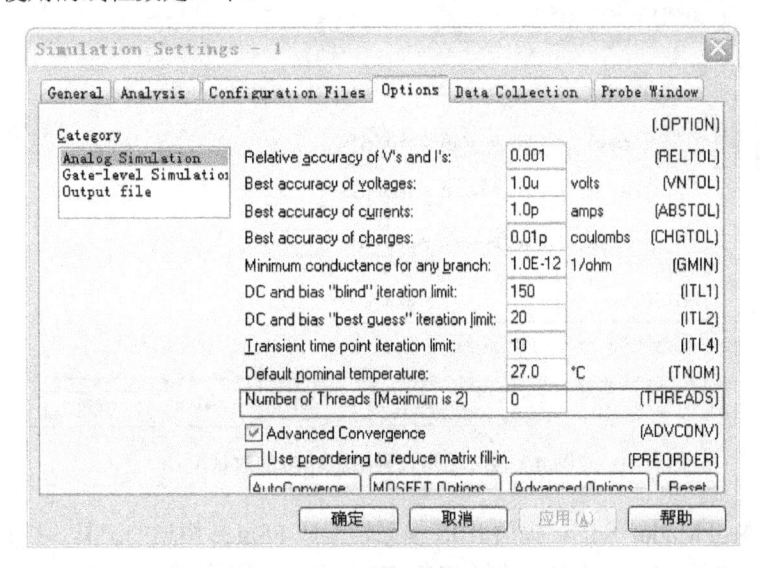

图 4.1.10 设置线程数的页面

（4）新版本在任选项中增加设置节点极限值，用于解决在仿真过程出现的数据溢出错误（INTERNAL ERROR -- Overflow, Convert）。设置步骤：先单击，打开 Edit Simulation Profile 页面，选择 Option 页后，选择 Advanced Options，得到图 4.1.11 所示的对话框。这个对话框就是 PSpice 16.6 增加的用户设置的页面。

图 4.1.11 LIMIT 项设置

（5）PSpice 16.6 在数据文件存储格式上有所升级，数据精度升级为 64 位。并提供 32 位和 64 位两种精度选择。默认情况下，PSpice 选择 64 位的数据精度。改变精度的方法是：打开 Edit Simulation Profile 页面，选择 Data Collection 标签页，如图 4.1.12 所示，可以在 Probe 的两个单选项中进行选择。

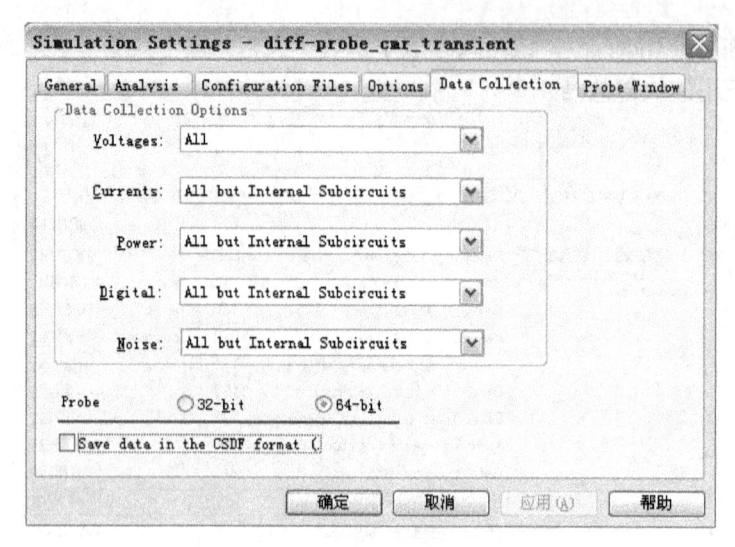

图 4.1.12 用户设置数据精度的对话框

（6）新版本的 Model Editor 提供 IBIS 模型转换成 PSpice 模型的工具。打开 Model Editor 软件，在菜单栏中的 Model 选项下选择 IBIS Translator，得到如图 4.1.13 所示的对话框。选择需要转换的 IBIS 模型文件，然后单击左下角的"OK"按钮就可以完成模型的转换。

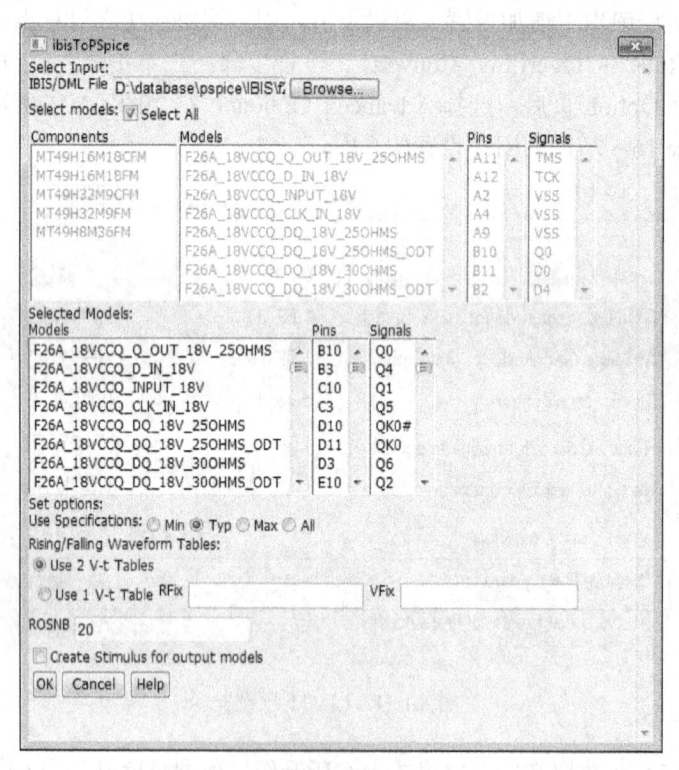

图 4.1.13 IBIS 转换器

（7）增加 PSpice 模型文件的加密功能。模型加密是为了将芯片的内部关键技术进行保护。16.6 版本增加了密码学中的高级加密标准 AES（Advanced Encryption Standard），AES 已经成为对称密钥加密中最流行的算法。AES 比三重 DES 加密速度快，并和三重 DES 一样安全。16.6 版本支持选择多种加密方式，图 4.1.14 所示为加密后的 PSpice 模型文件，不再能用记事本看出内部的描述了。

图 4.1.14 加密后的 PSpice 模型文件

（8）新版本允许原理图在构建网表和仿真后还可以进行撤销(undo)操作。在 16.5 或者之前的版本，如果只是在 Capture 中画原理图时，单击，或者是菜单栏 Edit 下的 undo，可以撤销修改的动作。但是一旦运行仿真，构建过网表，再回到 Capture 界面中，撤销按钮就变为灰色，就无法恢复刚才的动作了。16.6 版本的改进就是在仿真后仍可以撤销。

（9）16.6 版本在 2013 年上半年推出了"16.6 Quarterly Incremental Release"（16.6 QIR），增加了多种建模应用工具，可以直接在 Capture 的菜单栏中调用。

首先添加了构建独立电源的对话框，包括脉冲信号源(Pulse)、正弦信号(Sine)、直流信号(DC)、指数信号(Exponential)、调频信号(PM)、冲激信号(Impulse)，以及三相电源(Three Phase)。可以在 Capture 的界面下打开 Place/PSpice Component/Source/Independent Sources，得到如图 4.1.15 所示的对话框。输入相应的参数值后就可以直接放置到原理图中，无须在 PSpice 文件库中添加。

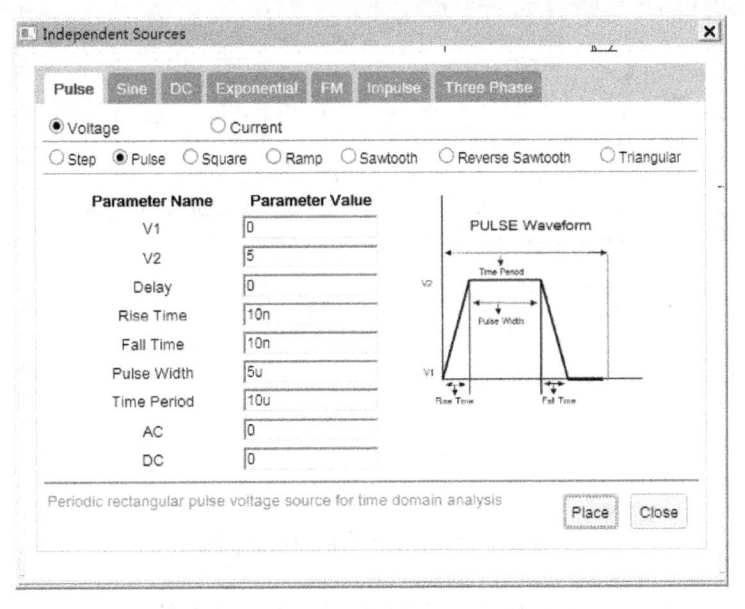

图 4.1.15 独立电源建模对话框

其次，添加了生成分段线性电源的工具，可以在 Capture 的界面下打开 Place/PSpice

Component/Source/PWL Sources，得到如图 4.1.16 所示的对话框，可以设置基于波形文件的信号源和通过描点数据得到的电压源和电流源。

图 4.1.16 PWL 电源建模对话框

最后还增加了电容、电感、传输线、稳压管、开关、瞬态电压抑制二极管(TVS)和压控振荡器(VCS)的建模工具。同样可以在 Capture 的界面下打开 Place/PSpice Component/Modeling Application。图 4.1.17 所示是射频电感的建模对话框。

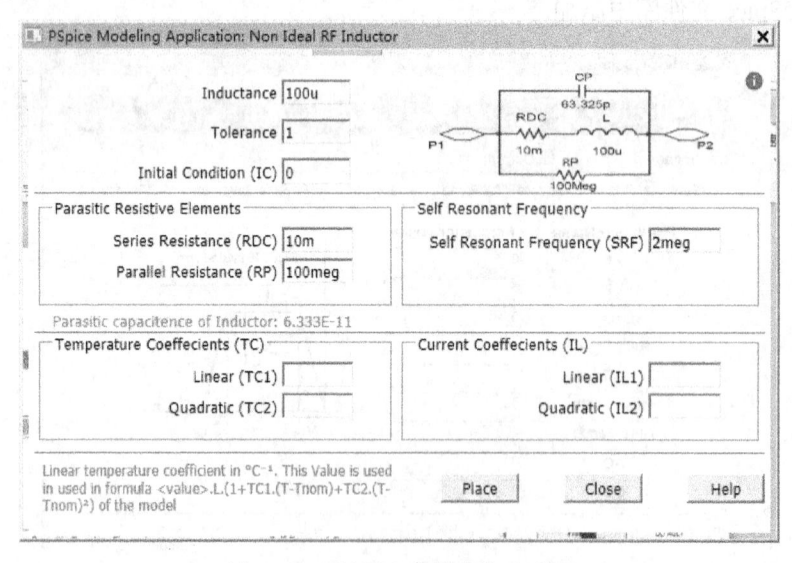

图 4.1.17 射频电感的建模对话框

（10）16.6 以及 16.6 QIR 均对解决不收敛问题添加了很多的任选项，如图 4.1.18 所示，加框的表示 16.6 QIR 增加的选项。由于一般的使用者很少去修改这些参数，所以对于具体的细节这里不再赘述。

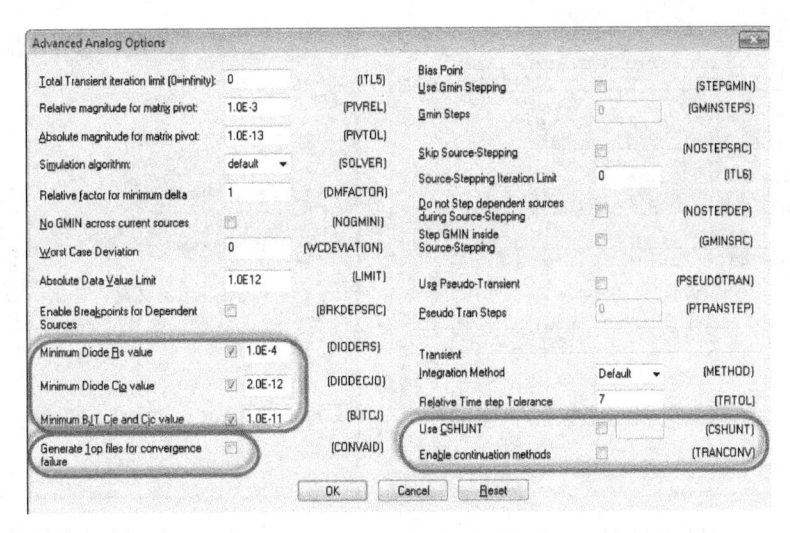

图 4.1.18　高级任选框

4.2　Cadence/OrCAD PSpice 16.6 流程

基于 Cadence OrCAD 的电路仿真和分析步骤如图 4.2.1 所示。首先根据设计电路在 Capture 原理图编辑环境下画出电路图，然后设置仿真参数，确定分析方法，执行 PSpice 仿真程序，最后在 PSpice 软件下观察、分析仿真运行结果，如果满足设计要求就可以结束仿真，如果还未满足要求，或者还没有全部分析出设计指标，可以修改元件参数或调整仿真参数重新选择分析方法运行仿真。

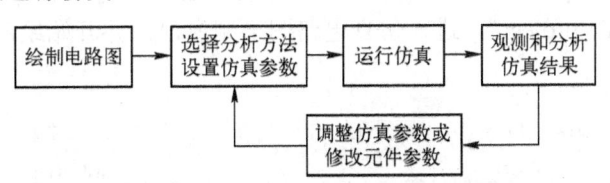

图 4.2.1　电路仿真和分析步骤

1．创建仿真项目

软件正确安装后，从计算机桌面的开始菜单进入程序中找到 Cadence 目录，展开 release 16.6 的文件夹，单击 OrCAD Capture 或 OrCAD Capture CIS，打开如图 4.2.2 所示的界面。

在如图 4.2.2 所示的界面中，选择菜单 File/New/Project 创建一个新的工程项目，进入如图 4.2.3 所示的对话框。首先在对话框的"Name"编辑框中输入文件名，如"RC"。其次在"Create a New Project Using"选项的单选按钮中选择"Analog or Mixed A/D Project"，表示新建用于模拟或数字混合仿真的工程。其他三个单选框分别代表："PC Board Wizard"表示新建用于印制电路板设计的工程；"Programmable Logic Wizard"表示新建可编程逻辑器件设计的工程；"Schematic"表示新建只进行原理图设计的工程。最后在"Location"中指定文件存放的文件夹后，单击"OK"按钮，出现如图 4.2.4 所示的对话框。

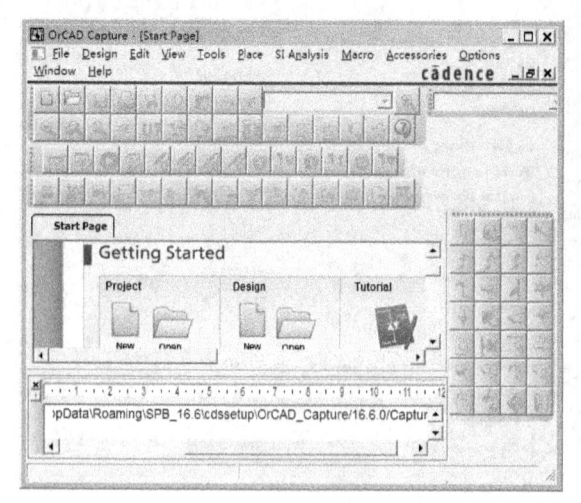

图 4.2.2　OrCAD Capture 界面

图 4.2.3　建立新工程项目的对话框

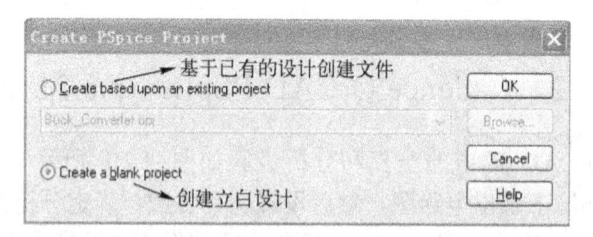

图 4.2.4　创建 PSpice 文件对话框

在"Create based upon an existing project"下可以看到许多已有的工程和电路图。这里选择"Create a blank project",进入仿真电路图绘制窗口,并开始绘制电路图,如图 4.2.5 所示。

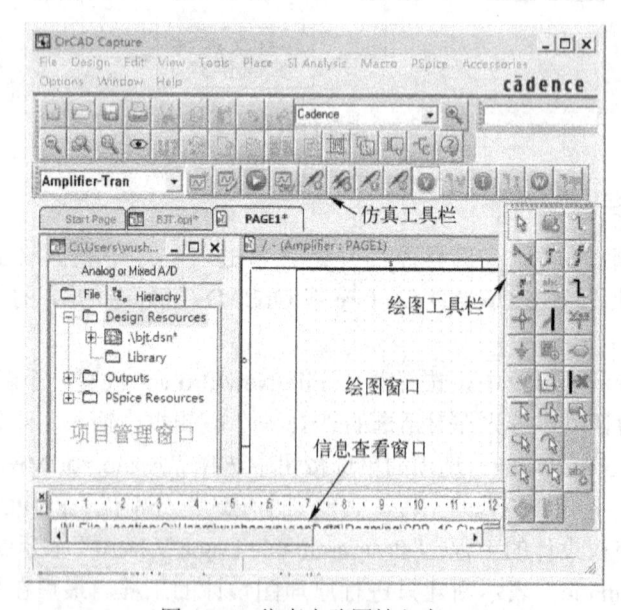

图 4.2.5　仿真电路图输入窗口

图 4.2.5 中包含了项目管理窗口、绘图窗口和信息查看窗口三个主要工作窗口。其中项目管理窗口是一个资源管理器，综合管理电路原理图以及与它相关的一系列文件，窗口的标题栏同时显示了该工程的类型；绘图窗口就是原理图编辑器，用来绘制电路原理图；信息查看窗口用于实时显示操作工程的提示及出错信息。需要注意的是：项目管理视图和绘图窗口只有一个为当前窗口，当鼠标单击绘图窗口时激活该窗口。在这两个不同的活动窗口下，Capture 程序的主菜单栏有所不同。

2. 绘制原理图

使用 Capture 绘制用于仿真的原理图需要注意以下几点：

（1）调用的器件必须有 PSpice 模型。首先，调用 OrCAD 软件本身提供的模型库，这些库文件存储的路径为安装目录路径 Capture\Library\pspice，此路径中的所有器件都提供 PSpice 模型，可以直接调用。其次，若使用自己的器件，必须保证*.olb、*.lib 两个文件同时存在，而且器件属性中必须包含 PSpice Template 属性。

（2）原理图中至少必有一条网络名称为 0，即接地。

（3）必须有激励源。原理图中的端口符号并不具有电源特性，所有的激励源都存储在 Source 和 SourceTM 库中。电压源两端不允许短路，也不允许仅由电源和电感组成回路，或仅由电源和电容组成的回路。需要时，可以考虑在电容两端并联一个大电阻，电感串联一个小电阻。

（4）最好不要使用负值电阻、电容和电感，因为它们容易引起不收敛。

这里以绘制如图 4.2.6 所示的简单二极管电路为例，介绍电路原理图绘制的主要步骤。

（1）加载元器件库。在 Capture 中单击绘图窗口，则图 4.2.5 右侧的绘图工具栏由灰色变成可用状态。用菜单栏 Place 下的 Part 命令放置元件或单击右侧绘图工具中的 Place Part 图标，打开元件放置窗口后，单击图标 Libraries 右下侧的图标添加元器件库。添加软件安装目录路径 Capture\Library\pspice 下的部分或全部元件库，此路径中的所有器件都提供 PSpice 模型，即在图 4.2.7 对话框中选中的器件需要有的标记。

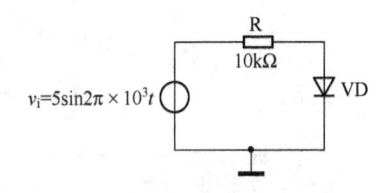

图 4.2.6 简单的二极管电路（$v_i=5\sin 2\pi \times 10^3 t$）

（2）放置元器件。图 4.2.6 电路中的元件分别在 analog.lib、source.lib 和 breakout.lib 中。在图 4.2.7 中的 Part 文本框中输入元器件名，Part List 上就会寻找到该元件，双击该器件便可将其添加到绘图窗口中。在绘图窗口中放置好元器件后，通常需要对其属性进行编辑，最常用的是修改其参数值。具体方法是：双击元器件，打开属性编辑窗口修改参数值。图 4.2.8 中给出了修改正弦电压源参数的示例，设置 FREQ 为 1 kHz，VAMPL 为 5 V，VOFF 为 0 V。元器件参数值也可以在原理图上通过双击参数值，在弹出的属性编辑对话框中直接修改。

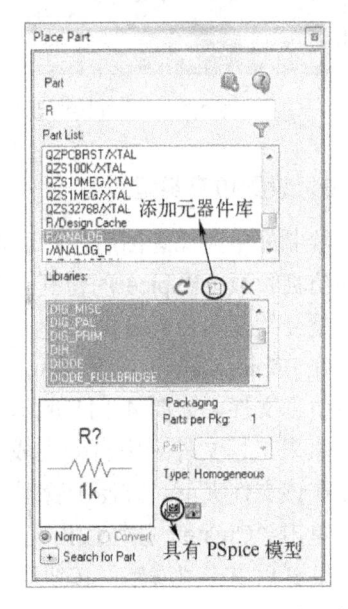

图 4.2.7 添加库文件后的元件放置窗口

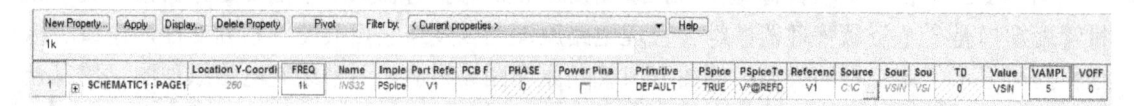

	Location Y-Coordi	FREQ	Name	Imple	Part Refe	PCB F	PHASE	Power Pins	Primitive	PSpice	PSpiceTe	Referenc	Source	Sour	Sou	TD	Value	VAMPL	VOFF
1	SCHEMATIC1 : PAGE1	250	1k	INS32	PSpice	V1		0		DEFAULT	TRUE	V@REFD	V1	C1C	VSIN	VSI	0	VSIN	5	0

图 4.2.8　修改元件属性窗口

（3）放置接地符号。每个仿真电路都必须有参考节点，接地是常用的符号，为方便用户快速完成原理图绘制，Capture 原理图编辑窗口右侧的绘图工具栏提供了快捷图标 。单击图标则出现如图 4.2.9 所示的 Place Ground 对话框。注意选择接地元件时，其名字必须为 0，否则 PSpice 将给出一个错误"Floating Node"，仿真程序无法执行。

（4）用导线连接电路。在 Capture 中元器件引脚上都有一个小方块，表示接线端口。使用菜单 Place 下的 Wire 命令或单击 Place Wore 图标 ，或者使用快捷键"W"，光标变成十字形，将光标移动到元器件的引脚上，单击鼠标开始画线，移动光标就可以画出一条线。当到达另一个引脚时，再单击鼠标，就可以完成一段走线。这时光标仍处在画线状态，若要结束画线，可以单击鼠标右键选择弹出的快捷菜单中的 End Wire 命令，或者按 Esc 键退出当前编辑状态。

绘制好的电路原理图如图 4.2.10 所示。

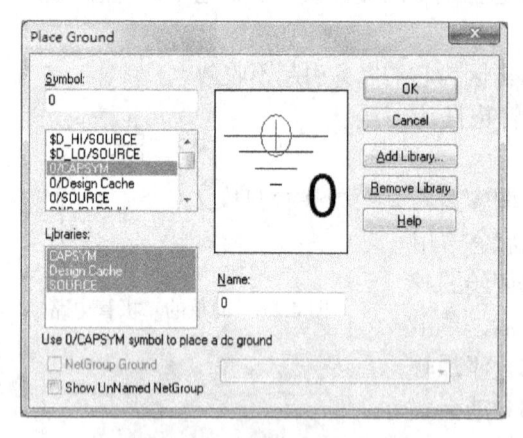

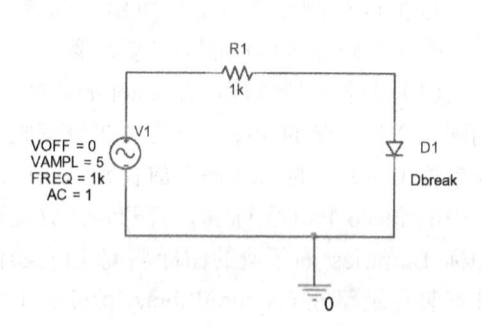

图 4.2.9　放置接地点对话框　　　　图 4.2.10　绘制好的电路原理图

3．设置仿真类型

绘制好电路原理图后，就可以通过 Capture 原理图编辑环境下的 PSpice 菜单设置仿真类型和仿真参数。PSpice 的仿真分析类型及其仿真参数设置方法，将在下一节中详细介绍。这里只是介绍基本仿真过程。

在 PSpice 菜单下选择 New Simulation Profile，或者在图 4.2.5 的仿真工具栏中选择 ，新建仿真文件，如图 4.2.11 所示。在文本框 Name 中输入一个描述性的名字，如 tran，系统会在原来工程文件夹中自动生成一个名为"tran"的文件夹，后面所做的仿真结果和工程均保存在该文件夹下，方便于管理。

单击"Create"按钮后出现如图 4.2.12 所示的仿真参数设置窗口，完成仿真类型和仿真参数设置后单击"确定"按钮退出。选择 PSpice 菜单下的 Markers/voltage level 或单击工具栏中的图标 ，将电压探针放置在二极管和电阻之间。

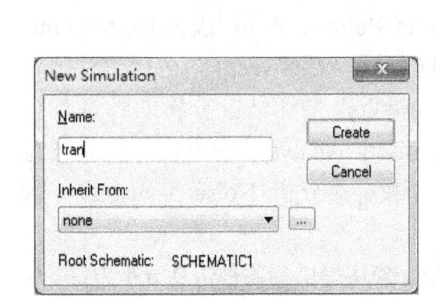

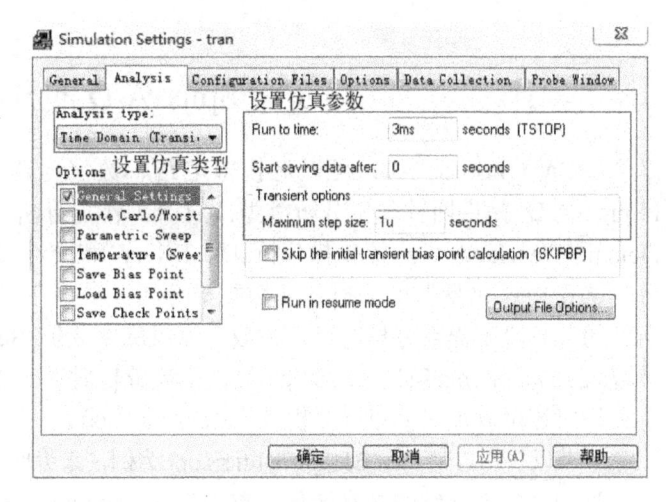

图 4.2.11　新建仿真文件　　　　　　图 4.2.12　设置仿真类型及仿真参数

4. 执行 PSpice 仿真程序

选择 PSpice 菜单下的 Run 命令或者 Capture 工具栏中的图标 开始运行仿真分析。程序运行后，自动弹出如图 4.2.13 所示的波形输出显示窗口，窗口中显示的就是电压探针放置位置的时域波形。

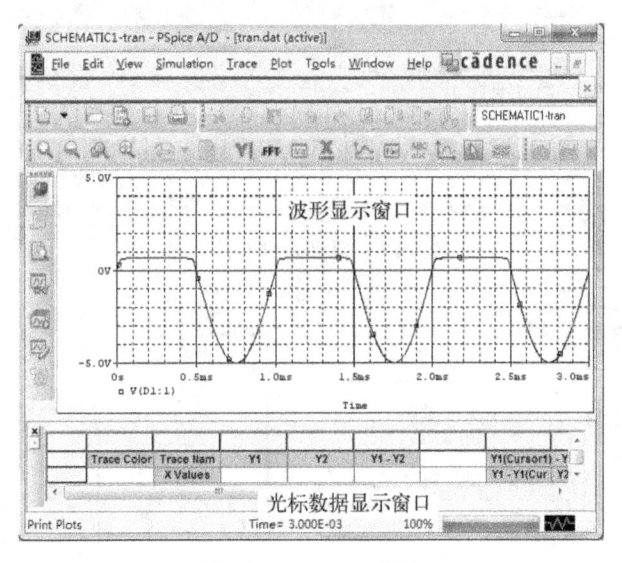

图 4.2.13　PSpice 界面

5. 观测并分析仿真结果

需要观测其他节点的电压或电流波形，可以选择 Trace 菜单下的 Add Trace 或单击工具栏中的图标 ，添加显示波形。并且通过单击图标 ，可以得到波形上各个点的坐标值，例如光标放置在二极管导通的区域，"Probe Cursor"窗口中显示 ，得到二极管正向导通压降为 689.537 mV。

如果绘制的电路图不正确，运行仿真程序时便无法执行，输出窗口中将显示警告或错误信息提示，设计者可以根据提示信息修改电路图，再进行仿真。

4.3 PSpice A/D 的分析方法

OrCAD PSpice A/D 可以对模拟电路、数字电路以及数模混合电路进行仿真分析。PSpice A/D 提供四种基本分析类型：直流工作点分析（Bias Point）、时域（瞬态）分析（Time Domain(Transient)）、直流扫描分析（DC Sweep）和交流扫描分析（AC Sweep）。在后三种基本分析类型中还包括温度分析、参数扫描分析、蒙特卡罗分析以及最坏情况分析四种进阶分析。另外直流工作点分析时可以加载直流灵敏度分析（Sensitivity Analysis）和小信号直流增益计算（Calculate small-signal DC gain）；交流分析时还可以加载噪声分析（Noise Analysis）；瞬态分析时还可以加载傅里叶分析（Fourier Analysis）。

本节以软件自带工程 BJT_Amplifiers.opj 为例，来说明 A/D 模块提供的各种仿真分析方法。

按照 4.2 节介绍的仿真流程，首先启动 Capture 软件，执行 File/New/Project，制定新项目的存放路径和项目名称，设计类型选择"Analog or Mixed A/D"，单击"OK"按钮后，会弹出如图 4.3.1 所示的项目创建方式选择的对话框。选择"Created based upon an Existing project"选项，并在其下拉菜单中选择 BJT_Amplifiers.opj。单击"OK"按钮后，在 Capture 的绘图窗口中就已经绘制了如图 4.3.2 所示的三极管的三种基本组态（CE、CC、CB）放大电路。下面重点对共射放大器进行分析，目的是为了说明各仿真分析方法的使用。

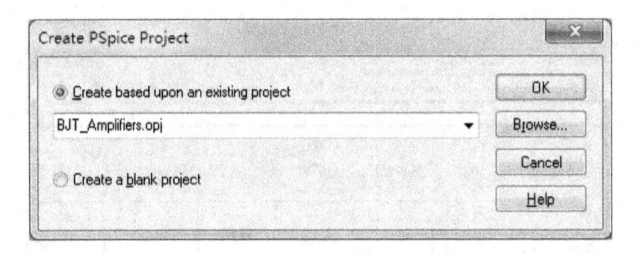

图 4.3.1 项目创建方式选择

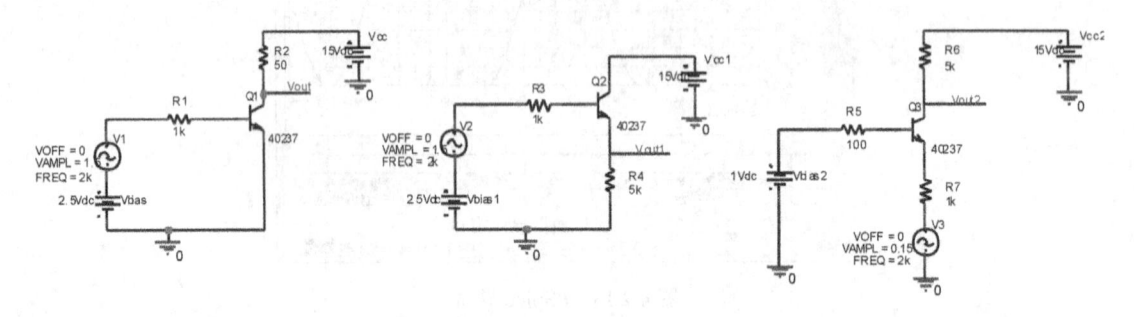

图 4.3.2 自带的三种组态放大电路

4.3.1 静态工作点分析（Bias Point）

静态工作点分析指在电路中电感短路、电容开路的情况下，对各个信号源取其直流电平值，利用迭代的方法计算电路的静态工作点。分析结果包括：各个节点电压、流过各个电压源的电流、电路的总功耗、晶体管的偏置电压和各极电流及在此工作点下的小信号线性化模型参数。结果自动存入.out 输出文件中。在电子电路中，确定静态工作点十分重要，因为有了它便可决定半导体晶体管等的小信号线性化参数值。尤其是在放大电路中，晶体管的静态工作点直接影响到放大器的各种动态指标。

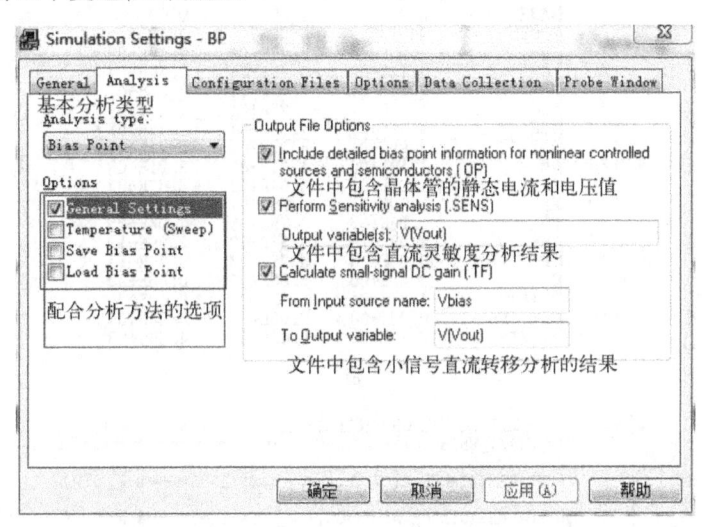

在 Capture 窗口中执行菜单 PSpice/New Simulation Profile，或单击仿真工具栏图标，弹出新建仿真文件的对话框，在 Name 编辑框中输入名称，如"bias"，单击"Creat"后弹出仿真设置(Simulation Settings)窗口，仿真设置窗口也可通过单击图标打开。基本分析类型中选择"Bias Point"，输出文件属性项中包括三个复选框，可以根据需要进行勾选，图 4.3.3 所示是将三个复选框均设置。

图 4.3.3 直流工作点分析的仿真设置窗口

单击图 4.3.3 中的"确定"按钮后，选择菜单 PSpice/Run 或单击仿真工具栏中的，运行仿真，自动调出 PSpice 界面。由于直流工作点分析没有输出曲线，所以 PSpice 界面中的波形显示窗口的区域是灰色的。直流工作点的输出结果可以通过该窗口中菜单 View 的下拉子菜单"Output File"查看。输出文件所显示的信息如图 4.3.4 所示，包括电路网络表、各节点的电压、各电源上流过的电流值、晶体管的静态信息，以及小信号转移分析的结果和灵敏度分析结果。若在图 4.3.3 对话框下没有勾选任何一个复选框，那么图 4.3.4(c)、(d)和(e)的信息都不会在.out 文件中显示。

(a)

图 4.3.4 输出文件的信息

```
122  |  ****   SMALL SIGNAL BIAS SOLUTION      TEMPERATURE =   27.000 DEG C
123  |
124  |  ******************************************************************
125  |  NODE   VOLTAGE    NODE   VOLTAGE     NODE   VOLTAGE     NODE   VOLTAGE
126  |                         各个节点电压
127  |
128  | ( VOUT)  12.6410  (VOUT1)  1.7505  (VOUT2)  13.7050  (N00089)  2.5000
129  |
130  | (N00190)  .9143   (N00424) 15.0000  (N03347)  2.4945  (N03379)  2.5000
131  |
132  | (N03407)  2.5000  (N03543) 15.0000  (N10836) 15.0000  (N10902)   .2631
```

(b)

```
168  |  晶体管的静态工作点信息
169  |  ****   BIPOLAR JUNCTION TRANSISTORS
170  |  NAME       Q_Q1        Q_Q2        Q_Q3
171  |  MODEL      Q40237      Q40237      Q40237
172  |  IB         1.59E-03    5.47E-06    4.17E-06
173  |  IC         4.72E-02    3.45E-04    2.59E-04
174  |  VBE        9.14E-01    7.44E-01    7.36E-01
175  |  VBC       -1.17E+01   -1.25E+01   -1.27E+01
176  |  VCE        1.26E+01    1.33E+01    1.34E+01
177  |  BETADC     2.98E+01    6.30E+01    6.21E+01
178  |  GM         1.10E+00    1.31E-02    9.91E-03
179  |  RPI        1.69E+01    5.07E+03    6.67E+03
180  |  RX         1.00E+01    1.00E+01    1.00E+01
181  |  RO         2.36E+03    3.26E+05    4.35E+05
182  |  CBE        8.23E-10    3.46E-12    2.99E-12
183  |  CBC        3.84E-13    3.75E-13    3.74E-13
184  |  CJS        0.00E+00    0.00E+00    0.00E+00
185  |  BETAAC     1.87E+01    6.67E+01    6.60E+01
186  |  CBX/CBX2   0.00E+00    0.00E+00    0.00E+00
187  |  FT/FT2     2.13E+08    5.46E+08    4.69E+08
```

(c)

```
194  | ****   SMALL-SIGNAL CHARACTERISTICS
195  |     V(VOUT)/V_Vbias = -8.881E-01 ————————→ 直流增益
196  |
197  |     INPUT RESISTANCE AT V_Vbias =  1.027E+03 ————→ 输入阻抗
198  |
199  |     OUTPUT RESISTANCE AT V(VOUT) =  4.897E+01 ————→ 输出阻抗
```

(d)

```
214  | DC SENSITIVITIES OF OUTPUT V(VOUT)  ————→ 灵敏度分析
215  |
216  |     ELEMENT      ELEMENT       ELEMENT      NORMALIZED
217  |     NAME         VALUE         SENSITIVITY  SENSITIVITY
218  |                                (VOLTS/UNIT) (VOLTS/PERCENT)
219  |
220  |     R_R1         1.000E+03     1.408E-03    1.408E-02
221  |     R_R2         5.000E+01    -4.620E-02   -2.310E-02
```

(e)

图 4.3.4　输出文件的信息(续)

对于各节点电压、各支路电流和功率的信息,可以在运行仿真后,回到 Capture 界面下通过单击仿真工具栏中的 ⓥ、ⓘ 和 ⓦ 即可。晶体管静态工作点值主要观察晶体管的 V_{CEQ}、I_{BQ} 和 I_{CQ} 三个值,合适的静态工作点需要位于晶体管输出特性曲线上的放大区;小信号转移分析得到直流增益、输入阻抗和输出阻抗的值;灵敏度分析得到输出量的相对灵敏度和绝对灵敏度的大小。

4.3.2　直流扫描分析

直流扫描分析是指使电路某个元器件参数作为自变量在一定范围内变化,对自变量的每个取值,计算电路的输出变量的直流偏置特性。此过程中还可以指定一个参变量,并确定取值范围,每设定一个参变量的值,均计算输出变量随自变量的变化特性。直流分析也是交流分析时确定小信号线性模型参数和瞬态分析确定初始值所需的分析。模拟计算后,可以利用

Probe 功能绘出 V_o-V_i 曲线，或任意输出变量相对任一元件参数的传输特性曲线。

下面结合图 4.3.2 所示电路，说明直流扫描分析的过程。

在 Capture 窗口下创建新的仿真文件，并在 Name 编辑框中输入名称，如"DC"，单击"Creat"后弹出仿真设置(Simulation Settings)窗口，具体参数设置方法如图 4.3.5 所示。

（1）设置分析类型：在"Analysis type"中选择"DC Sweep"（直流扫描）。

（2）设置扫描类型：在 Option 中选取"Primary Sweep"。如果需要设置参变量，可以勾选"Secondary Sweep"。对于直流扫描类型说明如下：

Voltage Source：电压源。

Current Source：电流源。

Global parameter：全局参数变量，如设置某一电阻值为可变参数。

Model parameter：元器件模型参数，如三极管的 Bf，选择此项时还需设置元器件模型类型(Model Type)、元器件模型名称(Model Name)和元器件模型内的模型参数(Parameter)。

Temperature：以温度为自变量。

扫描方式(Sweep type)可以设置为 Linear（线性）、Logarithmic（对数）、Value list（设置点）。

图 4.3.5 中设置电压源 V_{cc} 作为自变量，从 0 V 线性变化到 10 V，步长设置为 0.01 V。

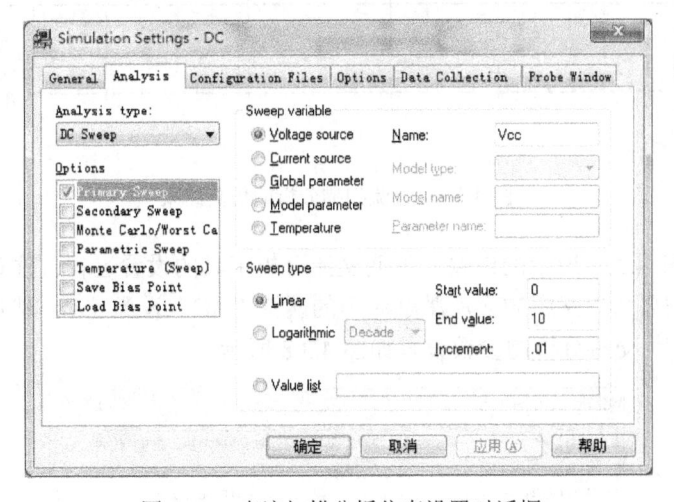

图 4.3.5　直流扫描分析仿真设置对话框

（3）运行仿真：确定后单击仿真工具栏中的 ，运行仿真。接着就调出了 PSpice 的界面。

（4）在 PSpice 界面上选择菜单栏 Trace/Add Trace，或者单击 图标，得到如图 4.3.6 所示的对话框，在输出变量列表中选择 V(Vout)，Trace Expression 中显示 V(Vout)，单击"OK"按钮后得到如图 4.3.7 所示的波形。

4.3.3　交流分析(AC Sweep)

交流分析的作用是计算电路的交流小信号频率响应特性。PSpice 可对小信号线性电子电路进行交流分析，此时半导体器件皆采用其线性模型（多用 EM2 模型）。它是针对电路性能因信号频率改变而变动所做的分析，所以称为频域扫描(AC Sweep)分析，它能够获得电路的幅频响应和相频响应，以及转移导纳等特性参数。

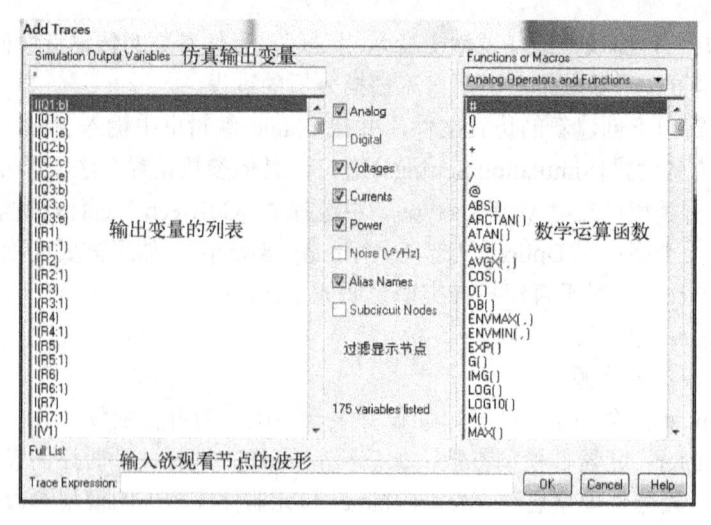

图 4.3.6　添加波形对话框

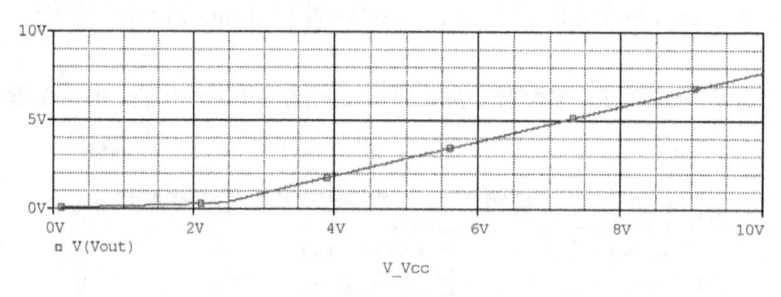

图 4.3.7　直流扫描分析的仿真结果

下面结合如图 4.3.2 所示的电路，说明交流分析工具的设置过程。注意交流分析必须具有 AC 激励源，需要将电路中的交流激励源中的属性"AC"设为 1 V。然后创建新的仿真文件，名称为"AC"。交流分析的参数设置如图 4.3.8 所示。

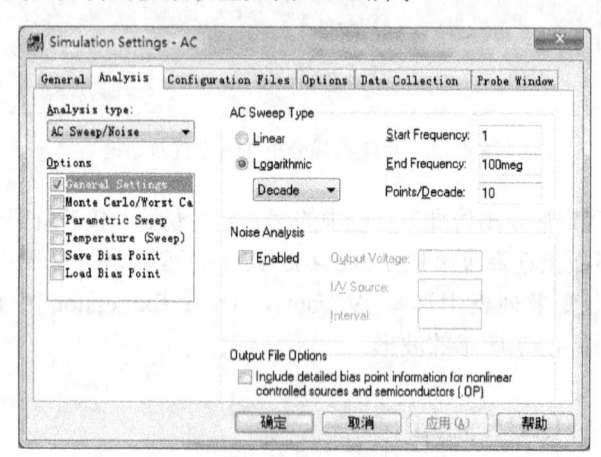

图 4.3.8　交流分析的参数设置

（1）设置分析类型："Analysis type"项选择分析类型为"AC Sweep/Noise"。
（2）"Option"中选择默认的"General Setting"。

（3）设置扫描类型："AC Sweep Type"表示扫描类型，"Linear"表示线性扫描，"Logarithmic"表示对数扫描，包括十倍频扫描(Decade)和八倍频扫描(Octave)。这里需要绘制波特图，所以选择对数扫描方式。且在"Star Frequency"（起始频率）处输入"1"，表示信号源从 1 Hz 开始扫描（频率不能取 0）。在"End Frequency"（结束频率）处输入"100meg"，表示结束频率为 100 MHz(PSpice 中不区分大小写字母，所以兆均用 meg 表示)。

"Points/Decade"处输入"10"，表示每倍频程显示的频率点的个数为 10，这个数字越大，扫描的点数就越多，波形越平滑。

（4）运行仿真：单击仿真工具栏中的 ，运行仿真，调出 PSpice 界面。

（5）观察仿真结果：选择菜单栏 Trace/Add Trace，或者单击 图标，在"Functions and Macros"中选择"DB()"和"/"，然后在"Simulation Output variables"中找到"V(Vout)"和"V(Q1:b)"，在"Trace Expression"中输入"DB(V(Vout)/V(Q1:b))"，得到共射放大器的幅频特性波特图。

单击 Plot/Add Y Axis，添加一 Y 轴，再选择菜单栏 Trace/Add Trace，或者单击 图标，在"Functions and Macros"和"Simulation Output variables"中选择使得"Trace Expression"中显示"P(V(Vout)/V(Q1:b))"，从而得到输出端波形幅频和相频特性曲线，如图 4.3.9 所示。

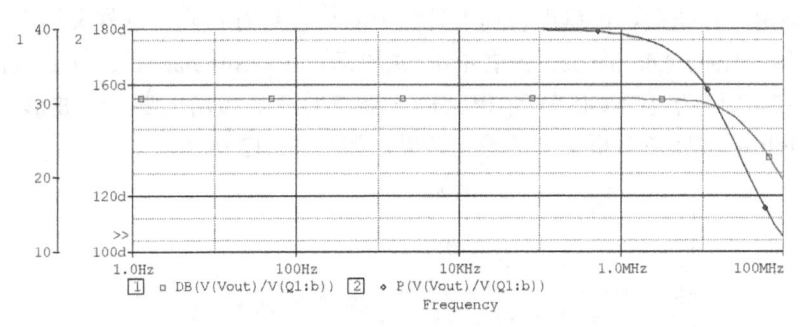

图 4.3.9　幅频特性和相频特性曲线

（6）分析波形：若需要计算增益和上限频率，可以调用特征函数，选择 图标，弹出"Evaluate Measurement"对话框，在"Measurements"项中选择 max(1)，括号中的 1 代表输入的变量，因此，在"Functions and Macros"和"Simulation Output variables"中选择使得"Trace Expression"中显示 Max(V(Vout)/V(Q1:b))。单击"确定"按钮后，在波形显示窗口下显示增益的数值。同样还可以计算上限频率等，结果如图 4.3.10 所示。

图 4.3.10　特征函数计算结果

在交流分析中可以加载噪声分析(Noise)，噪声分析是针对电路中无法避免的噪声所做的分析。它是与交流分析一起使用的。电路中所计算的噪声通常是电阻上产生的热噪声、半导体元器件产生的散粒噪声和闪烁噪声。PSpice 程序 AC 分析的每个频率点上对指定输出端计算出等效输出噪声，同时对指定输入端计算出等效输入噪声。输出和输入噪声电平都对噪声带宽的平方根进行归一化，噪声电压的单位是 $V/\sqrt{Hz}$，噪声电流的单位是 $A/\sqrt{Hz}$。

噪声分析的设置方法是在如图 4.3.8 所示的对话框中勾选"Noise Analysis"下 Enabled 的小方框。具体参数设置如图 4.3.11 所示。

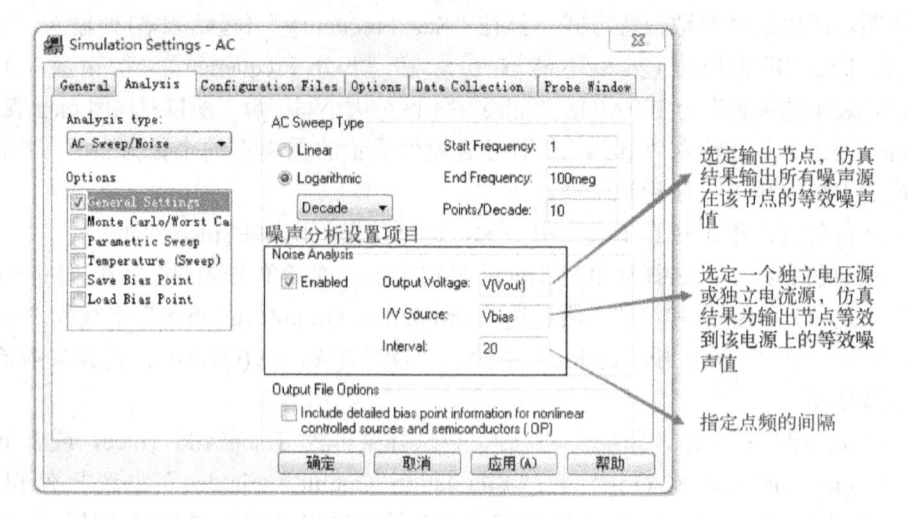

图 4.3.11　噪声分析设置

单击"确定"按钮后，再单击仿真工具栏中的 ，运行仿真。这样又调出了 PSpice 界面。选择菜单栏 Trace/Add Trace，或者单击 图标，在"Simulation Output variables"中找到"V(INOISE)"和"V(ONOISE)"，得到输入噪声的波形和输出噪声的波形。也可以点选 View/Output File 看到噪声分析文字的输出结果，如图 4.3.12 所示。

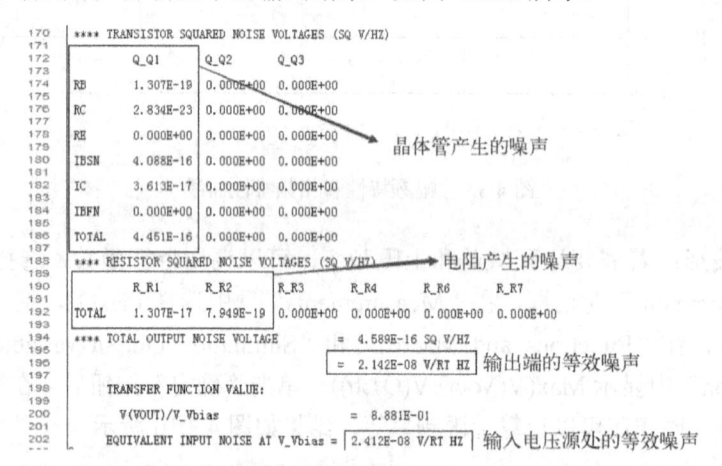

图 4.3.12　噪声分析文字输出结果

4.3.4　瞬态分析（Time Domain(Transient)）

瞬态分析的目的是在给定输入激励信号作用下，计算电路输出端的瞬态响应。进行瞬态分析时，首先计算 $t=0$ 时的电路初始状态，然后从 $t=0$ 到某一给定的时间范围内选取一定的时间步长，计算输出端在不同时刻的输出电平。瞬态分析结果自动存入以 .dat 为扩展名的数据文件中，可以用 Probe 模块分析显示仿真结果的信号波形。瞬态分析运用最多，也最复杂，而且是计算机资源耗费最高的部分。

下面结合如图 4.3.2 所示的电路，说明瞬态分析工具的具体设置过程。先创建新的仿真文件，名称为"tran"。确定后，单击仿真工具栏中的图标，鼠标就变成探针图标，将探针分别放置到三种组态电路的输出端。然后打开仿真参数设置窗口，具体设置如图 4.3.13 所示。

（1）设置仿真类型："Analysis type"下拉列表框中选择分析类型为"Time Domain (Transient)"。

（2）"Option"中选择默认的"General Setting"。

（3）设置时域参数："Run to"表示模拟运行终止时间，输入 5 ms。"Start saving data after"表示瞬态分析文件或波形输出的起始时间，如果不输入 0，程序仍然从零点开始计算，只是开始时间前的波形不显示，也不存入文档。

（4）"Maximum step size"表示最大阶跃长度(步长值)，通常不必设置，利用内存的默认值；如果显示的波形不够平滑，可以设置小一些的数值，不过不宜太小，因为会导致模拟分析时间加长，并产生大量的数据文件。

（5）"Skip the initial transient bias point calculation"表示在瞬态分析时跳过初始工作点的计算，有时也用在当电路存在多个可能的初始条件的时候，跳过计算。

（6）若对瞬态分析输出文件选项进行设置，可单击"Output Options"按钮，设置对话框如图 4.3.14 所示，在此对话框中可以对瞬态波形进行傅里叶分析，傅里叶分析结果在.out 文件中显示。

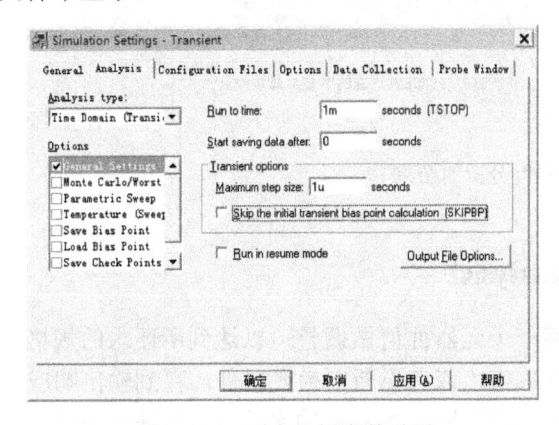

图 4.3.13　瞬态分析参数设置 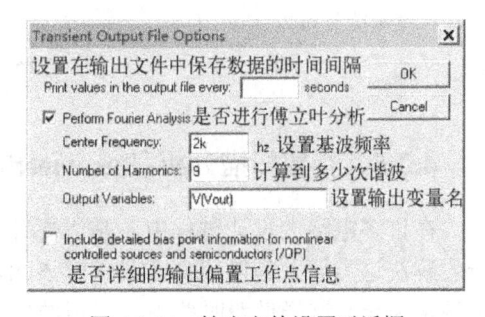　　　　图 4.3.14　输出文件设置对话框

（7）单击仿真工具栏中的 ，运行仿真。调出 PSpice 界面，波形显示窗口显示探针处的波形，如图 4.3.15 所示。

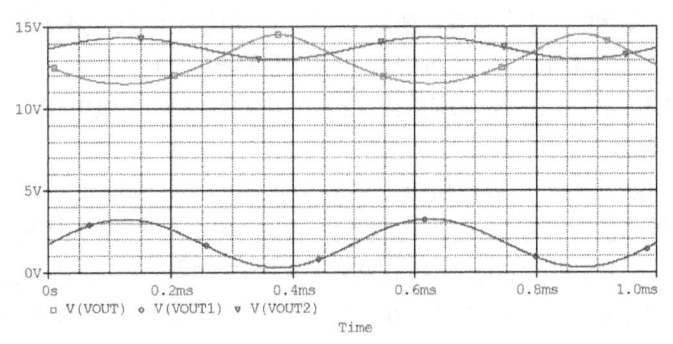

图 4.3.15　输出时域波形

（8）单击 PSpice 界面中的工具栏图标 FFT，就可以将输出的时域波形进行傅里叶分析，如图 4.3.16(a)所示，也可通过点选 View/Output file 看到傅里叶分析的文字结果，如图 4.3.16(b)所示。

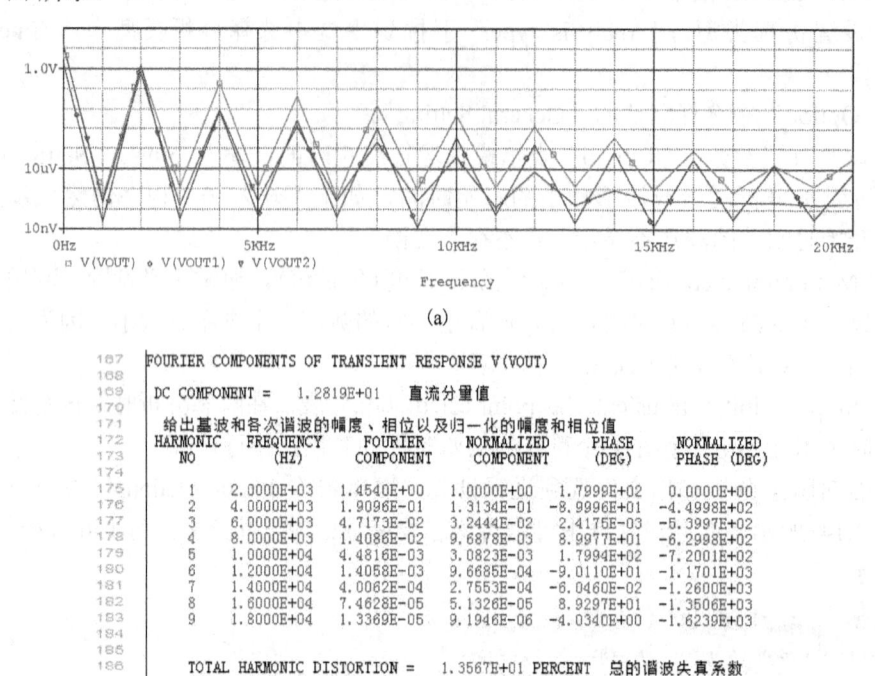

(a)

(b)

图 4.3.16 傅里叶分析的结果

4.3.5 参数扫描分析(Parametric Analysis)

在许多电路的设计过程中，常需要针对某一个元器件值做调整，以达到所要求的规格。一般解决这类问题是以计算方式求解该元器件数值，或者不断更换元器件，直到输出响应合乎规格为止。这样做费时费力，所得结果也不是很理想。PSpice 的参数分析方法就是针对这样的情况提出的。

参数分析就是针对电路中的某一参数在一定范围内做调整，利用 PSpice 分析得到清晰易懂的结果曲线迅速确定出该参数的最佳值，这也是用户常用的优化方法。参数分析用于判别电路响应与某一元器件之间的关系，所以它必须和其他基本分析搭配使用。在瞬态特性分析、交流扫描分析及直流特性扫描分析中都可设置参数扫描分析。

下面结合图 4.3.2 所示电路，说明共射放大电路的频率响应随电路中的偏置电阻 R2 的变化情况。分析步骤为：

（1）单击电阻 R2 的阻值，将数值改为{R}。

（2）放置 PARAMETES 元器件，它位于 "special.lib" 中，元器件名字为 PAMAM。设置 PARAM 属性：双击字符 "PARAMETERS："，单击 New Property 按钮，出现如图 4.3.17 所示的对话框，在 "Name" 中输入 "R"，在 "Value" 栏中输入 R 值为 "50"，表示 R2 在不进行参数分析时阻值是 50 Ω。单击 "OK" 按钮，关闭 "PARAMETES" 特性编辑器窗口。

每一个 PARAM 符号中均可以填入三个参数及其对应值，由于参数分析一次只能对一个参数进行分析，若读者设定了多个参数，则模拟过程中其他参数以其基准值参与计算。

（3）新建仿真文件，"Name"名称取"Param"，"Simulation Setting"窗口中先在"Analysis type"下拉列表框中选择分析类型为"AC Sweep"。选项"General Setting"下的设置同交流分析(1 Hz;100megHz;10)。

（4）在"Option"中勾选"Parametric Sweep"，分析参数设置如图 4.3.18 所示。参数扫描分析中可以扫描的类型和直流扫描分析(DC Sweep)是相同的。这里设置的电阻 R 属于全局变量(Global parameter)。

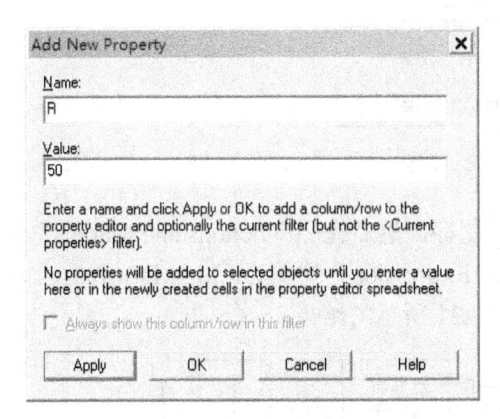

图 4.3.17　PARAMERER 参数编辑框

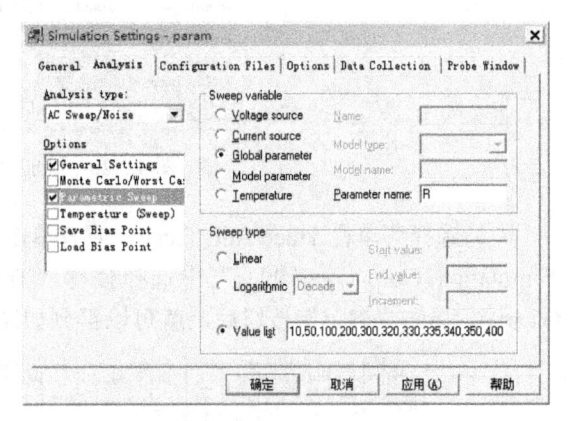

图 4.3.18　参数分析的设置

（5）单击图 4.3.18 中的"确定"按钮后，再单击仿真工具栏中的 ，运行仿真。屏幕会出现执行模拟功能，进行分析。模拟结束后，会出现七项模拟结果的波形资料，确认后结束对话框，即可以得到如图 4.3.19 所示的分析结果。

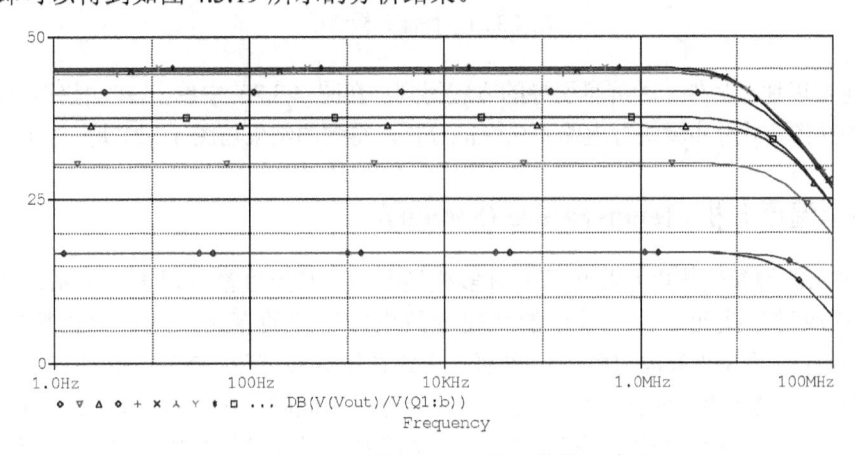

图 4.3.19　不同偏置电阻阻值下的输出波形

在参数分析的基础上还可以进行电路测量性能的分析，定量地分析电路特性函数随某一个元器件参数的变化情况，对电路的优化设计也有很大的帮助。步骤是：

（1）在参数分析结束后，在 Probe 窗口下选择 Trace/Performance Analysis 命令或者单击 按钮。选择菜单会出现如图 4.3.20 所示的对话框，表示对测量性能分析注释说明。单击"确定"按钮后会在图 4.3.19 的基础上多出一个窗口。

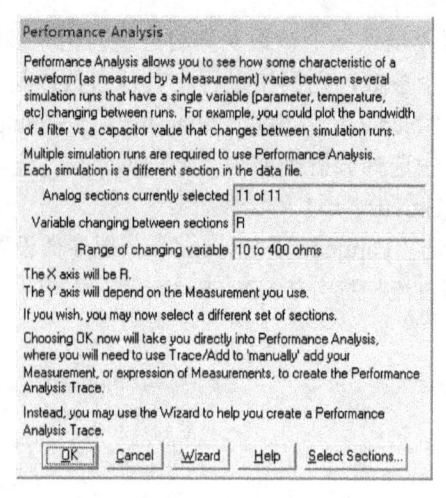

图 4.3.20　性能分析的对话框

（2）选择菜单栏 Trace/Add Trace，或者单击 图标，然后在"Functions and Macros"和"Simulation Output variables"中选择使得"Trace Expression"中显示 Max(DB(V(Vout)/V(Q1:b)))，单击"确定"按钮后，就可以得到如图 4.3.21 所示的结果。

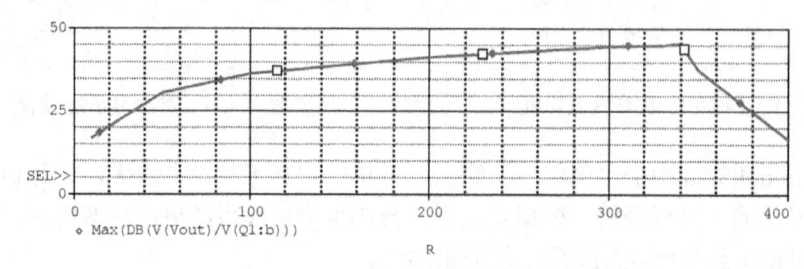

图 4.3.21　性能分析结果

另外也可以通过另外一种屏幕引导的方式得到：在图 4.3.20 中单击 Wizard 按钮，就可以按照屏幕提示的操作方式分步骤进行电路测量性能分析，得到的结果与图 4.3.21 是一样的。

4.3.6　温度分析（Temperature (Sweep)）

电阻等元件的参数值以及晶体管的许多模型参数值与温度都有很大的关系，如果改变温度，则必然通过这些元器件参数值的变化导致电路特性的变化。进行电路特性分析时，PSpice 中所有的元器件参数和模型参数都是设定在默认温度为 27℃的室温下。如果要分析在其他温度下的电路特性变化，可以在进行基本分析的同时，用温度分析指定不同的工作温度。在直流、交流、瞬态分析三种基本分析中都能对元器件参数和模型参数进行温度分析。

下面结合图 4.3.2 中的共射放大电路，说明温度分析工具的基本使用方法。

若要在图 4.3.13 瞬态分析基础上，分析共射放大电路在 0℃、10℃、20℃、30℃、50℃、和 75℃时的时域波形，可以按下面的步骤进行。

（1）新建仿真文件，名称定为"Temp"，基本分析类型选择"Time Domain(Transient)"，参数设置如瞬态分析中的图 4.3.13 所示。

（2）设置温度特性分析参数：在瞬态分析的参数设置框中，选择 Temperature (Sweep)，相应的温度分析参数设置框如图 4.3.22 所示。如果只需要分析某一个温度下的电路特性，可以选中"Run the simulation at temperature"，并在其右侧输入温度值；如果需要分析多个温度下的电路特性，选择"Repeat the simulation for each of the temperatures"，在其下方输入不同温度值，数字之间可以用空格隔开，或用逗号隔开。

（3）运行仿真：单击图 4.3.22 中的"确定"按钮后，单击仿真工具栏中的 ，运行仿真。屏幕上出现六项模拟结果数据选择框，供用户选用，默认是全部处于选中状态，若要选择部分，可以单击任何一项选择。

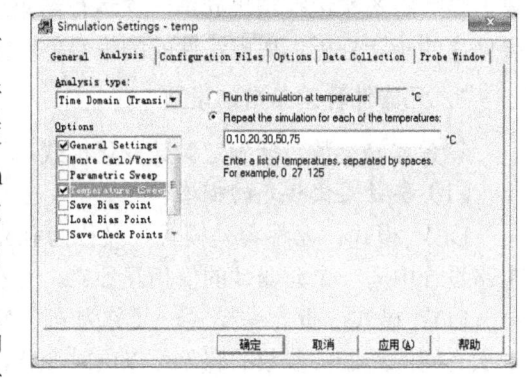

图 4.3.22　温度分析的参数设置

（4）显示和分析仿真结果：按默认选择全部批次结果后，选择添加输出波形 V(Vout)，得到如图 4.3.23 所示的分析结果，图中左下方代表着不同曲线上的标识符的排列顺序对应于图 4.3.22 中温度设置值的顺序。由图可知，在分析的温度范围内，输出波形的幅度值随着温度的升高而增大。

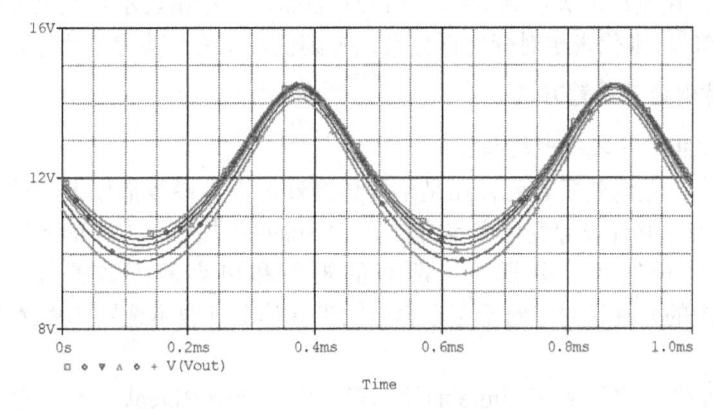

图 4.3.23　共射放大电路输出波形的温度特性

4.3.7　蒙特卡罗分析（Monte Carlo）

前面介绍的各种分析都是在给定电路的参数(标称值)条件下分析其响应的方法。电路中各元件的实际参数值和标称值不可避免地有一定的偏差，称为容差。如果按设计好的电路进行生产，对于设计图中的每个元件都存在容差，那么最终成品的电特性就不可能和标称值模拟的结果完全相同，而要呈现一定的分散性。如果分散性较大，将导致一部分产品的电特性参数超出合格范围，成为不合格品。所以作为优秀的电路设计，不仅要求电路具有良好的功能和特性，而且要求该电路设计适合于批量生产。为此，PSpice 提供蒙特卡罗(Monte Carlo)分析工具，对电路设计是否适合于批量生产做出定量评价。采用蒙特卡罗分析，可以进一步改进电路设计，使电路满足足够高成品率的要求。

蒙特卡罗分析是一种统计模拟方法，它是对选择的分析类型(包括直流分析、交流分析、瞬态分析)多次运行后进行的统计分析。第一次运行采用所有元器件的标称值进行运算,最后将各次运行结果同第一次运行结果进行比较,得出由于元器件的容差而引起输出结果偏离的统计分析,如电路性能的中心值、方差,以及电路合格率、成本等。

1. 元器件容差参数的设置

设置容差参数包括确定参数变化模式,以及指定容差大小两项内容。

(1)参数变化模式的描述

DEV 模式:器件容差模式,又称为独立变化模式。如果生产的一批电路产品中,对应电路设计中同一个元器件的值相互独立,存在分散性,则称为独立变化模式。

LOT 模式:批容差模式,又称为同步变化模式。用于描述集成电路生产过程中,不同批次之间的元器件参数的容差可以同时变化,即它们的值同时变大或变小。

组合模式:组合使用时,元器件首先按 LOT 模式变化,然后再按 DEV 模式变化。

如何设置模型参数的变化模式应根据实际情况确定。如果设计的电路要用印制电路板(PCB)装配,则不同 PCB 中针对电路设计中同一个元器件采用的元器件参数将独立随机变化,就只需要选用 DEV 模式。但是如果在集成电路生产中,不同批次之间的元器件参数还存在起伏波动,就应该加上 LOT 模式,即采用组合模式。

(2)容差大小的设置

在描述参数变化规律的关键词 DEV 和 LOT 后面,应给出表示容差范围的数值。若数值后跟有百分号"%",则代表相对变化百分数,否则仅表示变化容差的大小。

2. 具体元件的容差设置方法

(1)BREAKOUT 库文件中的器件

在 PSpice 中,无论是阻容元件还是半导体器件,容差参数都作为一种模型参数,为了适应统计分析中为元器件设置变化容差的要求,PSpice 中提供了专门的元器件符号库,名称为 BREAKOUT。进行统计分析时,所有的电阻和电容等无源器件一般都需要改用 BREAKOUT 库中的元件符号。对于存在容差的半导体器件也可选用 BREAKOUT 库中的器件符号。

比如对电阻设置容差,在 Capture 的绘图窗口中,选中 Rbreak 元件,单击鼠标右键选择快捷菜单中的"Edit PSpice Model",就可以进入到 Edit Model 模块中,如图 4.3.24 所示,进行容差的设置。最后保存修改。

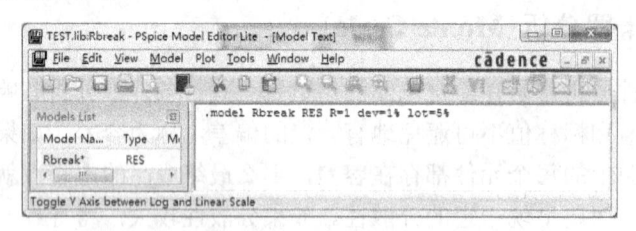

图 4.3.24 Rbreak 器件的容差设置

(2)ANALOG 库中的元件容差设置

对于 ANALOG 库中的无源器件,如电阻、电容、电感等,可以双击需要设置容差的器件,进入属性设置窗口,在器件属性项中找到 Tolerance 选项中加入该元件的容差值,如图 4.3.25 所示。

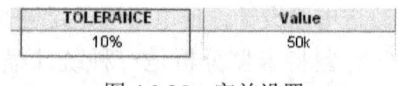

图 4.3.25 容差设置

（3）半导体器件的参数容差设置

PSpice A/D 中的半导体器件模型参数的设置方法与电阻情况类似。例如图 4.3.2 电路中，为晶体管 40237 的模型参数设置容差参数，可以先选中晶体管，单击鼠标右键选择快捷菜单中的"Edit PSpice Model"子命令，屏幕上出现晶体管的模型参数描述。若要为晶体管的电流放大倍数 Bf 设置 10%的容差，只要将模型参数描述中的 Bf=288.5 一项改为 Bf=288.5 Dev=10%即可。

3．蒙特卡罗分析参数设置

除了元器件容差参数以外，蒙特卡罗分析中需要设置的参数都是在分析参数设置对话框中完成的。下面结合图 4.3.2 中的共射放大电路，说明蒙特卡罗分析工具的基本方法。

（1）器件容差设置：根据上面设置容差的方法，将共射放大电路中的电阻均改为 BREAKOUT 库中的 Rbreak，并按图 4.3.24 所示设置它们的容差，晶体管 40237 的电流放大倍数设置 10%的 Dev 容差模式。

（2）分析方法设置：新建仿真文件，名称为"MC"，基本分析类型选择"AC Sweep/Noise"，参数设置如图 4.3.8 所示。并在"Option"一栏中加选"Monte Carlo/Worst Case"，然后在其右侧选中"Monte Carlo"项，如图 4.3.26 所示。

（3）输出变量设置：在"Output variable"中填入电路输出特性变量名。

（4）分析次数的设置：在"Monte Carlo option"下方的"Number of runs"填入需要重复进行分析的次数，代表实际生产多少套电路。分析中第一次为标称值分析，然后采用随机抽样方式改变电路中元器件模型参数值，重复进行分析。显然分析次数越多，统计分析的效果越好，但是运行的时间也越长，因此，应综合考虑。

（5）参数分布规律的设置：在"Use distribution"中提供了三种分布供选择，用于反映实际生产中元器件参数的分布情况。Gaussian 指正态分布，又称高斯分布，选用该分布时，PSpice 采取将元器件的标称值设为均值，DEV 容差作为标准偏差，从而产生一组随机数代表元件的分布情况；Uniform 指均匀分布；GaussUser 也是随机分布，但是如果选用此项分布，还需要在右侧下拉列表中选择一个数值，表示元件值分散范围对应几倍 DEV 的容差设置值。此外，PSpice 还提供有用户设置自定义分布规律的功能，单击"Distributions…"按钮，用户可以设置更符合实际情况的参数变化分布规律。

（6）随机"种子数"的选定：PSpice 软件中采用软件模块产生需要的随机数。产生随机数需要"种子数"的参数决定，产生的随机数的数值与种子数有关。"Random number seed"一栏设置的数值就是用于指定蒙特卡罗分析中进行随机抽样时产生随机数所用的"种子数"。其值必须为 1~32767 的奇数，若未指定，采用内定值为 17533。如果种子数相同，则产生的随机数是完全相同的，若使用者希望模拟不同批次生产的电子产品参数分布情况，则每次应该在设置蒙特卡罗分析时，采用不同的种子值。

（7）分析结果数据保存设置："Save data from"一栏的设置用于指定将哪几次分析结果存入 OUT 输出文件和 PROBE 数据文件。"All"表示每次结果都保存；"First"选中后需要在右侧"runs"前面指定一个具体数值 n，表示只保存开始 n 次的分析结果；"Every"选中后也需要在右侧"runs"前面指定一个具体数值 n，表示每隔 n 次保存一次分析结果；"Runs(list)"选中需要在右侧"runs"前面指定一系列数值，最多可达 25 个，表示蒙特卡罗分析中只保存由这些取值确定的分析次数的分析结果。

根据上述步骤，得到共射放大器的蒙特卡罗参数设置界面如图 4.3.26 所示。

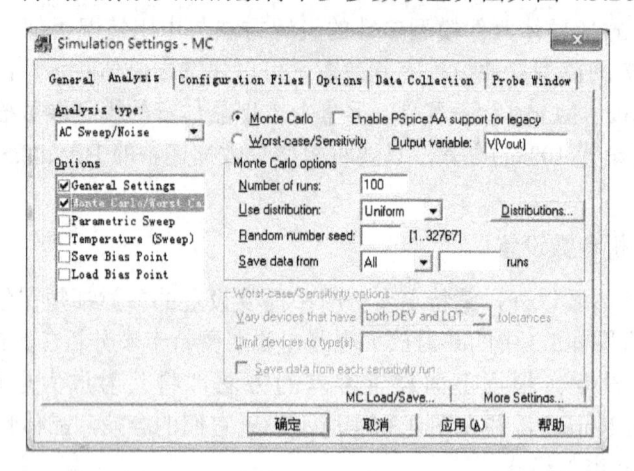

图 4.3.26　蒙特卡罗分析参数设置界面

（8）执行仿真：完成参数设置后，选择执行 Run 命令或单击 ▶，启动 PSpice 软件自动完成蒙特卡罗分析。

（9）分析结果显示。

① 波形显示：根据交流分析中介绍的添加波形的方式，显示出 100 次统计分析得到的频率响应波特图，如图 4.3.27 所示。

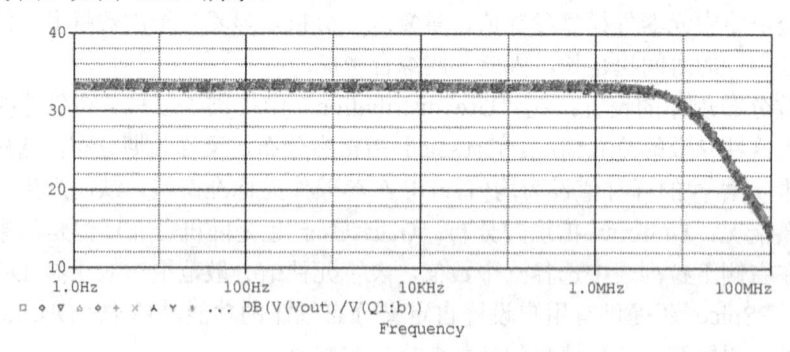

图 4.3.27　100 次蒙特卡罗分析结果

② 文本结果统计：OUT 文件中存储的默认"YMAX"（在图 4.3.26 所示的对话框中，单击"More Setting"），因此分析结果显示与标称值分析结果相比在 Y 方向上的最大差值。通过 PSpice 界面下的菜单栏 View/Output file 打开，图 4.3.28 所示是将 Y 方向的差值从大到小顺序排列的统计结果。

③ 电路特性参数分散直方图显示：调用 Probe 模块提供的"Performance Analysis"功能，就可以生成直方图。步骤与参数分析中所述的性能分析相同。在 Probe 窗口下选择 Trace/Performance Analysis 命令或者单击 按钮，然后选择菜单栏 Trace/Add Trace，或者单击 图标添加性能函数，如图 4.3.29 所示。n samples 表示重复次数；minimum 表示最小值；maximum 表示最大值；n divisions 表示采用的区间数；10th%ile 和 90th %ile 表示 10%分位数和 90%分位数；sigma 和 3*sigma 表示标准偏差和 3 倍标准偏差；mean 表示平均值；median 表示中间值。

```
                    MONTE CARLO SUMMARY
        **********************************************************
        Mean Deviation = 785.8900E-06
        Sigma          =    .029

        RUN                MAX DEVIATION FROM NOMINAL

        Pass   66            .0554  (1.91 sigma)  higher  at F =   1.2589E+03
                            ( 104.43% of Nominal)

        Pass   23            .0549  (1.90 sigma)  higher  at F =   1.0000E+03
                            ( 104.39% of Nominal)

        Pass   88            .0544  (1.88 sigma)  lower   at F =   1
                            ( 95.653% of Nominal)

        Pass   38            .0516  (1.78 sigma)  higher  at F =   1.0000E+03
                            ( 104.12% of Nominal)

        Pass   16            .0504  (1.74 sigma)  lower   at F =   1
                            ( 95.973% of Nominal)
```

图 4.3.28 蒙特卡罗文本输出结果

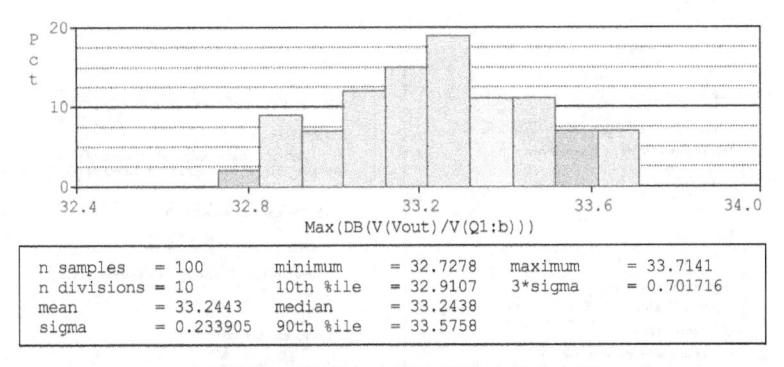

```
n samples    = 100         minimum   = 32.7278     maximum   = 33.7141
n divisions  = 10          10th %ile = 32.9107     3*sigma   = 0.701716
mean         = 33.2443     median    = 33.2438
sigma        = 0.233905    90th %ile = 33.5758
```

图 4.3.29 描述电路增益分散性的直方图

对于直方图 X 轴数据范围划分的区间数,以及直方图下方是否同时显示统计分析结果,均可以由用户通过有关任选项设置确定。具体方法是选择 Tools/Options 命令,在对应的对话框中选中复选框"Display Statist"和填写"Number of Histogram"前的编辑框即可。

4.3.8 最坏情况分析

由于电路特性受电路中不同元器件的影响程度(即灵敏度)不同,当电路中不同元器件分别变化时,即使元器件值的变化幅度相同,但电路特性变化的绝对值也不会相同,而且变化方向也可能不同。当电路中多个元器件同时随机变化时,它们对电路特性的影响会起到相互抵消的作用。进行最坏情况(Worst Case)分析时,首先按照引起电路特性变差的要求,确定每个元器件的(增、减)变化方向,即最坏方向,然后元件同时按最坏方向,变化最大偏差值(设置的容差值),进行一次电路模拟分析,这种情况下进行的电路分析就是最坏情况分析。最坏情况分析也是一种统计分析。

最坏情况分析中,先进行标称值的电路仿真,然后计算灵敏度,将各个元器件逐个变化进行电路仿真,在得到灵敏度后,最后再做一次最坏情况分析,各元件选择引起性能变化最坏的时候进行计算,得到结果。所以如果电路中有 N 个变量的话,最坏情况分析其实是进行了 $N+2$ 次的电路性能分析。

下面结合图 4.3.2 对其进行最坏情况分析,说明最坏情况分析的过程。

最坏情况分析与蒙特卡罗分析公用一个参数设置标签页,因此开始的步骤均相同。打开参数设置窗口后,选中"Worst-case/Sensitivity",如图 4.3.30 所示。

(1) 输出变量的确定：在"Output variable"右侧的编辑栏中输入最坏情况分析中的输出变量名。

(2) 选择不同容差模式的元器件：在"Vary devices that have( )tolerances"中有三个选择，"both DEV and LOT"表示包括 DEV 和 LOT 模式描述变化规律的所有模型参数；"only DEV"表示只考虑 DEV 模式的模型参数；"only LOT"表示只考虑 LOT 模式的模型参数。

(3) 选择不同器件类型：若用户在最坏情况下只要求考虑某几类元器件的参数变化，则需要在"Limit devices to type(s)"右侧的编辑栏中输入指定元器件的关键字母代号，中间不得有空格，比如只考虑电阻和双极性晶体管的参数变化，此处输入"RQ"。若本项不填写，说明考虑所有的元器件的参数变化。

(4) More Setting：图 4.3.30 的右下角有一个"More Setting"按钮，单击后出现如图 4.3.31 所示的设置框。

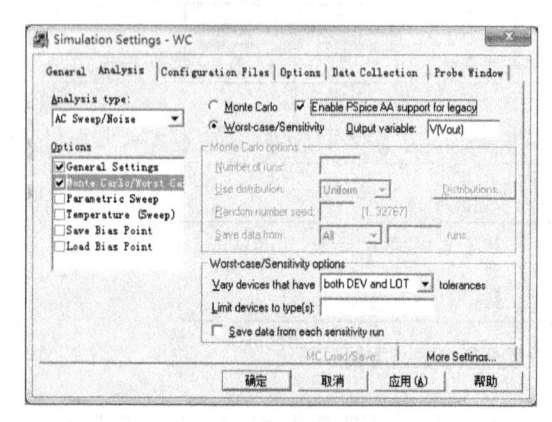

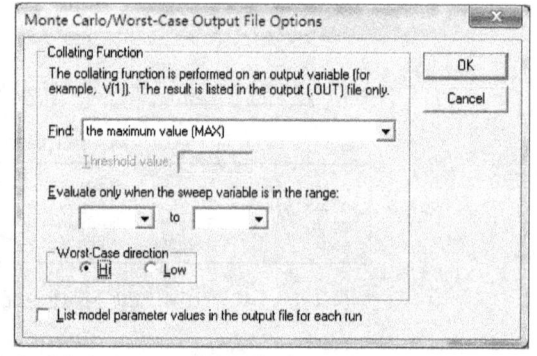

图 4.3.30　最坏情况分析参数设置窗口

图 4.3.31　最坏情况分析的 More Setting

图 4.3.31 中的各项以及"Find"下拉菜单中选项表示的含义为：

Y Max：求出每个波形与额定运行值的最大差值。

Max：求出每个波形的最大值。

Min：求出每个波形的最小值。

Rise_edge：找出第一次超出域值的波形。

Fall_edge：找出第一次低于域值的波形。

Threshold：设置域值。

Evaluate only when the sweep variable is in：定义参数允许的变化范围。

Worst-Case direction：设定最坏情况分析的方向，Hi 表示相对标称值增大方向，Low 表示相对标称值减小方向。

List model parameter values in the output file：是否在输出文件里列出模型参数的值。

(5) 执行仿真：完成参数设置后，选择执行 Run 命令或单击，启动 PSpice 软件自动完成最坏情况分析。

(6) 分析结果显示。

① 波形显示：在"More Setting"中"Worst-case direction"选择"Hi"时，输出波形如图 4.3.32(a)所示，下面一条曲线是标称值下的频率特性曲线；若选择"Low"，则波形如图 4.3.32(b)所示，上面一条曲线是标称值下的频率特性曲线。

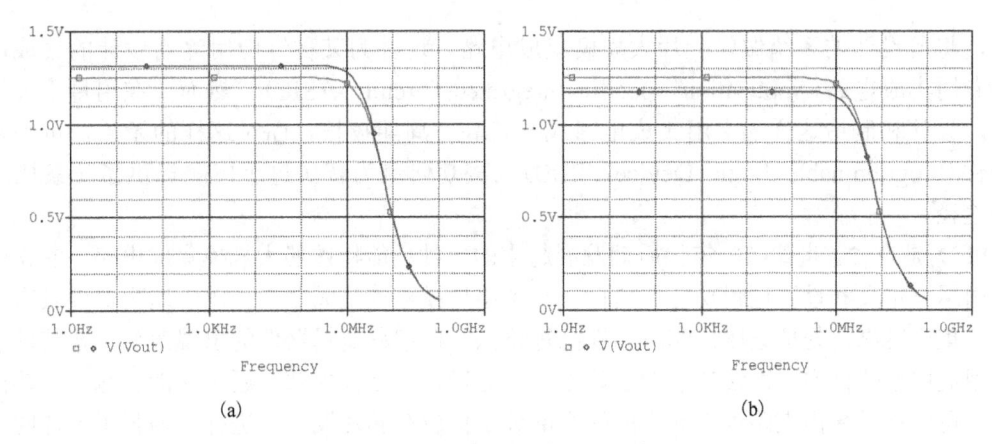

图 4.3.32　最坏情况波形显示结果

② 文本结果统计：通过 PSpice 界面下的菜单栏"View/Output file"打开，图 4.3.33(a)显示"Worst-case direction"选择"Hi"的文本结果，图 4.3.33(b)显示选择"Low"的文本结果。

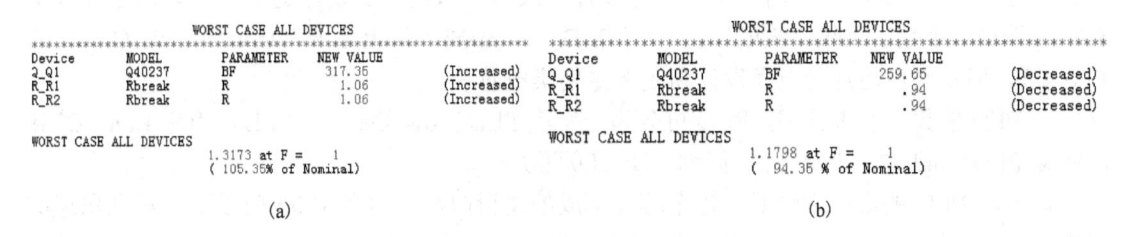

```
             WORST CASE ALL DEVICES                                WORST CASE ALL DEVICES
**********************************************      **********************************************
Device    MODEL     PARAMETER   NEW VALUE            Device    MODEL     PARAMETER   NEW VALUE
Q_Q1      Q40237    BF           317.35  (Increased) Q_Q1      Q40237    BF           259.65  (Decreased)
R_R1      Rbreak    R              1.06  (Increased) R_R1      Rbreak    R               .94  (Decreased)
R_R2      Rbreak    R              1.06  (Increased) R_R2      Rbreak    R               .94  (Decreased)

WORST CASE ALL DEVICES                               WORST CASE ALL DEVICES
                    1.3173 at F =    1                                   1.1798 at F =    1
                  ( 105.35% of Nominal)                                ( 94.35 % of Nominal)
```

(a)　　　　　　　　　　　　　　　　　　　(b)

图 4.3.33　最坏情况分析的文本结果

PSpice 软件在进行最坏情况分析的过程中，对具有容差参数的元器件，取 0.1%增量进行灵敏度分析，确定该元件参数变化的方向，在最后一次所有参数同时变化时，每个参数都按最坏的方向，取容差最大值得到最终的结果。

4.4　可编程逻辑器件简介

4.4.1　概述

自 20 世纪 60 年代初数字集成电路问世以来，由于集成电路工艺的不断改进和完善，电路的集成度得到了迅速提高，已经由器件集成、部件集成发展到系统的集成。在一个芯片上集成 $10^3 \sim 10^5$ 个元器件的大规模集成电路(LSI)及在一个芯片上集成 10^5 个以上元器件的超大规模集成电路(VLSI)比比皆是，大规模和超大规模集成电路在各种电子仪器以及数字设备中得到了广泛的应用。

数字系统中使用的数字逻辑器件，如果按照逻辑功能的特点来分类，可以分为通用型和专用型两大类。通用型器件具有很强的通用性，但它们的逻辑功能都比较简单，而且是固定不变的。理论上可以用这些通用型的中、小规模集成电路组成任意复杂的系统，但是这类系统由于包含大量的芯片及芯片连线，不仅功耗大、体积大，而且可靠性差。为改善性能，将所设计的系统做成一片大规模集成电路，这种为某种专门用途而设计的集成电路称为专用集成电路(Application Specific Integrated Circuit，ASIC)。然而，在用量不大的情况下，设计和制造这样的专用集成电路成本较高、周期较长。面对这样的矛盾，可编程逻辑器件(Programmable Logic Device，PLD)的成功研制为解决这个问题提供了一条比较有效的途径。

PLD 是在 20 世纪 70 年代后期发展起来的一种功能特殊的大规模集成电路，它是一种可以由用户定义和设置逻辑功能的器件。与中小规模标准集成器件相比，这类器件具有结构灵活、集成度高、处理速度快和可靠性高等特点。可编程逻辑器件的出现改变了传统数字系统采用通用型器件实现系统功能的设计方法，通过定义器件内部的逻辑功能和输入、输出引出端，可以将原来由电路板设计完成的大部分工作放在芯片设计中进行，增强了设计的灵活性，减轻了电路图和电路板设计的工作量和难度，提高了工作效率。PLD 已在计算机硬件、工业控制、现代通信、智能仪表和家用电器等领域得到越来越广泛的应用。

PLD 是作为通用型器件生产的，具有批量大、成本低的特点，但它的逻辑功能可由用户通过对器件编程自行设定，因此又具有专用型器件构成数字系统体积小、可靠性高的优点。有些 PLD 的集成度很高，足以满足设计一般数字系统的需要。这样就可以由设计人员自行编程将一个数字系统"集成"在一片 PLD 上，做成"片上系统"(System on Chip，简称 SoC)，而不必由芯片制造商设计和制造专用集成芯片。

按 PLD 的集成度来分类，PLD 可分为低密度 PLD(Low Density PLD，简称 LDPLD)和高密度 PLD(High Density PLD，简称 HDPLD)两类。

低密度 PLD 的集成度较低，每个芯片集成的逻辑门数大约在 1000 门以下，早期出现的可编程只读存储器(PROM)、可编程逻辑阵列(Programmable Logic Array，PLA)、可编程阵列逻辑(Programmable Array Logic，PAL)以及通用阵列逻辑(Generic Array Logic，GAL)都属于这类，低密度 PLD 有时也称为简单 PLD(Simple PLD，SPLD)。

高密度 PLD 的集成密度较高，一般可达数千门，甚至上万门，具有在系统可编程或现场可编程特性，可用于实现较大规模的逻辑电路。高密度 PLD 的主要优点是集成度高、速度快。近代出现的可擦除的可编程逻辑器件(Erasable Programmable Logic Device，EPLD)、复杂的可编程逻辑器件(Complex Programmable Logic Device，CPLD)和现场可编程门阵列(Field Programmable Gate Array，FPGA)都属于高密度 PLD。

EPLD 是在 20 世纪 80 年代中期由 Altera 公司推出的可擦除、可编程逻辑器件，它的基本结构和 PAL、GAL 器件类似，由可编程的与、或阵列和输出逻辑宏单元组成。但与阵列的规模及输出逻辑宏单元的数目都有大幅增加，而且宏单元的结构有所改进，功能更强，它比 GAL 器件的集成度高、造价低，使用更灵活，缺点是内部互连功能较弱。

CPLD 是在 EPLD 的基础上研制成功的，通过采用增加内部连线，对输出逻辑宏单元结构和可编程 I/O 控制结构进行改进等技术，采用 CMOS EPROM、EEPROM、FLASH 存储器和 SRAM 等编程技术，具有集成度高、可靠性高、保密性好、体积小、功耗低和速度快的优点，所以，一经推出就得到了广泛的应用。

现场可编程门阵列(FPGA)是在 20 世纪 80 年代中期发展起来的另一种类型的可编程逻辑器件，它的基本电路结构是由若干独立的可编程模块组成的，模块的排列形式和门阵列(Gate Array，GA)中单元的排列形式类似，所以沿用了门阵列的名称，用户可以通过对这些模块编程连接成所需要的数字系统。FPGA 集成度很高，属于高密度可编程器件。一片

FPGA 芯片可以替代多个逻辑功能十分复杂的逻辑部件，或者一个小型数字系统。

4.4.2 开发过程

PLD 器件种类和型号繁多，不同的公司都针对自己的器件研制了各种功能完善的 PLD 开发系统。PLD 开发系统包括开发软件和开发硬件两部分，PLD 开发系统软件可以在计算机上运行，开发系统的硬件包括计算机和编程器。编程器是对 PLD 进行写入和擦除的专用设备，它能提供编程信息写入或擦除所需电压和控制信号，并通过并行或串行接口从计算机接收编程数据，最终写入 PLD 中。

PLD 的设计流程一般包括设计分析、设计输入、设计处理和器件编程 4 个步骤，与后 3 个步骤对应有功能仿真、时序仿真和器件测试 3 个校验过程。设计流程如图 4.4.1 所示。

1．设计步骤

（1）设计分析

设计分析是指在利用 PLD 进行数字系统设计之前，根据 PLD 开发环境及设计要求（如系统复杂度、工作频率、功耗、引脚数、封装形式及成本等），选择适当的设计方案和器件类型。

（2）设计输入

设计输入是指设计者将所要设计的数字系统以开发软件要求的某种形式表达出来，并输入到相应的开发软件中。设计输入有多种表达方式，常用的有原理图输入方式、硬件描述语言文本输入方式和混合输入方式。

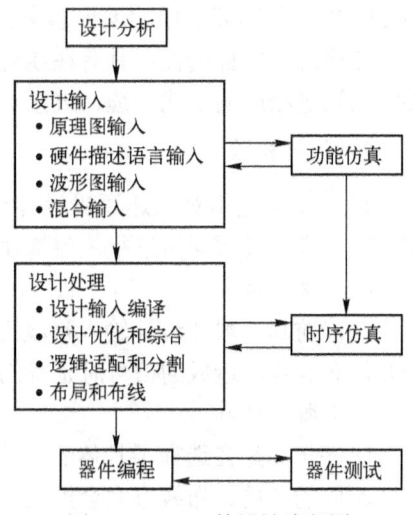

图 4.4.1 PLD 的设计流程图

原理图输入方式和硬件语言文本输入方式各有特点，硬件描述语言的设计简单，但不适合描述模块间的连接关系；原理图可以很直观地描述连接关系，但在设计逻辑功能时非常烦琐。在逻辑设计的过程中，要根据具体的情况选择适当的输入方式，必要时也可两者混合使用，如顶层设计采用原理图输入，底层设计采用硬件描述语言输入。

（3）设计处理

设计处理主要是根据选择的器件型号，将设计输入文件转换为具体电路结构下载编程（或配置）文件。设计处理为设计的核心环节，由计算机软件来完成，设计者仅需设置与"设计实现策略"相关的参数来控制编译的过程。设计处理包括以下任务：

① 设计输入编译：其主要功能是检查设计输入的逻辑完整性和一致性，并建立各种设计输入文件之间的连接关系。

② 逻辑设计优化：主要是化简设计输入逻辑，以减少设计所占用的器件资源。

③ 设计综合：是将模块化设计中产生的多个文件合并为一个网表文件，使层次设计平面化。

④ 逻辑适配和分割：是按系统默认的或用户设定的适配原则，把设计分为多个适合器件内部逻辑资源实现的逻辑形式。

⑤ 布局和布线

布局是将已分割的逻辑模块配置到所选器件内部逻辑资源的具体位置，并使逻辑之间易于连线，且连线最少。

布线是利用器件的连线资源，完成各个功能块之间的信号连接。

设计处理最后生成供 PLD 器件下载编程或配置使用的数据下载文件，如对 CPLD 产生的是熔丝图文件，对 FPGA 产生的是位流数据文件。

（4）器件编程

器件编程是将设计处理生成的编程数据文件下载到具体的 PLD 器件中，使其按照所设计的功能工作。器件编程需要满足一定的条件，如编程电压、编程时序和编程算法等，普通的 CPLD 器件需要专用的编程器来完成器件编程；基于 SRAM 的 FPGA 则可由 PROM 或微处理器来进行器件编程；具有在线可编程性能的 CPLD 和 FPGA 器件，则可以利用计算机的并行口通过相应的下载电缆，直接对焊接在电路板上的器件编程。

2．设计校验

设计校验是指对上述逻辑设计进行仿真和测试，以验证逻辑设计是否满足设计功能要求。它与设计过程同步进行，包括功能仿真、时序仿真和器件测试。

（1）功能仿真

功能仿真一般在设计输入阶段进行，它只验证逻辑设计的正确性，而不考虑器件内部由于布局布线可能造成的信号时延等因素。

（2）时序仿真

时序仿真是在选择了具体的器件并完成了布局、布线后进行的仿真，由于选择不同的器件、不同的布局、布线方案会给设计带来极大的影响，因此，时序仿真对于分析定时关系、估计设计性能是非常必要的。

（3）器件测试

器件编程后，需要在线测试器件的功能和性能指标，看其是否达到最终目标。对于支持联合测试行动小组（Joint Text Action Group，简称 JTAG）技术，具有边界扫描测试（Boundary Scan Testing，简称 BST）或在系统编程功能的器件，可方便地用编译时产生的文件对器件进行校验。

4.5 Quartus II 的基本使用

可编程逻辑器件的基本设计方法是借助于 EDA 设计软件，用原理图、状态机、硬件描述语言等方法生成相应的目标文件，最后用编程器或下载电缆由 CPLD/FPGA 目标器件实现。CPLD/FPGA 的开发工具一般由器件生产厂家提供，生产 CPLD/FPGA 的厂家很多，但最有代表性的厂家有 Altera、Xilinx 和 Lattice 公司。

Quartus II 软件是由 Altera 公司为开发其可编程逻辑器件而推出的 SOPC-EDA 应用开发系统软件，它提供了数字系统 EDA 的综合开发环境，支持设计输入、编译、综合、布局、布线、时序分析、仿真、编程下载等设计过程。它包含多种可编程配置的 LPM(Library of Parameterized Modules)功能模块，如 ROM、RAM、FIFO、移位寄存器、硬件乘法器、嵌入式逻辑分析仪、内部存储器、在系统编辑器等，可以用于构建复杂、高级的逻辑系统。它可将 Altera 公司早期的 EDA 软件 MAX+PLUS II 中的设计工程转换到 Quartus II 环境下执行，使得设计者先前的设计成果得到继承应用。Quartus Ⅱ可以直接调用 Synplify Pro、LeonardoSpectrum 及 ModelSim 等第三方 EDA 工具来完成设计任务的综合与仿真。此外，Quartus Ⅱ还可以与 MATLAB 和 DSP Builder 结合进行基于 FPGA 的 DSP 系统的开发，还可以与 SOPC Builder 结合实现 SOPC 系统的开发。

4.5.1 建立工程

Quartus Ⅱ采用工程管理模式，在工程项目中能够创建多个设计文件、配置文件及层次化管理文件。为了加强设计规范并方便设计者对工程进行配置管理，Quartus Ⅱ为设计者提供了工程设计向导，向导可以提示用户完成工作文件夹设置、工程名设置、目标器件的指定、仿真器和综合器的选择等一系列工作。

每一个设计过程开始时都应建立一个 Quartus Ⅱ工程(Project)，一个设计对应一个工程，一个工程可以包含多个设计文件，建议一个工程放置在一个文件夹中，同一工程的所有文件都必须放在同一个文件夹中，不要在一个文件夹中放入多个工程。注意不要将文件夹设在计算机已有的 Quartus Ⅱ安装目录中，更不要将工程和设计文件直接放在 Quartus Ⅱ的安装目录中。

下面以设计一个模为 100 的计数器为例，介绍如何在 Quartus Ⅱ环境下对一个工程项目进行设计。

1．启动 Quartus Ⅱ

在 WINDOWS 界面中，用鼠标左键双击 Quartus Ⅱ快捷方式图标，进入 Quartus Ⅱ软件界面，如图 4.5.1 所示。

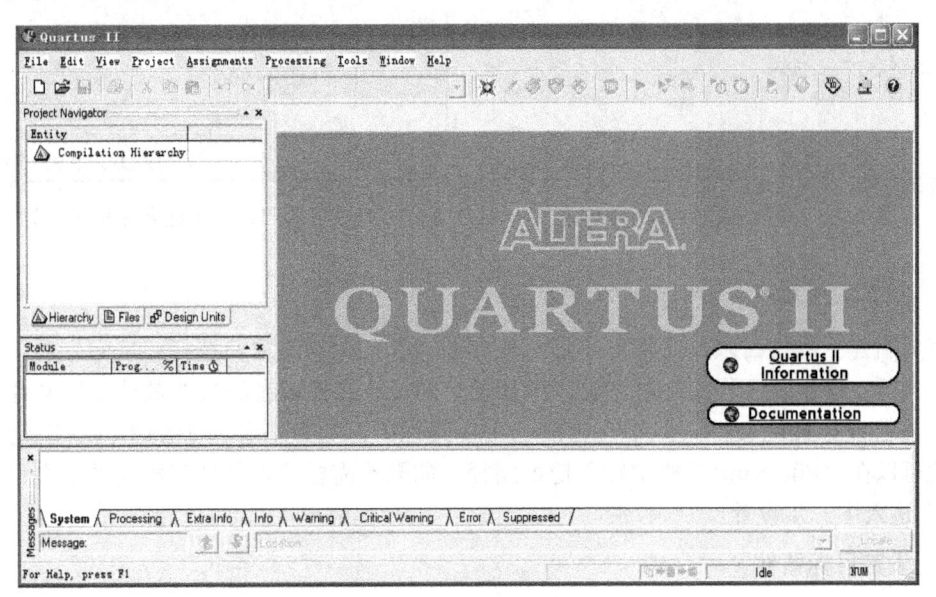

图 4.5.1　Quartus Ⅱ软件界面

Quartus Ⅱ软件界面主要由菜单栏、工具栏、工程窗口、任务进度窗口、状态栏和工作区组成，设计者可以根据需要关闭工程窗口、任务进度窗口等以便扩大工作区。在工具栏上单击鼠标右键，在快捷菜单中选中相应的窗口即可重新打开该窗口。选择快捷菜单中的

"Customize"命令，则可以自定义工具栏中所需的命令按键。

2．建立一个新工程

在主菜单中，选中"File→New Project Wizard"来建立一个新工程，注意不要把"File→New"误认为是新建工程。出现如图 4.5.2 所示新建工程向导说明窗口，在这个窗口中说明了新建一个工程需要完成以下工作：设定工程目录、工程名称和顶层实体；加入工程文件；设定目标器件；设定用于该工程的其他 EDA 工具；工程信息报告。

3．设定工程路径及工程名

在新建工程向导说明窗口中选择"Next"按钮，进入如图 4.5.3 所示设定工程目录、工程名称和顶层实体对话窗。该窗口的第一栏用于设定工程所在的路径(注意不能将硬盘根目录作为工程的目录，因为在硬盘的根目录下不能进行综合编译)；第二栏用于设定工程名称(工程名可以取任意名字，建议使用顶层文件的实体名作为工程名)；第三栏用于设定顶层文件的实体名。

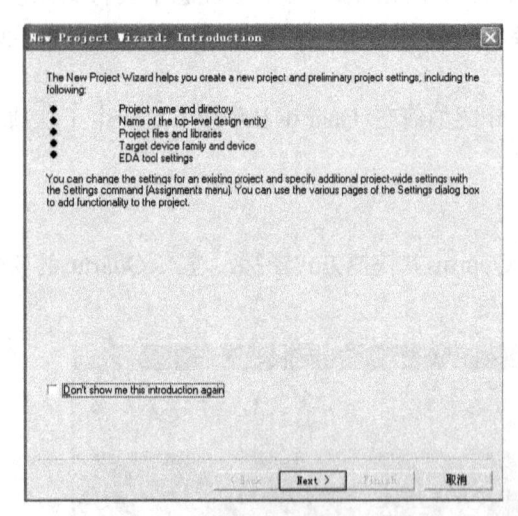

图 4.5.2　新建工程向导说明窗口 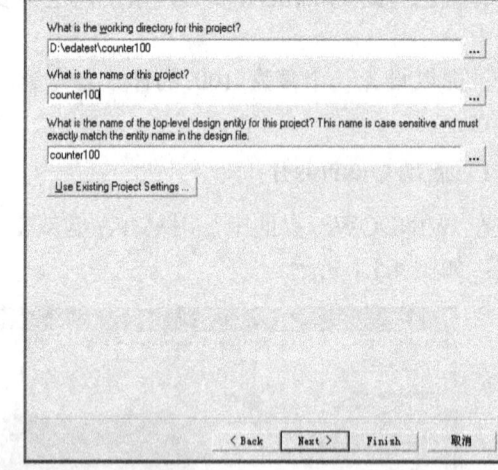　　图 4.5.3　新建工程目录、工程名称和顶层实体对话窗

4．添加工程文件

完成新建工程的目录、名称设定后，在如图 4.5.3 所示的窗口选择"Nxet"后，进入如图 4.5.4 所示的添加工程文件对话窗，添加已有的设计文件或者添加非默认的库文件。如要使用先前已设计好的文件，但不在当前的工程路径中，如果需要添加到当前的新建工程中来，则可以在"File name"栏中输入地址路径。如果不需要调入其他工程文件，则可以选择"Nxet"进入下一步设置。

5．设定目标器件

图 4.5.5 是新建工程的目标器件设置窗口，在这个窗口里可以设定新建工程的目标器件。在这里我们选择的是 Cyclone Ⅲ系列的 EP3C25F324C8。在图 4.5.5 中"Family"栏中通过下拉选择"Cyclone Ⅲ"系列，在"Available device"栏中选择"EP3C25F324C8"器件，完成目标器件的设置。

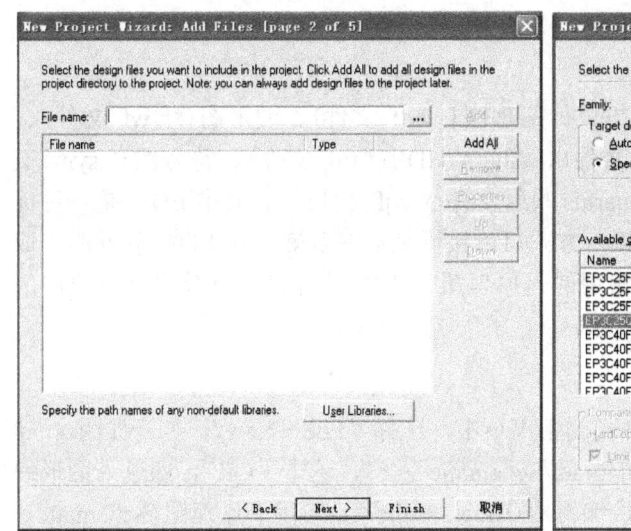

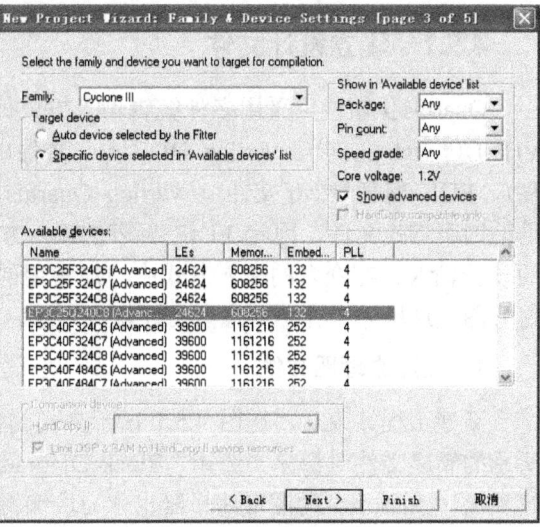

图 4.5.4　添加工程文件对话窗　　　　　　　图 4.5.5　设定目标器件对话窗

6. 设定其他 EDA 工具

如图 4.5.6 所示的其他 EDA 工具设置对话窗是新建工程的第 4 步骤，用于设定其他 EDA 工具，可以设定来自第三方的 EDA 工具。此窗口可以设置综合工具、仿真工具和时序分析工具。如不选择和设定，则默认使用 Quartus II 软件自带的仿真与综合器。

7. 工程信息报告

单击图 4.5.6 中的"Nxet"按钮，进入如图 4.5.7 所示的新建工程信息报告窗口。这是新建工程最后一个步骤，在这个信息报告中可以看到该工程的相关配置信息，用于确认前面步骤的设定，如设定无误，则可以单击"Finish"按钮，完成整个新建工程所有步骤。

需要注意的是，在工程已经建立后，还可以根据实际的设计情况重新设置工程的相关配置，可以在主菜单中选择"Assignments→Settings"进行设置。

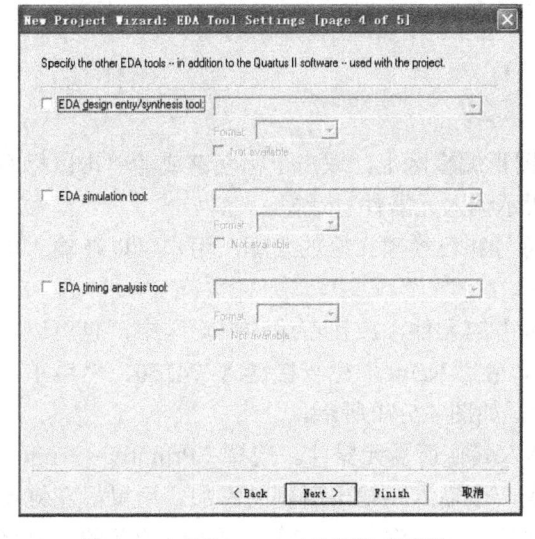

图 4.5.6　其他 EDA 工具设置对话窗　　　　　图 4.5.7　新建工程信息报告

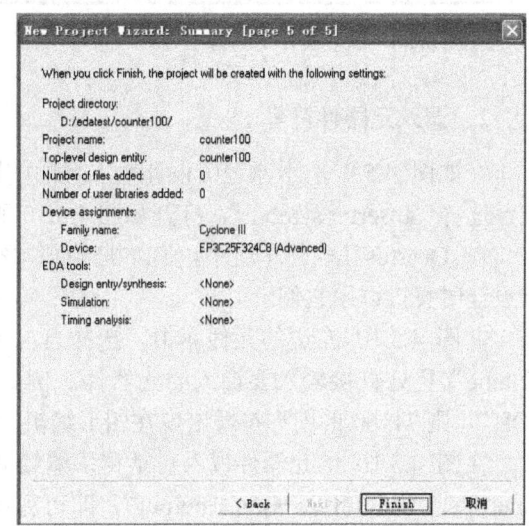

4.5.2 建立设计文件

Quartus II 软件可采用多种编辑输入方式：原理图(*.bdf 文件)、波形图(*.vwf 文件)、VHDL(*.vhd 文件)、Verilog HDL(*.v 文件)、Altera HDL(*.tdf 文件)、符号图(*.sym 文件)、EDIF 网表(*.edf 文件)、Verilog Quartus 映射文件(*.vqf 文件)等。其中 EDIF 是一种标准的网表格式文件，因此 EDIF 网表的输入方式可以接受来自许多第三方 EDA 软件所生成的设计输入。在众多的输入方式中，最常用的是原理图、HDL 文本和层次化设计时要用的符号图。这里先来介绍原理图设计输入方法。

1. 新建原理图文件

新建工程结束后，在图 4.5.1 所示界面的主菜单中，选择"File→New"，打开如图 4.5.8 所示的新建文件对话窗。选择"Block Diagram/Schematic File"，单击"OK"，即进入图形编辑界面。Quartus II 的图形编辑器也称为块编辑器(Block Editor)，可用于原理图(Schematics)和结构图(Block Diagrams)的形式输入和编辑图形设计信息。

在主菜单中选择"File→Save As"，将此原理图设计文件保存为"counter100.bdf"，如图 4.5.9 所示。

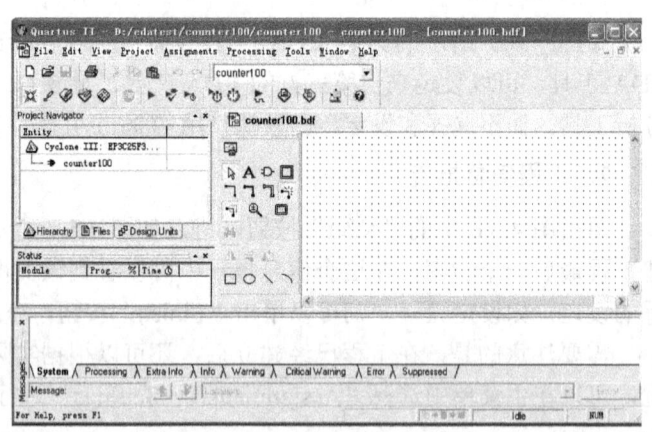

图 4.5.8　新建文件对话窗　　　　　　　　图 4.5.9　原理图设计输入界面

2. 调入元器件符号

在如图 4.5.9 所示原理图设计输入界面的图形编辑区上，双击鼠标左键或者单击鼠标右键，选择"Insert→symbol"，打开如图 4.5.10 所示调入元器件对话窗。

在 Quartus II 软件平台中，有丰富的基本符号和已经建立好的宏库，用户可以在输入电路设计时直接调用它们。

在图 4.5.10 左边的元件库中，选择自己所需的元件，放在右边的编辑区中，也可以在"Name"栏处直接输入要调入的元器件。例如，在"Name"栏直接键入 74160，然后单击"OK"，则 74160 的图形符号出现在图形编辑区，如图 4.5.11 所示。

在图 4.5.10 的元器件调入对话窗，继续调入其他所需元器件。选择"Primitives→pin→input"或"Primitives→pin→output"，即可完成一个输入、输出引脚的添加。用鼠标左键单击选中输入、输出引脚的"pin_name"，双击它使之变成深色后，输入要更改的新的引脚名称即可。如果在设计电路时需要高电平可调入"VCC",需要低电平可调入"GND"。

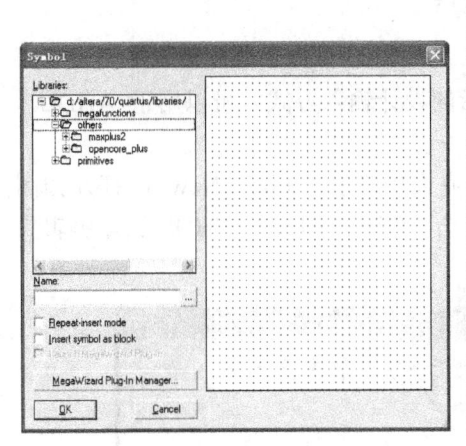

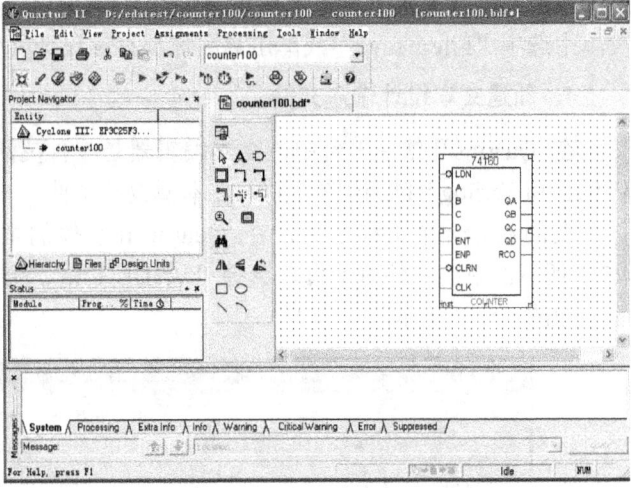

图 4.5.10　调入元器件对话窗

图 4.5.11　调入元器件界面

3．建立元器件间的连线

按照电路原理在元件器间连线。如果需要连接元器件的两个端口,则将光标移到其中一个端口上,这时光标指示符会自动变为"+"形,然后按住鼠标左键并拖动光标至第二个端口(或其他地方),松开鼠标左键后则可画出一条连线。若想删除一条连线,只需用鼠标左键点中该线,被点中的线会变为高亮色(为红色),此时按键盘上的"Delete"键即可删除。

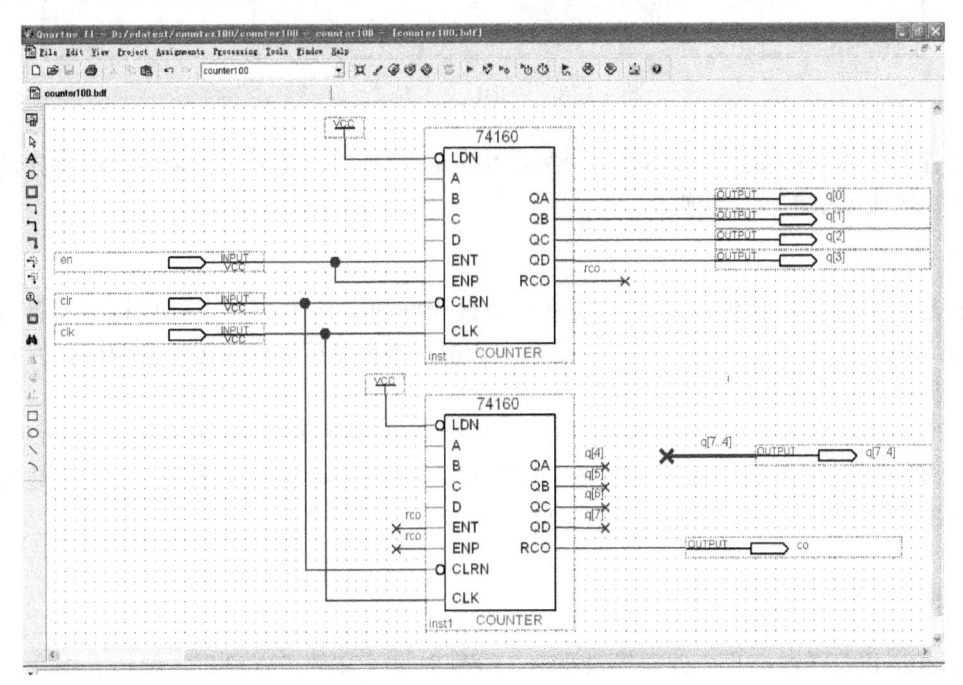

图 4.5.12　模为 100 的同步计数器原理图

元器件连接完成后如图 4.5.12 所示,其中"rco"的连接采用的是网络标号形式,在一

117

个原理图界面上，可以采用这样的方法连接电气相通的节点。输出引脚"output:q[7..4]"采用的是总线连接方式，设计人员可以灵活采用以上的元器件连接方式。电路设计完成后在主菜单中选中"File→save"或单击■图标保存该设计文件。

4．新建文本设计输入文件

在 QuartusⅡ软件平台中，文本编辑器是一种灵活的设计输入方式，可以用于 AHDL、VHDL 和 Verilog HDL 语言等输入文本型设计文件。

在创建好一个工程之后，在 QuartusⅡ软件的主界面中选择"File→New"，打开如图 4.5.8 所示的新建文件对话框。选择"VHDL File"，单击"OK"，即进入 VHDL 文本编辑界面，如图 4.5.13 所示。

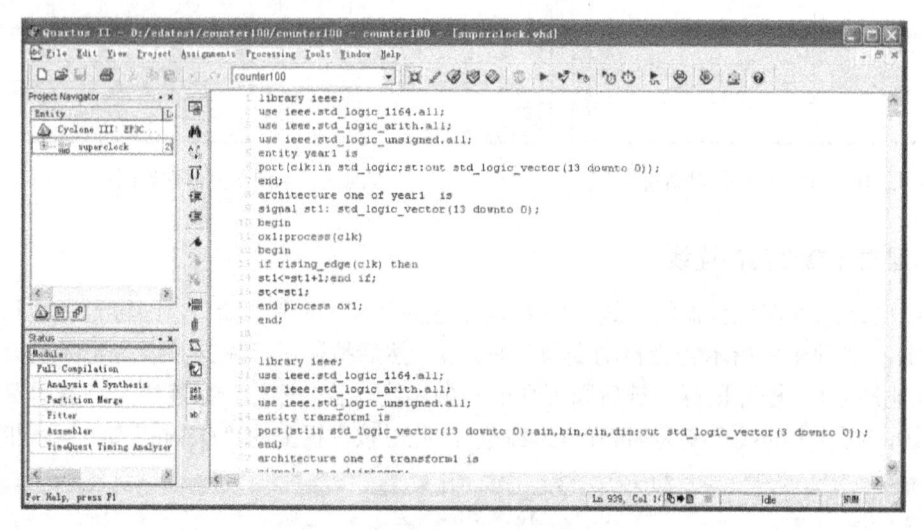

图 4.5.13　VHDL 文本编辑界面

在图 4.5.13 右边的文本编辑框中输入 VHDL 源程序，然后单击■图标保存该设计文件，即可完成 VHDL 文本编辑。

5．创建模块

在层次化工程设计中，经常需要将已经设计好的文件生成一个模块符号文件(Block Symbol Files.bsf)作为功能模块在顶层电路中调用，该符号可以像图形文件中的任何宏功能符号一样被高层设计重复调用。

在一个已经编译通过的设计文件界面上，在主菜单上选择"File→Create/Update→Create Symbol Files for Current File"，然后在出现的对话框中单击"确定"按钮，便可创建当前设计文件的功能符号文件，在高一层的设计中可以调用该符号文件。

4.5.3　编译设计文件

QuartusⅡ编译器由几个处理模块组成，分别对设计文件进行分析、检错、综合、适配等，并产生多种输出文件，如定时文件、器件编程文件、各种报告文件等。编译有两种类型，分别是只综合并输出网表的编译和包括了编译、网表输出、综合和配置器件的完全编译（即全编译）。如果只想对某一项或某几项进行编译，可以选择"Processing→Compiler

Tool",在出现的编译工具里,单击每个工具前的小图标可以单独启动每个环节的编译器。一般情况下我们直接采用完全编译。

在编译文件之前,需要将当前文件设置为顶层实体。可以在主菜单中选择"Project→Set at Top-level Entity",将需要编译的文件设置为顶层实体。然后开始全编译当前设计文件,通过单击工具栏上的 ▶ 按钮或选择"Processing→start compilation"实现。以上述的"counter100"工程为例,编译后如图 4.5.14 所示。

在编译的过程中,状态窗口显示整个编译进程及每个编译阶段所用的时间,整个编译时间取决于计算机的性能以及编译选项的设置。在编译过程中,可能产生警告信息,一般不会影响设计结果。

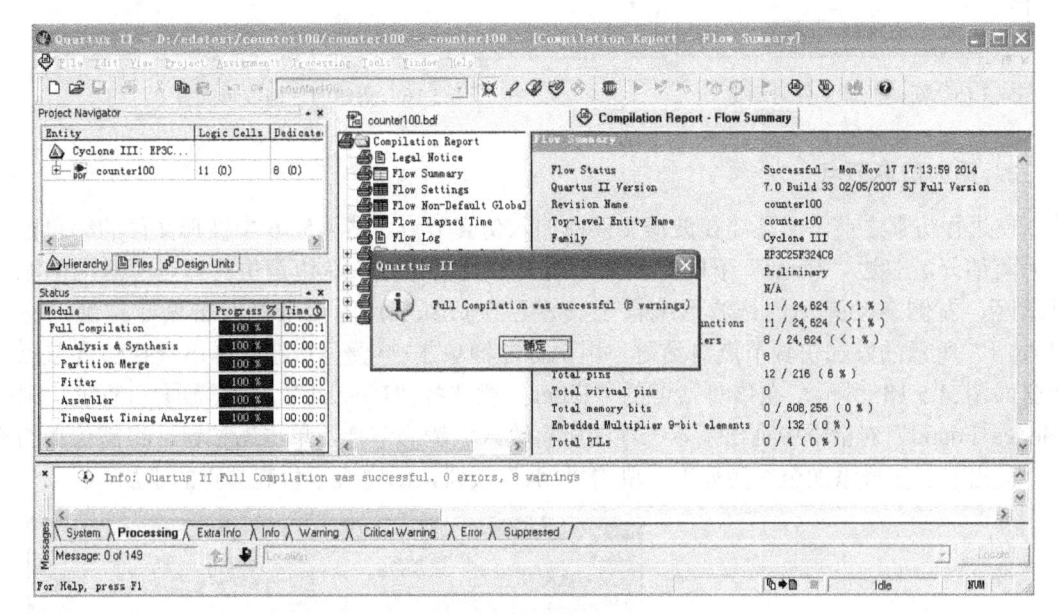

图 4.5.14 编译成功后的界面

4.5.4 仿真

在完成了工程的设计输入、编译检错、综合以及适配之后,还需要使用 Quartus II 的 Simulator 进行仿真设计。Quartus II 可以仿真整个设计,或仿真设计的一部分。设计者可以指定工程中的任何设计实体为顶层设计实体,仿真顶层实体及其所有的附属设计实体。

Quartus II 支持功能仿真和时序仿真,功能仿真只检验设计项目的逻辑功能,时序仿真则将器件的延时信息也考虑在内,更符合系统的实际工作情况。

1. 创建波形仿真文件

要进行仿真,则首先要创建波形文件。而波形输入有三种方式。第一种是向量波形文件(.vwf),它是 Quartus II 中最主要的波形文件;第二种是向量文件(.vec),是 MAX+PLUS II 中的波形文件,主要是为了向下兼容;第三种是列表文件(.tbl),用来将 MAX+PLUS II 中的.scf 文件输入到 Quartus II 中。这里以向量波形文件为例讨论仿真的过程。

选择"File→New",打开"other files"标签项,选中"Vector Waveform File",如图 4.5.15 所示,单击"OK"后,出现如图 4.5.16 所示的新建波形文件界面。对于一个新建工程的波形文件，默认文件名为"Waveform1.vwf"，设计者可以根据实际情况更改文件名。

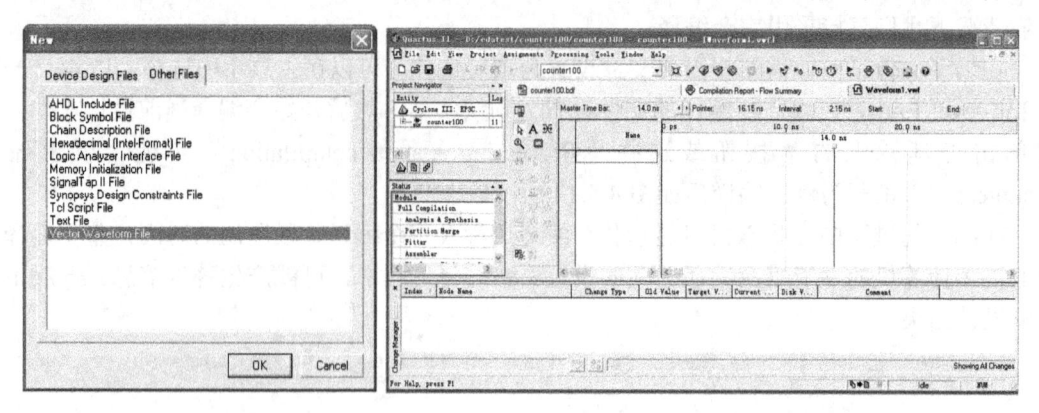

图 4.5.15　新建波形文件对话窗　　　　　图 4.5.16　新建的空白波形文件

2. 添加仿真节点

在进行仿真之前，必须要在波形文件中加入仿真节点。图 4.5.16 中波形文件的编辑窗口分为两部分，左边"Name"下的空白框是仿真节点信号栏，右边是仿真节点所对应的波形显示区，左侧自动弹出的是波形编辑工具栏。在仿真节点的信号栏双击鼠标左键，出现图 4.5.17 所示的添加仿真节点对话窗，用鼠标左键单击 Node Finder... 按钮，弹出查找仿真节点对话窗如图 4.5.18 所示，在该对话窗的"Filter"栏选择"Pins:all"，单击 List 按钮，则在"Nodes Found"对话框中列出了本工程的所有输入、输出节点，单击 按钮，将需仿真的输入、输出节点信号添加至右侧列表，单击"OK"按钮，即完成了仿真节点的添加。

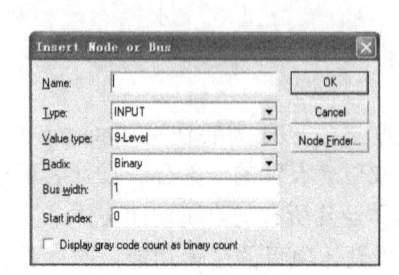

图 4.5.17　输入仿真节点对话窗 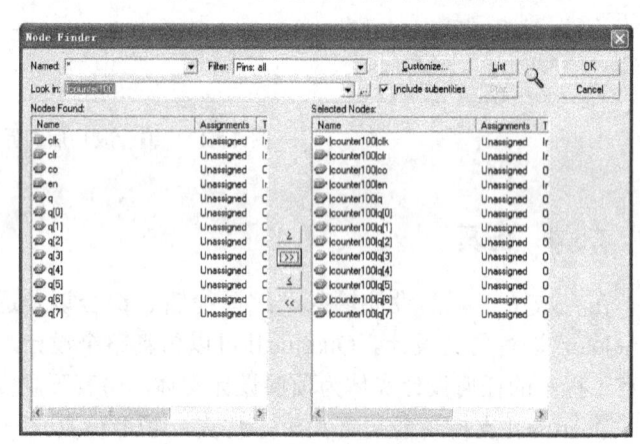　　　　　图 4.5.18　查找仿真节点对话窗

3. 添加输入信号

将仿真节点添加至波形文件之后，还需要对作为输入的仿真节点添加上输入信号。设计者可以使用波形编辑器窗口中的各种波形赋值快捷键，给各个仿真输入节点添加激励波形。另外，还需要设置仿真时间，以将仿真时间设置在一个合适的区域上。选择主菜单"Edit→End Time"命令，在弹出的窗口中的"Time"栏选择合适的仿真时间。还可以通过主菜单"Edit→ Grid Size"命令，改变波形显示区域的网格尺寸。

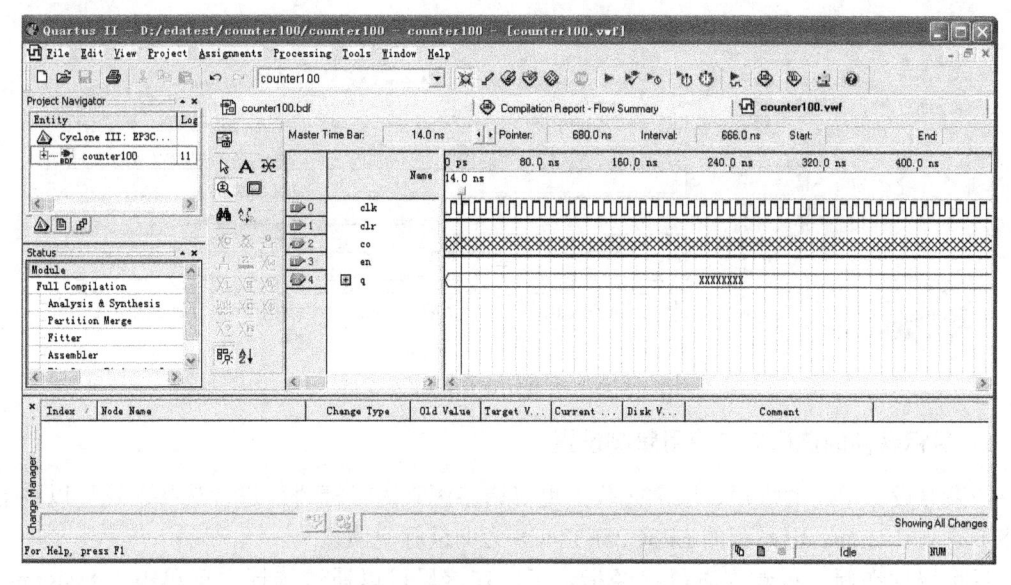

图 4.5.19 添加时钟信号后的波形文件

在如图 4.5.19 所示的波形文件中，节点"clk"为时钟信号，选中"clk"使其背景变为深色后，单击编辑窗口中波形赋值快捷键工具栏中的按钮，在弹出的对话框中设置时钟周期、相位、占空比后，单击"OK"按钮，即完成对输入的时钟信号"clk"的设置。节点"clr"作为控制信号，这里赋值为"1"。将所有的输入仿真节点赋值后。单击工具栏上的图标，保存这个波形文件。

4. 启动仿真工具

选择主菜单中"Tools→simulator Tool"，打开如图 4.5.20 所示的仿真工具对话窗。在"Simulation input"栏中指定上面保存的波形文件的路径。如果要完成功能仿真，则在"Simulation mode"栏中选择"Functional"选项，在仿真开始前应先单击"Generate Functional Simulation Netlist"命令，产生功能仿真网表文件。如果要完成时序仿真，则在"Simulation mode"栏中选择"Timing"选项。完成以上设置后，单击 Start 按钮，开始仿真。仿真后如无问题单击"确定"按钮即可。仿真完成后单击 Open 按钮，即可

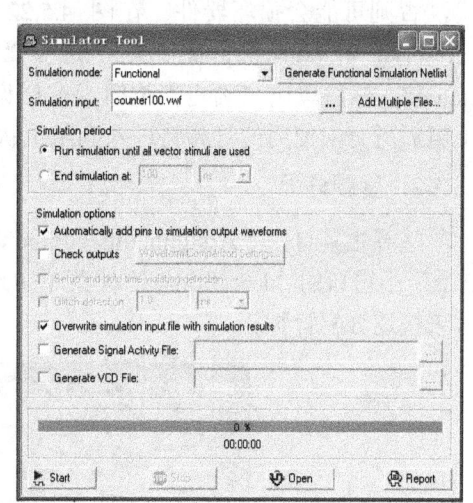

图 4.5.20 仿真工具对话窗

看到如图 4.5.21 所示的仿真结束后的波形。设计者可以通过波形仿真文件检查电路设计是否符合设计要求。

4.5.5 编程与下载

以上进行的电路设计与仿真，目的就是将正确的电路设计下载到可编程逻辑器件中去，让实际器件具有软件设计的电路功能。使用 Quartus II 软件成功编译设计工程后，就可以对 Altera 器件进行编程或配置了。

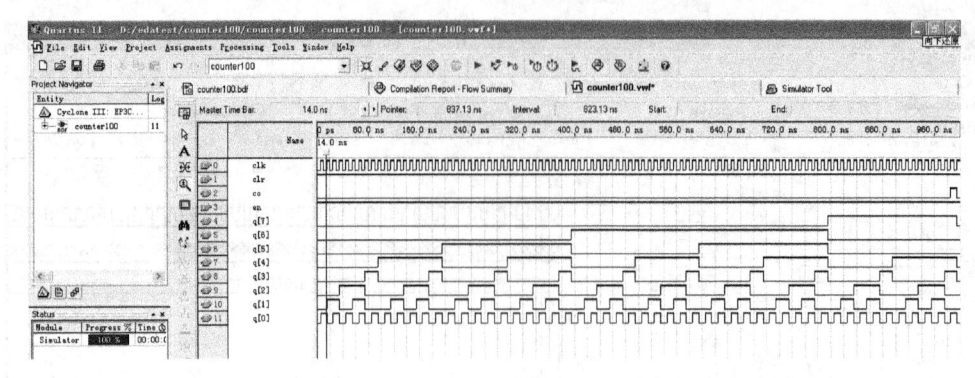

图 4.5.21　仿真结束后的波形文件

1．目标器件的选择与未使用管脚设置

应参照设计电路的规模、所需工作速度等诸多因素对目标器件进行选择。这里以将上述电路下载到 Cyclone III 系列的 EP3C25F324C8 为例进行说明。

目标器件在新工程建立时就已经指定了，在这里可以通过选择主菜单中"Assignments→Device"，打开器件选择对话窗，更改或确认目标器件。在弹出的"Settings - ……"界面中，单击"Device&Pin Options"按钮，在图 4.5.22 所示的界面中选择"Unused Pins"对器件的未使用管脚进行处理，这里一定要将未使用的管脚设置为三态输入的方式，否则可能会损坏器件。在图 4.5.22 所示界面的"Reserve all unused pins："栏中选择"As input tri-stated"，然后单击"确定"按钮，这样设置后，器件上电后所有未使用的管脚将进入高阻抗状态。

2．管脚分配

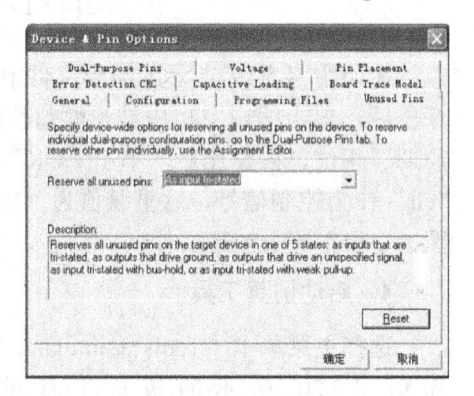

图 4.5.22　未使用管脚设置窗口

选择主菜单中"Assignments→Pins"，打开如图 4.5.23 所示的管脚分配对话窗。在"All Pins"小窗口的"Location"下拉菜单中选择相应的管脚，也可以在"Location"下输入管脚号来快速分配管脚。

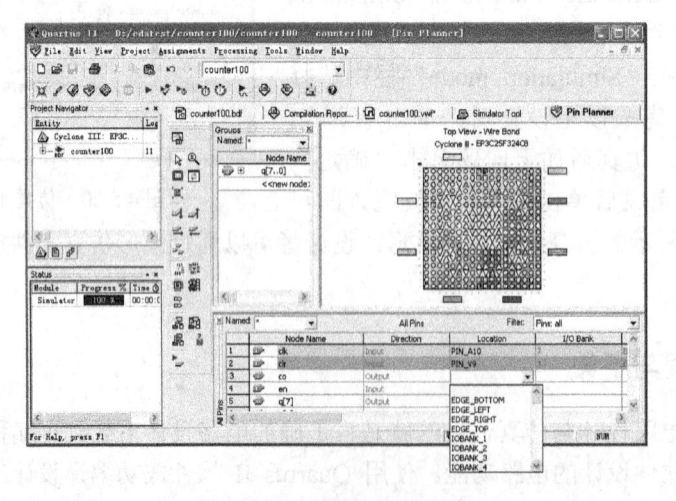

图 4.5.23　管脚分配对话窗

管脚分配完成之后，必须对工程再次进行编译，这样管脚的分配信息才会存储下来。

3. 编程与下载

经过管脚分配和工程的再次编译后，会生成两个重要的对象文件：sof(SRAM object file) SRAM 对象文件和 pof(program object file) 编程对象文件。

在文件下载至 FPGA 前，还需要将计算机和实验箱 JTAG 口通过下载电缆连接，并接通实验箱电源。常用的下载电缆是 ByteBlasterⅡ和 USB Blaster。

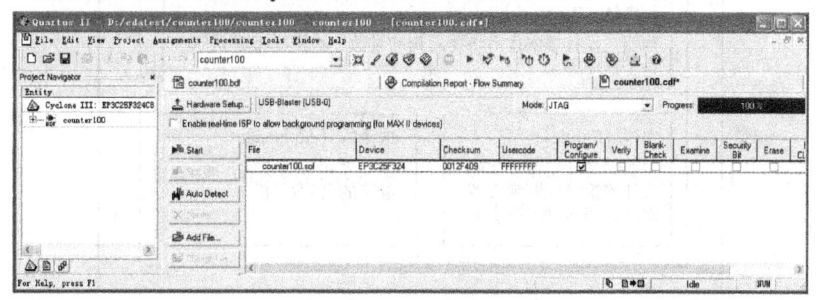

图 4.5.24 编程下载界面

选择主菜单的"Tools→Programmer"命令，或者单击工具栏上的 图标，启动编程下载界面。在如图 4.5.24 所示的编程下载界面中，如果 Hardware Setup... 后面显示的是"No hardware"，则需要单击 Hardware Setup... 按钮添加硬件，在出现的添加硬件对话窗中，单击 Add Hardware... 按钮完成 ByteBlasterⅡ或 USB Blaster 的添加。在图 4.5.24 所示的编程下载界面中，如果 Hardware Setup... 后面已显示有所选硬件，则在"Program/configure"列下的复选框中打勾后，单击 Start 按钮即可开始往目标板上下载所需程序。当"Progress"指示进度条达到 100%时，表示下载完毕。设计者可以根据器件与外围电路的连接情况，进行测试操作。

4.6 VHDL 语言简介

VHDL(VHSIC Hardware Description Language)是在 20 世纪七八十年代由美国国防部资助的 VHSIC 项目开发的产品。在这个语言首次开发出来时，其目标仅是一个使电路文本化的一种标准，使人们采用文本方式描述的设计能够被其他人所理解。VHDL 于 1987 年由 IEEE 1076 标准所确认，1993 年 IEEE 1076 标准被升级、更新，新的 VHDL 标准为 IEEE 1164，1996 年 IEEE 1076.3 成为 VHDL 综合标准。现在，VHDL 已成为一个数字电路和系统的描述、建模、综合的工业标准，在电子产业界，无论是 ASIC 设计人员，还是系统级设计人员，都需要学习 VHDL 来提高他们的工作效率。利用 VHDL 及自顶向下设计方法在大型数字系统设计中被广泛采用，在设计中可采用较抽象的语言来描述系统结构，然后细化成各模块，最后借助编译器将 VHDL 描述综合为门级。

4.6.1 VHDL 的基本结构

1. VHDL 的组成

一个 VHDL 设计由若干个 VHDL 文件构成，每个文件主要包含如下三个部分中的一个或全部：

(1) 程序包(Package);
(2) 实体(Entity);
(3) 结构体(Architecture)。

其各自作用如图 4.6.1 所示。

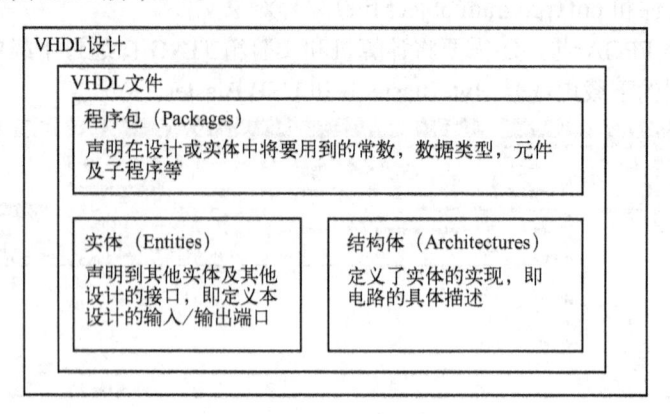

图 4.6.1 VHDL 组成示意图

一个完整的 VHDL 设计必须包含一个实体和一个与之对应的结构体，一个实体可对应多个结构体，以说明采用不同方法来描述电路。

下面以一个具有异步清零、进位输入/输出的四位计数器为例，介绍 VHDL 的基本组成。

```
LIBRARY IEEE;                                              --库，程序包调用
USE IEEE.STD_LOGIC_1164.ALL;
USE IEEE.STD_LOGIC_UNSIGNED.ALL;

ENTITY cntm16 IS                                           --实体
   PORT ( ci     :IN STD_LOGIC;
          nreset :IN   STD_LOGIC;
          clk    :IN   STD_LOGIC;
          co     :OUT   STD_ LOGIC;
          qcnt   :BUFFER   STD_LOGIC_VECTOR(3 DOWNTO 0)    --此处无';'号
        );
END cntm16;

ARCHITECTURE behave OF cntm16 IS                           --结构体
BEGIN
co<='1' WHEN (qcnt="1111" AND ci='1') ELSE '0';
PROCESS(clk,nreset)                                        --进程（敏感表）
     BEGIN
         IF(nreset='0') THEN
           qcnt<="0000";
         ELSIF (clk'EVENT AND clk='1') THEN
           IF(ci='1') THEN
             qcnt<=qcnt+1;
           END IF;
       END IF;
```

```
    END PROCESS;
  END behave;
```

2. 程序包(Package)

程序包用来单纯罗列 VHDL 语言中所要用到的信号定义、常数定义、数据类型、元件语句、函数定义和过程定义等，它是一个可编译的设计单元，也是库结构中的一个层次。使用程序包时，可以用 USE 语句说明。例如：

　　USE　IEEE.STD_LOGIC_1164.ALL；

该语句表示在 VHDL 程序中要使用名为 STD_LOGIC_1164 的程序包中所有定义或说明项。

一个程序包由两大部分组成：包头(Header)和包体(Package Body)，其中包体是一个可选项，也就是说，程序包可以只由包头构成。一般包头列出所有项的名称，而在包体具体给出各项的细节。

程序包的结构为：

```
PACKAGE 程序包名 IS
  [说明语句];                  } 包头
END 程序包名；

PACKAGE BODY 程序包名 IS
  [说明语句];                  } 包体
END BODY;
```

下面是一个程序包的例子：

```
--包头说明
PACKAGE Logic IS
TYPE Three_level_logic IS ('0', 'L', 'Z');
CONSTANT Unknown_Value:Three_level_logic:= '0';
FUNCTION Invert (input:Three_level_logic) RETURN Three_level_logic;
END Logic;
--包体说明
PACKAGE BODY Logic IS
--如下是函数的子程序体
FUNCTION Invert (input:Three_level_logic) RETURN Three_level_logic;
BEGIN
    CASE input IS
        WHEN '0'=>RETURN '1';
        WHEN '1'=>RETURN '0';
        WHEN 'Z'=>RETURN 'Z';
    END CASE;
END Invert;
END Logic;
```

3. 库(Library)

库是专门存放预先编译好的程序包(package)的地方。在 VHDL 语言中，库的说明总是放在设计单元的最前面：

LIBRARY 库名；

这样，在设计单元内的语句时就可以使用库中的数据了。由此可见，库的好处就在于使设计者可以共享已经编译过的设计结果。在 VHDL 语言中可以存在多个不同的库，但是库和库之间是独立的，不能互相嵌套。实际中一个库就对应一个目录，预编译程序包的文件就放在此目录中。用户自建的库即为设计文件所在目录，库名与目录名的对应关系可在编译软件中指定。

例如在上述计数器设计中开始部分有：

LIBRARY IEEE;
USE IEEE.STD_LOGIC_1164.ALL;
USE IEEE.STD_LOGIC_UNSIGNED.ALL;

其中 IEEE 是 IEEE 标准库的标志名，下面两个 USE 语句使得以下设计可使用程序包 STD_LOGIC_1164 和 STD_LOGIC_UNSIGNED 中预定义的内容。

库说明语句的作用范围从一个实体说明开始到它所属的构造体、配置为止。当一个源程序中出现两个以上的实体时，两条作为使用库的说明语句应在每个实体说明语句前重复书写。例如：

```
LIBRARY IEEE;              ⎫
USE IEEE.STD_LOGIC_1164.ALL;⎬ 库使用说明
ENTITY and1 IS             ⎭
    ……
END and1;
ARCHTECTURE rt1 OF and1 IS
    ……
END rt1;
CONFIGURATION s1 OF and1 IS
    ……
END s1;

LIBRARY IEEE;              ⎫
USE IEEE.STD_LOGIC_1164.ALL;⎬ 库使用说明
ENTITY and2 IS             ⎭
    ……
END and2;
ARCHTECTURE rt2 OF and2 IS
    ……
END rt2;
CONFIGURATION s2 OF and2 IS
    ……
END s2;
```

以下是 IEEE 两个标准库"STD"与"IEEE"中所包含的程序包的简单解释。

库 名	程 序 包 名	包中预定义内容
STD	STANDARD	VHDL 类型，如 BIT, BIT_VECTOR
IEEE	STD_LOGIC_1164	定义 STD_LOGIC, STD_LOGIC_VECTOR 等

续表

库　　名	程序包名	包中预定义内容
IEEE	NUMERIC_STD	定义了一组基于 STD_LOGIC_1164 中定义的类型上的算术运算符，如"+"、"-"、SHL、SHR 等
IEEE	STD_LOGIC_ARITH	定义有符号与无符号类型，及基于这些类型上的算术运算
IEEE	STD_LOGIC_SIGNED	定义了基于 STD_LOGIC 与 STD_LOGIC_VECTOR 类型上的有符号的算术运算
IEEE	STD_LOGIC_UNSIGNED	定义了基于 STD_LOGIC 与 STD_LOGIC_VECTOR 类型上的无符号的算术运算

4．实体（Entity）

实体是 VHDL 设计中最基本的模块，VHDL 表达的所有设计均与实体有关。设计的最顶层是顶层实体。如果设计分层次，那么在顶层实体中将包含较低级别的实体。

实体中定义了该设计所需的输入/输出信号，信号的输入/输出类型被称为端口模式，同时实体中还定义它们的数据类型。

任何一个基本设计单元的实体说明都具有如下的结构：

```
ENTITY <entity_name 实体名>IS
PORT
(
    信号名 {，信号名}：端口模式端口类型；
    ……
    信号名 {，信号名}：端口模式端口类型
    );
END<entity_name>;
```

每个端口所定义的信号名在实体中必须是唯一的，说明信号名的属性包括端口模式和端口类型，端口模式决定信号的流向，端口类型决定端口所采用的数据类型。

● 端口模式（MODE）有以下几种类型：

IN　　　　信号进入实体但并不输出；
OUT　　　信号离开实体但并不输入，并且不会在内部反馈使用；
INOUT　　信号是双向的（既可以进入实体，也可以离开实体）；
BUFFER　 信号输出到实体外部，但同时也在实体内部反馈。

● 端口类型（TYPE）有以下几种类型：

INTEGER　　　　　　可用作循环的指针或常数，通常不用于 I/O 信号；
BIT　　　　　　　　可取值 '0' 或 '1'；
STD_LOGIC　　　　 工业标准的逻辑类型，取值 '0'，'1'，'X' 和 'Z'；
STD_LOGIC_VECTOR　STD_LOGIC 的组合，工业标准的逻辑类型。

由此看出，实体（ENTITY）类似于原理图中的符号，它并不描述模块的具体功能。实体的通信点是端口（PORT），它与模块的输入/输出或器件的引脚相关联。以上述的四位计数器为例，则该计数器的实体部分如下：

```
ENTITY cntm16 IS
    PORT ( ci   :IN STD_LOGIC;
        nreset :IN   STD_LOGIC;
          clk  :IN   STD_LOGIC;
```

```
        co      :OUT    STD_LOGIC;
        qcnt    :BUFFER STD_LOGIC_VECTOR(3 DOWNTO 0)
                );
    END cntm16;
```

在该例中所有的信号类型均为 STD_LOGIC，其中 qcnt 是一个 4 位的信号端口，由 qcnt3，qcnt2，qcnt1，qcnt0 构成。

5. 结构体（Architecture）

结构体是 VHDL 设计中最主要部分，它具体地指明了该基本设计单元的行为、元件及内部的连接关系，也就是说它定义了设计单元具体的功能。结构体对其基本设计单元的输入输出关系可以用 3 种方式进行描述，即行为描述（基本设计单元的数学模型描述）、寄存器传输描述（数据流描述）和结构描述（逻辑元件连接描述）。不同的描述方式，只体现在描述语句上，而结构体的结构是完全一样的。

一个完整的、能被综合实现的 VHDL 设计必须有一个实体和对应的结构体，一个实体可以对应一个或多个结构体，由于结构体是对实体功能的具体描述，因此它一定要跟在实体的后面，通常先编译实体后才能对结构体进行编译。

一个结构体的具体结构描述如下：

```
    ARCHITECTURE<architecture_name 结构体名>OF<entity_name 实体名>IS
    --结构体声明区域
    --声明结构体所用的内部信号及数据类型
    --如果使用元件例化，则在此声明所用的元件
    BEGIN      --以下开始结构体用于描述设计的功能
    --concurrent signal assignments  并行语句信号赋值
    --processes 进程（顺序语句描述设计）
    --component instantiations 元件例化
    END<architecture_name 结构体名>
```

结构体名是对本结构体的命名，它是该结构体的唯一名称，OF 后面紧跟的实体名表明了该结构体所对应的是哪一个实体，用 IS 来结束结构体的命名，结构体的名称可以由设计人员自由命名。

如上述四位计数器的结构体（Architecture）：

```
    ARCHITECTURE behave OF cntm16 IS                    --结构体
    BEGIN
    co<='1' WHEN (qcnt="1111" AND ci='1') ELSE '0';

    PROCESS(clk,nreset)                                 --进程（敏感表）

            BEGIN
                IF(nreset='0') THEN
                    qcnt<="0000";
                ELSIF (clk'EVENT AND clk='1') THEN
                    IF(ci='1') THEN
                        qcnt<=qcnt+1;
                    END IF;
```

```
            END IF;
         END PROCESS;
      END behave;
```

4.6.2 VHDL 的基本语法

1. VHDL 语言的客体及其分类

在 VHDL 语言中凡是可以赋予一个值的对象就称为客体(Object)。客体主要包括信号、常数、变量 3 种。在电子线路中，这 3 类客体通常都具有一定的物理含义。

（1）常数(Constant)

常数是一个固定的值。所谓常数说明就是对某一常数名赋予一个固定的值。通常赋值在程序开始前进行，该值的数据类型则在说明语句中指明。常数说明的一般格式如下：

        CONSTANT   常数名：数据类型:=表达式；

常量在定义时赋初值，赋值符号为":="。

（2）变量(Variable)

变量只能在进程语句、函数语句和过程语句中使用，它是一个局部量。在仿真过程中它不像信号那样，到了规定的仿真时间才进行赋值，变量的赋值是立即生效的。变量说明语句的格式如下：

        VARIABLE   变量名：数据类型约束条件:=表达式；

变量的赋值符号":="。

（3）信号(Signal)

信号是电子线路内部硬件连接的抽象。它除了没有数据流动方向说明外，其他性质几乎和"端口"一致。信号通常在构造体、程序包和实体中说明。信号说明语句的格式如下：

        SIGNAL   信号名：数据类型约束条件<=表达式；

信号的赋值符号为"<="。

2. VHDL 的运算符

在 VHDL 语言中共有 4 类运算符，可以分别进行逻辑运算(Logical)、关系运算(Relational)、算术运算(Arithmetic)和并置运算(Concatenation)。被运算符所运算的数据应该与运算符所要求的类型相一致。另外，运算符是有优先级的，例如逻辑运算符 NOT，在所有的运算符中优先级最高。

（1）逻辑运算符

在 VHDL 语言中逻辑运算符共有 7 种，它们分别是：

        NOT ——取反；
        AND ——与；
        OR ——或；
        NAND——与非；
        NOR ——或非；
        XOR ——异或；

XNOR——同或；

这 7 种逻辑运算符可以对"STD_LOGIC"和"BIT"等的逻辑型数据、"STD_LOGIC_VECTOR"逻辑型数组及布尔型数据进行逻辑运算。必须注意，运算符的左边和右边，以及代入信号的数据类型必须是相同的。

（2）算术运算符

在 VHDL 语言中算术运算符共有 10 种，它们分别是：

+ ——加；
− ——减；
* ——乘；
/ ——除；
MOD ——求模；
REM ——取余；
** ——指数；
ABS ——取绝对值；
+ ——正；（一元运算）；
− ——负；（一元运算）；

在算术运算中，对于一元运算的操作数（正、负）可以是任何数值类型（整数、实数、物理量）。加法和减法的操作数也和上面一样，具有相同的数据类型，而且参加加、减运算的操作数的类型也必须要求相同。乘、除法的操作数可以同为整数和实数。物理量可以被整数或实数相乘或相除，其结果仍为一个物理量。物理量除以同一类型的物理量即可得到一个整数量。求模和取余的操作数必须是同一整数类型数据。一个指数运算符的左操作数可以是任意整数或实数，而右操作数应为一整数。

（3）关系运算符

在 VHDL 语言中关系运算符共有 6 种，它们分别是：

= ——等于；
/= ——不等于；
< ——小于；
> ——大于；
<= ——小于等于；
>= ——大于等于；

在进行关系运算时，左右两边的操作数的数据类型必须相同，其中等号"="和不等号"/="可以适用于所有类型的数据，其他关系运算符可适用于整数（INTEGER）和实数（REAL）、位（STD_LOGIC）等枚举类型以及位矢量（STD_LOGIC_VECTOR）等数组类型的关系运算。

在关系运算符中小于等于符"<="和代入符"<="是相同的，在读 VHDL 语言的语句时，应按照上下文关系来判断此符号到底是关系符还是代入符。

（4）连接运算符

连接运算符&用于将两个对象或矢量连接成维数更大的矢量。例如，将 4 个位用连接符连接起来就可以构成一个具有 4 位长度的位矢量；两个 4 位的位矢量用"&"连接起来就可以构成 8 位长度的位矢量。

4.6.3 VHDL 常用语句

1. 进程 Process

进程用于描述顺序事件并且包含在结构中，一个结构体可以包含多个进程语句。以下为进程语句的构成：

```
进程（Process）
  声明区（Declarations）
  内部变量声明：声明用于该进程的常数，元件，子程序。

  顺序语句
    信号赋值（<=）           loop 语句（循环）
    过程调用                next 语句（跳过剩余循环）
    变量赋值（:=）          exit 语句（退出循环）
    if 语句                 wait 语句（等待时钟信号）
    case 语句               null 语句（空语句，值保持不变）
```

以下为进程语句的语法描述：

```
<optional_label :>PROCESS<sensitivity list 敏感信号表>
    --    此处声明局部变量，数据类型及其他局部声明(用于进程中)
    BEGIN                                          --进程开始
    --进程中为顺序语句，如：
      --SIGNAL AND VARIABLE assignments    信号与变量的赋值
      --IF and case statements             --if-then-else 语句 case-when 语句
      --WHILE AND FOR LOOPS
      --FUNCTION AND PROCEDURE calls       函数，过程调用
    END PROCESS<optional_label>;                   --进程结束
```

其中，进程标号是可选项，可有可无。敏感表(sensitivity list)包括进程中的一些信号，当敏感表中的某个信号变化时进程才被激活。以计数器为例：

```
PROCESS(clk,nreset)                         --进程（敏感表）
  BEGIN
    IF(nreset='0') THEN                     --顺序语句，异步清零
      qcnt<="0000";
    ELSEIF (clk'EVENT AND clk='1') THEN
      IF(ci='1') THEN
```

```
            qcnt<=qcnt+1;
         END IF;
      END IF;
   END PROCESS;
END behave;
```

在敏感表中，信号 clk 和 nreset 被列为敏感信号，当此两个信号变化时，此进程才被执行。

2．并行语句和顺序语句

（1）并行(Concurrent)语句

并行语句总是处于进程(PROCESS)的外部。并行语句之间值的更新是同时进行的，与语句所在的顺序无关。并行语句包括：布尔方程；条件赋值；例化语句等。

① 布尔方程

四选一的数据选择器的库声明、程序包声明及实体定义如下：

```
LIBRARY IEEE;
USE IEEE.STD_LOGIC_1164.ALL;
ENTITY mux4 IS
 PORT
    ( s         :IN  STD_LOGIC_VECTOR(1 DOWNTO 0);
      a0,a1,a2,a3 :IN  STD_LOGIC;
      y         : OUT  STD_LOGIC );
END mux4;
```

以布尔方程实现的结构体如下：

```
ARCHITECTURE archmux OF mux4 IS
 BEGIN
y<=(a0 AND not (s(0)) AND not (s(1))) or (a1 AND s(0) AND not (s(1))) or (a2 AND not (s(0))AND s(1) ) or (a3 AND s(0) AND s(1));
END archmux;
```

② 条件赋值

并行语句中条件赋值语句为： WITH-SELECT-WHEN 语句及 WHEN-ELSE 语句。

用 WITH-SELECT-WHEN 语句实现的结构体

```
ARCHITECTURE archmux OF mux4 IS
 BEGIN
   WITH s SELECT
           y<= a0 WHEN "00",
               a1 WHEN "01",
               a2 WHEN "10",
               a3 WHEN others;
END archmux;
```

注意：WITH-SELECT-WHEN 语句必须指明所有互斥条件，在这里因为"s"的类型是"STD_LOGIC_VECTOR"，取值组合除了 00，01，10，11 外，还有 0x，0z，1x，……等。虽然这些取值组合在实际电路中不出现，但也应列出。为避免麻烦和错误可以用"others"

代替其它各种组合。

采用 WHEN-ELSE 实现的结构体

```
ARCHITECTURE archmux OF mux4 IS
  BEGIN
        y<= a0 WHEN s="00" ELSE
            a1 WHEN s="01" ELSE
            a2 WHEN s="10" ELSE
            a3;
  END archmux;
```

（2）顺序（Sequential）语句

顺序语句总是处于进程的内部，并且从仿真的角度来看是顺序执行的。最常用的顺序语句是 IF-THEN-ELSE 语句和 CASE-WHEN 语句。

① IF-THEN-ELSE

IF-THEN-ELSE 语句只在进程中使用，它根据一个或一组条件的布尔运算而选择一特定的执行通道。例如：

```
ARCHITECTURE   archmux   OF mux4 IS
  BEGIN
  PROCESS(s,a0,a1,a2,a3)
    BEGIN
    IF   s="00" THEN
        y<=a0;
      ELSEIF    s="01" THEN
        y<=a1;
      ELSEIF    s="10" THEN
        y<=a2;
      ELSE
        y<=a3;
      END IF;
    END PROCESS;
END archmux;
```

ELSIF 允许在一个语句中出现多重条件，每一个"IF"语句都必须有一个对应的"END IF"语句。"IF"语句可嵌套使用，即在一个"IF"语句中可调用另一个"IF"语句。

② CASE-WHEN

CASE-WHEN 语句也只能在进程中使用。例如：

```
ARCHITECTURE archmux OF mux4 IS
  BEGIN
      PROCESSs(s,a0,a1,a2,a3)
        BEGIN
        CASE s IS
            WHEN "00" => y<=a0;
            WHEN "01"=> y<=a1;
            WHEN "10" => y<=a2;
```

```
            WHEN others => y<=a3;
        END CASE;
    END PROCESS;
END archmux;
```

3．元件及元件例化

元件声明是对 VHDL 模块的说明，使之可在其他模块中被调用。元件声明可放在程序包中，也可以在某个设计的结构体中声明。元件例化是指元件的调用。

元件声明语法：

```
COMPONENT<元件实体名>
        PORT <元件端口信息，同该元件实现时的实体的 port 部分>;
END COMPONENT;
        --元件例化：
<例化名>:<实体名,即元件名>PORT MAP(<端口列表>);
```

例如：在一名为 cntvh10 的电路设计中调用一个模为 10 的计数器 cntm10 和一个七段译码器 decode47，则该调用过程即元件例化的 VHDL 描述如下：

```
LIBRARY IEEE;
USE IEEE.STD_LOGIC_1164.ALL;
ENTITY cntvh10 IS                                --cntvh10 为所要设计的电路名
    PORT
          ( rd,ci,clk      :IN    STD_LOGIC;
            co             :OUT   STD_LOGIC;
            qout           :OUT   STD_LOGIC_VECTOR(6 DOWNTO 0))
  END cntvh10;

    ARCHITECTURE arch OF cntvh10 IS
    COMPONENT  decode47  IS                      --元件声明
       PORT
           (adr:  IN   STD_LOGIC_VECTOR(3 DOWNTO 0);
             decodeout : OUT    STD_LOGIC_VECTOR(6 DOWNTO 0));
    END COMPONENT;

    COMPONENT cntm10   IS
       PORT
           (ci,nreset,clk   : IN   STD_LOGIC;
             co             : OUT STD_LOGIC;
             qcnt           : BUFFER   STD_LOGIC_VECTOR(3 DOWNTO 0));
    END    COMPONENT;

    SIGNAL qa    :    STD_LOGIC_VECTOR(3   DOWNTO 0);      --作为中间量
    BEGIN
      U1 : cntm10    PORT MAP(ci,rd,clk,co,qa);
      U2 :decode47   PORT MAP(decodeout=>qout,adr=>qa);
    END arch;
```

元件例化时的端口列表可按位置关联方法，如 u1，这种方法要求的实参(该设计中连接到端口的实际信号，如 ci, rd 等)所映射的形参(元件的对外接口信号)的位置同元件声明中一样；元件例化时的端口列表也可按名称关联方法映射实参和形参，如 u2，格式为(形参=>实参 1, 形参 2=>实参 2, ……)，这种映射方式与位置无关。上例描述的电路如图 4.6.2 所示。

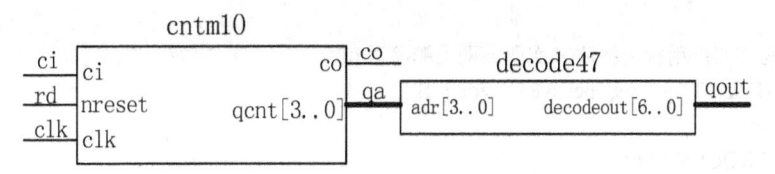

图 4.6.2 由 cntm10 和 decode47 构成的电路

4．配置(Configuration)

一个实体可用多个结构体描述，在具体综合时选择哪一个结构体来综合，则由配置确定。即配置语句来安装连接具体设计(元件)到一个实体-结构体对。配置被看作设计的器件清单，它描述对每个实体用哪一种行为，它非常像一个描述设计每部分用哪一种器件的清单。

配置语句举例：这是一个判断两位数值相等的比较器的例子，它用四种不同描述来实现，即有四个结构体。

```
ENTITY equ2 IS
    PORT (a,b    : IN   STD_LOGIC_VECTOR(1 DOWNTO 0);
          equ    : OUT STD_LOGIC);
END equ2;
--结构体一：用元件例化来实现，即网表形式：
ARCHITECTURE netlist OF equ2 IS
    COMPONENT nor2
        PORT (a,b   :IN        STD_LOGIC;
              c     :OUT       STD_LOGIC);
    END  COMPONENT;
    COMPONENT xor2
        PORT (a,b   :IN        STD_LOGIC;
              c     :OUT       STD_LOGIC);
    END COMPONENT;
    SIGNAL   x   :    STD_LOGIC_VECTOR(1 DOWNTO 0);
    U1 : xor2   PORT   MAP(a(0),b(0),x(0));
    U2 : xor2   PORT   MAP(a(1),b(1),x(1));
    U3 : nor2   PORT   MAP(x(0),x(1),equ);
END netlist;

--结构体二：用布尔方程来实现：
ARCHITECTURE equation OF equ2 IS
BEGIN
    equ<=(a(0) XOR b(0)) NOR(a(1) XOR b(1));
END   equation;
```

```
--结构体三：用行为描述来实现，采用并行语句：
ARCHITECTURE con_behave OF equ2 IS
BEGIN
    equ<='1' WHEN a=b ELSE '0';
END   con_behave;

--结构体四：用行为描述来实现，采用顺序语句：
ARCHITECTURE seq_behave OF equ2 IS
BEGIN
    PROCESS(a,b)
        BEGIN
            IF a=b    THEN    equ<='1';
                ELSE equ<='0';
            END IF;
        END PROCESS;
END   seq_behave;
```

上述实例中，实体 equ 拥有四个结构体：netlist、qeuation、con_behave、seq_behave，若用其例化一个相等比较器 aequb，那么实体究竟对应于哪个结构体呢？配置语句很灵活地解决了这个问题：

- 如选用结构体 netlist，则用：

```
CONFIGURATION aequb OF equ2 IS
    FOR netlist
    END FOR;
END CONFIGURATION;
```

- 如选用结构体 con_behave，则用：

```
CONFIGURATION aequb OF equ2 IS
    FOR con_behave
    END FOR;
END CONFIGURATION;
```

以上四种结构体代表了三种描述方法：
Behavioral（行为描述）
反映一个设计的功能或算法，一般使用进程 process，用顺序语句表达。
Dataflow（数据流描述）
反映一个设计中数据从输入到输出的流向，使用并发语句描述。
Structural（结构描述）
它最反映一个设计硬件方面特征，表达了内部元件间连接关系。使用元件例化来描述。

5．子程序

子程序由函数（FUNCTION）和过程（PROCEDURE）组成。函数只能用以计算数值，而不能用以改变与函数形参相关的对象的值。因此，函数的参量只能是模式为 IN 的信号与常量，而过程的参量可以为 IN，OUT，INOUT 模式。过程能返回多个变量，函数只能有一个返回值。过程和函数常见于面向逻辑综合的设计中，主要进行高层次的数值运算或类型转

换、运算符重载,也可用来进行元件例化。语法如下:
　　函数:

　　　　FUNCTION <function_name> (parameter types)　RETURN<types>IS
　　　　BEGIN
　　　　　　<代码区>
　　　　END <function_name>;

　　过程:

　　　　PROCEDURE <procedure_name 实体名>
　　　　(<port　list for the procedure, 列出过程的输入/输出信号端口>)　IS
　　　　BEGIN
　　　　　　<代码区>
　　　　END<procedure_name>;

6. 属性、时钟的表示

属性指的是关于实体、结构体、类型、信号的一些特征。有些属性对综合(设计)非常有用,如:

① 值类属性:分为'left, 'right, 'low, 'high, 'length。其中用符号"'"隔开对象名及其属性。left 表示类型最左边的值;right 表示类型最右边的值;low 表示类型中最小的值;high 表示类型中最大的值;length 表示限定型数组中元素的个数。

　　例: sdown　　:IN STD_LOGIC_VECTOR(8 DOWNTO 0);
　　　　sup　　　:IN STD_LOGIC_VECTOR(0 TO 8);

　　则这两个信号的各属性值如下:

　　　　sdown'**left**=8; sdown'**right**=0; sdown'**low**=0; sdown'**high**=8; sdown'**length**=9;
　　　　sup'**left**=0; sup'**right**=8; sup'**low**=0; sup'**high**=8; sup'**length**=9;

② 信号类属性:这里仅介绍一个对综合及模拟都很有用的信号类属性:'EVENT。它的值为布尔型,如果刚好有事件发生在该属性所附着的信号上(即信号有变化),则其取值为Ture,否则为 False。用它可决定时钟边沿是否有效。即时钟是否发生。

　　例:时钟边沿表示。
　　若有如下定义:

　　　　SIGNAL clk: IN STD_LOGIC;

　　则:

clk='1'AND clk' EVENT 和 clk' EVENT AND clk='1'表示时钟的上升沿。即时钟变化了,且其值为 1,因此表示上升沿。

clk='0' AND clk' EVENT 和 clk' EVENT AND clk='0'表示时钟的下降沿。即时钟变化了,且其值为 1,因此表示下降沿。

此外,还可利用预定义好的两个函数来表示时钟的边沿。

　　RISING_EDGE(clk)　　表示时钟的上升沿
　　FALLING_EDGE(clk)　　表示时钟的下降沿

第 5 章　EDA 实验

5.1　基本放大电路设计与仿真

一、实验目的

1. 学习使用 PSpice 软件进行原理图仿真。
2. 掌握仿真软件调整和测量基本放大电路静态工作点的方法。
3. 掌握仿真软件观察静态工作点对输出波形的影响。
4. 掌握利用特性曲线测量三极管小信号模型参数的方法。
5. 掌握放大电路动态参数的测量方法。

二、实验原理

放大器就是将微弱的电信号进行处理而变成幅度较大的信号。一般对微弱信号进行的放大为线性放大。线性放大器意味着放大器的输出信号等于输入信号乘以一个常数，即输出信号与输入信号成正比。放大的前提是不失真，因为只有在不失真的情况下放大才有意义。晶体管和场效应管是放大电路的核心元件，只有它们工作在合适的区域内，才能使输出量与输入量始终保持线性关系。对于晶体管构成的基本放大电路，如果静态工作点不合适，输出波形会产生非线性失真——饱和失真和截止失真，而不能正常放大。

设计放大电路时必须遵循以下几个原则：

（1）必须根据所用放大管的类型提供直流电源，以便设置合适的静态工作点，并作为输出的能源。对于晶体管放大电路，电源的极性和大小应使晶体三极管发射结处于正向偏置，集电结处于反向偏置状态，即保证晶体管工作在放大区。

（2）电阻取值要得当，保证和电源搭配后使晶体管具有合适的静态工作电流。

（3）电路设置要求输入信号能有效地传输到输出回路。

三、实验内容

1. 开启 cadence/release 16.6/OrCAD Capture，新建仿真工程时注意选择"Analog or Mixed A/D"项。在 Capture 的原理图绘制窗口中绘制如图 5.1.1 所示的电路。

图 5.1.1 所用到的器件信息如表 5.1.1 所示。

表 5.1.1　原理图元件信息

器　件	模　型	模　型　库
电源	Vi，VCC	VSin/source，VDC/source
电阻	Rb1，Rb2 …	R/analog
电容	C1，C2，Ce	C/analog
滑动变阻器	Rp	R_Val/analog
晶体管	Q1	Q2N2222/bipolar
地	0	0/source

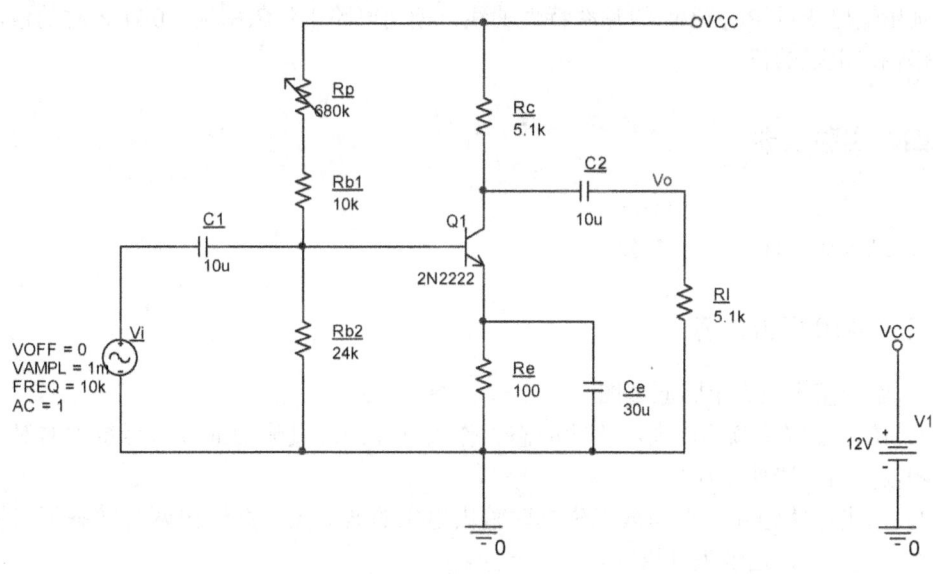

图 5.1.1 基本放大电路原理图

2. 利用 PSpice 提供的直流工作点分析（Bias Point）工具得到放大电路的静态工作点，注意勾选 "Include detailed bias point information for nonlinear controlled soures and semiconductors."。并使用直流灵敏度分析（DC Sensitivity analysis）工具找到对静态工作点影响较大的元器件参数。

3. 调节滑动变阻器 Rp，观察电路出现饱和失真和截止失真的输出信号波形，并测试对应的静态工作点的值：

（1）利用 PSpice 瞬态分析（Time Domain），仿真输出电压 v_o 的波形。

（2）在瞬态分析的过程中，加选参数扫描（Parametric Sweep），设置滑动变阻器的百分比（set）为全局变量（Global Parameter），观察电路出现饱和失真和截止失真的波形，并通过查看仿真输出文件（Output File），得到对应的静态工作点。

4. 调节滑动变阻器 Rp，选用瞬态分析（Time Domain）观察电路输出信号达到最大不失真状态。并在这个状态下完成以下步骤：

（1）查看仿真输出文件（View/Output File），获得该状态下电路的静态工作点。

（2）利用直流扫描分析（DC Sweep）作出三极管（Q2n2222）的输入、输出特性曲线，利用三极管小信号参数的物理含义，通过特性曲线得到该静态工作点下三极管的小信号参数：β、r_{be}、r_{ce} 的值。

（3）利用瞬态分析（Time Domain）得到输出波形，求出该放大电路的电压放大倍数。

（4）利用交流扫描分析（AC Sweep）画出电路电压增益的幅频特性和相频特性曲线，并使用添加特征函数的方法（Trace/Evaluate Measurement），得到下限截止频率（Cutoff_Highpass_3dB(V(Vo))）、上限截止频率（Cutoff_Lowpass_3dB(V(Vo))），以及带宽（Bandwidth_Bandpass_3dB(V(Vo))）的值。

（5）利用（4）的交流扫描分析的结果，画出输出变量为 Ri=Vi/Ii 的频率特性曲线，读出电路工作频率为 10 kHz 时的值，从而得到电路输入电阻的值。

（6）将信号源 Vi 短路，负载电阻 Rl 用一个信号源 Vt 替代。再进行 PSpice 交流扫描分析，画出输出变量 Ro=Vt/It 的频率特性曲线，读出电路工作频率为 10 kHz 时的值，从而得到电路输出电阻的值。

四、实验仪器

1. 计算机　　　　　　1 台
2. PSpice 软件　　　　1 套

五、实验报告内容

1. 给出基本放大电路原理图。
2. 给出没有调节的放大电路的静态工作点，并列出直流扫描分析后得到的对静态工作点影响较大的元器件参数。
3. 给出电路饱和失真和截止失真时输出电压的波形图。并给出两种状态下三极管的静态工作点值。分析出现失真原因。
4. 电路工作在最大不失真状态下：
（1）给出三极管静态工作点的测量值。
（2）给出测试三极管输入、输出特性曲线和 β、r_{be}、r_{ce} 值的实验图，并给出测试结果。
（3）给出输出波形图，求出放大倍数，并与理论计算值进行比较。
（4）给出电路的幅频和相频特性图，并得出下限截止频率 f_L、上限截止频率 f_H 以及带宽 B_W 的值。
（5）给出输入电阻的幅频特性图，求出工作频率下输入电阻的测试结果，并和理论计算值进行比较。
（6）给出测量输出电阻的实验图，以及输出电阻的幅频特性图，求出工作频率下输出电阻的测试结果，并和理论计算值进行比较。

六、思考题

1. 设计一个放大电路应注意哪些原则？
2. 温度对放大电路有什么样的影响？（可以使用 PSpice 提供的瞬态分析中的进阶分析温度扫描分析(Temperature Sweep)结果说明。）
3. 耦合电容 C1、C2 和旁路电容 Ce 对放大电路的频率特性有什么影响？（可以使用 PSpice 提供的交流扫描分析(AC Sweep)中的进阶分析参数扫描分析(Parametric Sweep)结果进行说明。）

5.2　差分放大电路设计与仿真

一、实验目的

1. 掌握差分放大电路的工作原理。

2. 进一步熟悉使用 PSpice 仿真工具辅助电路分析。
3. 掌握分析差分放大电路主要性能指标的方法。
4. 掌握分析差分放大电路传输特性曲线的方法。

二、实验原理

差分放大电路是模拟集成电路中的重要单元电路，它常作为直接耦合多级放大电路的第一级是因为它具有放大差模信号、抑制共模信号的良好品质，能很好地抑制直接耦合多级放大电路中的零点漂移现象。

差动放大器分为两种：长尾式差动放大电路和带恒流源的差动放大电路，长尾式差动放大电路的电路简单，但在单端输出时，尾部的电阻需要取值比较大才能实现较大的共模抑制，在集成电路中受到限制，因此在单端输出时，一般多采用带恒流源的差分放大电路。

放大电路输出电压与输入电压之间的关系曲线称为电压传输特性，即 $v_o=f(v_i)$。如果将差分放大电路的差模输入信号 v_{id} 作为输入信号，令其幅度从零逐渐增大或减小，输出端 v_{od} 也将出现对应的变化，得到的曲线就是差分放大电路的电压传输特性曲线。

三、实验内容

1. 开启 cadence/release 16.6/OrCAD Capture，新建一个仿真工程后，在 Capture 的原理图绘制窗口中绘制如图 5.2.1 所示的电路。图中所用到的器件信息如表 5.2.1 所示。

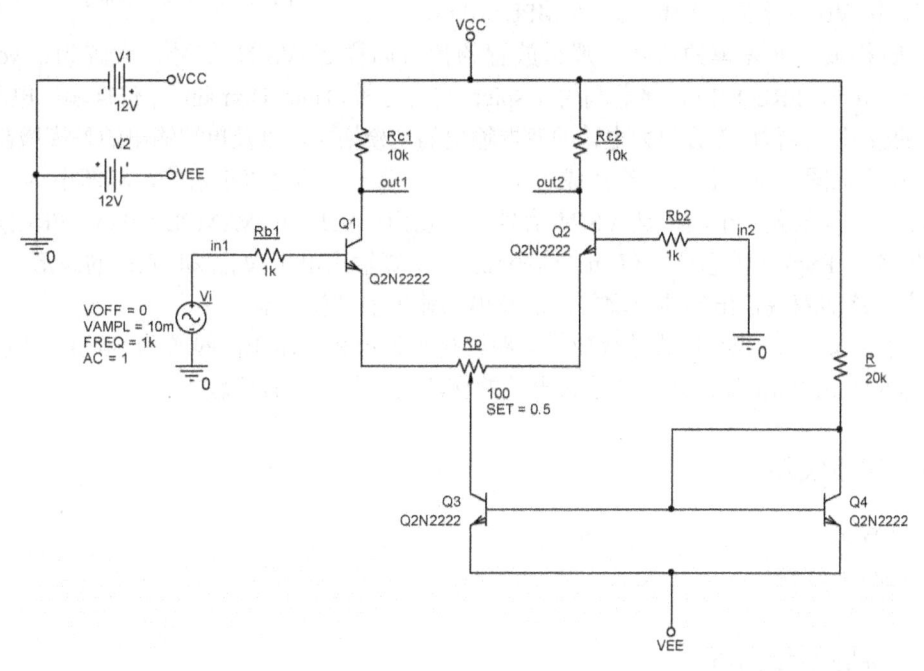

图 5.2.1 带恒流源式差分放大电路

表 5.2.1　原理图元件信息

器　件	模　型	模 型 库
电源	Vi，V1，V2	VSin/source VDC/source
电阻	Rb1，Rb2 …	R/analog
滑动变阻器	Rp	POT/breakout
晶体管	Q1	Q2N2222/bipolar
地	0	0/source

2. 利用 PSpice 提供的直流工作点分析（Bias Point）工具得到差分对管的的静态工作点和恒流源的电流，注意勾选 "Include detailed bias point information for nonlinear controlled sources and semiconductors."。

3. 利用直流扫描分析（DC Sweep），扫描变量为电压源（Voltage source）Vi，扫描类型（Sweep type）选择为线性（Linear），扫描范围可以定为：−500 mV 到 500 mV，扫描增量（Increament）设为 0.1 mV，如图 5.2.2 所示。运行后在 PSpice 窗口执行 Trace/Add Trace，单击 ，添加纵坐标为 V(out1)和 V(out2)，得到该差分放大电路的传输特性曲线。

4. 设置电阻 Rc1 和 Rc2 的容差为±10%，利用蒙特卡罗（Monte carlo）分析工具分析 100 个电路样本输出电压的频率特性，得到其幅频特性的分散直方图。分析带宽和增益的分布范围。

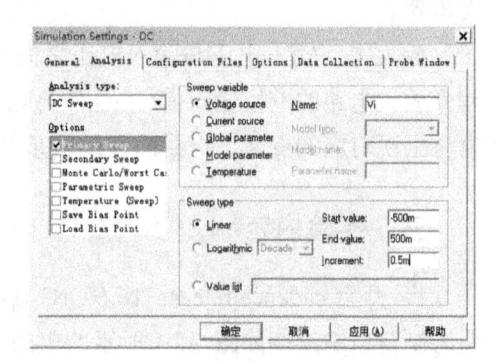

图 5.2.2　直流扫描特性设置

5. 在原理图中 in2 位置上放入一个交流小信号，和图中 Vi（设置为：Voff=0，VAMPL=10 m，FREQ=1 k）构成一对差模的信号，那么放置的信号同样是 VSIN 信号，设置为：Voff=0，VAMPL=−10 m，FREQ=1 k。接着利用 PSpice 瞬态分析（Time Domain），仿真输出电压 V_{out1} 和 V_{out2} 的波形。并得出差分放大电路的双端输出的差模增益，以及单端输出的差模增益。

6. 在原理图中 in2 位置上改换成一个与 Vi 完全一样的交流小信号，和图中 Vi 构成一对共模信号，即放置一个同样是 VSIN 信号，设置为：Voff=0，VAMPL=10 m，FREQ=1 k。接着同样利用 PSpice 瞬态分析（Time Domain），仿真输出电压 V_{out1} 和 V_{out2} 的波形。并得出差分放大电路的双端输出的共模增益，以及单端输出的共模增益。

7. 将图 5.2.1 改成长尾式差分放大电路，尾部发射极电阻 R_{EE} 设置为 50 kΩ，重复上述实验内容 5 和 6，和恒流源式差分放大电路的交流技术指标进行比较。

四、实验仪器

1. 计算机　　　　　1 台
2. PSpice 软件　　　1 套

五、实验报告内容

1. 给出带恒流源差分放大电路原理图。

2．给出该差分放大电路的各三极管的静态工作点(I_B、I_C、V_{BE}、V_{CE})，以及恒流源的电流。

3．给出电压传输特性曲线，并对曲线进行必要的说明。

4．给出蒙特卡罗分析结果，以及直方图，分析带宽和增益的范围。

5．给出差模输入电压波形和差模输出电压波形。求出双端输出和单端输出的差模增益，并说明单端输出时 out1 和 out2 与输入信号的相位关系。

6．给出共模输入电压波形和差模输出电压波形。求出双端输出和单端输出的共模增益，并计算出共模抑制比。

7．给出长尾式差分放大电路的原理图，以及差模输出电压波形和共模输出波形，并列表比较长尾式和恒流源式差分放大器技术指标的差别，并说明二者的特点。

六、思考题

1．观察差分放大电路电压传输特性曲线只在很小的范围内输出电压和输入电压之间满足线性关系，可以通过何种方式增大线性区域呢？并通过 PSpice 仿真论证这种方式。

2．恒流源式差分放大电路中的恒流源在电路中起什么作用？

3．怎样提高差分放大电路的共模抑制比和减小零点漂移？

5.3 负反馈放大器设计与仿真

一、实验目的

1．熟悉两级放大电路的设计方法。
2．掌握在放大电路中引入负反馈的方法。
3．掌握放大器性能指标的测量方法。
4．加深理解负反馈对电路性能的影响。
5．进一步熟悉利用 PSpice 仿真软件辅助电路设计的过程。

二、实验原理

多级放大电路的级间耦合方式主要有阻容耦合、直接耦合和变压器耦合等。本实验采用直接耦合的两级放大电路。直接耦合的优点是低频特性好，能够放大变化缓慢的信号，而且便于集成，但是它的缺点是各级静态工作点相互影响，前一级的温漂会直接传到后一级，因此需要解决各级间直流电位的设置和电路的温漂问题。

解决各级直流电位配合可以采用抬高后一级发射极电位，使得后级的基极电位与前级的集电极电位相匹配，这种办法用于级数不多时；如果级数较多，逐级抬高电位的结果也会降低电路的放大能力。另一种办法就是前后级使用异型三极管，因为工作在放大状态的晶体管，NPN 管要求集电极电位高于基极电位，而 PNP 管则要求集电极电位低于基极电位，因此前后级相互搭配可以方便地配置工作点。

电路温漂是指环境温度、电流电压变化导致工作点漂移的现象。温漂会使放大电路产生非线性失真，严重时甚至会把输出信号淹没，使放大电路无法正常放大。解决温度漂移的方法可以有：

（1）第一级采用差分放大电路，差分放大电路中采用的是特性相同的晶体管，它们的温漂相互抵消，差放的共模抑制比越大，抑制温漂的能力越强。

（2）采用温度补偿的方法，利用热敏电阻来抵消放大管的变化。

（3）电路引入直流负反馈，稳定放大器的静态工作点，从而减小温漂。

本实验需要设计的电路就是在上个实验的差分放大电路的基础上，增加一级放大器，并在两级放大器之间加上交直流负反馈，以达到减小温漂的目的。

在反馈放大电路中，基本放大电路的输入端的连接方式有并联和串联两种，输出端的采样方式分电压采样和电路采样两种。结合输入端连接方式和输出端的采样方式，可以将负反馈放大电路分为四种形式：电压串联负反馈、电压并联负反馈、电流串联负反馈和电流并联负反馈。

负反馈对放大器性能会产生一定的影响：

（1）直流负反馈可以稳定静态工作点。

（2）负反馈可以改变放大器的输入电阻和输出电阻：串联反馈使放大器输入电阻增大；并联反馈使放大器输入电阻减小；电压反馈使放大器输出电阻减小；电流反馈使放大器输出电阻增大。

（3）负反馈可以使放大器的增益稳定性提高。

（4）负反馈可以使放大器的通频带展宽。

（5）负反馈可以使由基本放大器引起的非线性失真有所改善。

三、实验内容

1. 开启 cadence/release 16.6/OrCAD Capture CIS，新建仿真工程后，在 Capture 原理图绘制窗口中绘制如图 5.3.1 所示的电路。图中所用到的器件信息如表 5.3.1 所示。

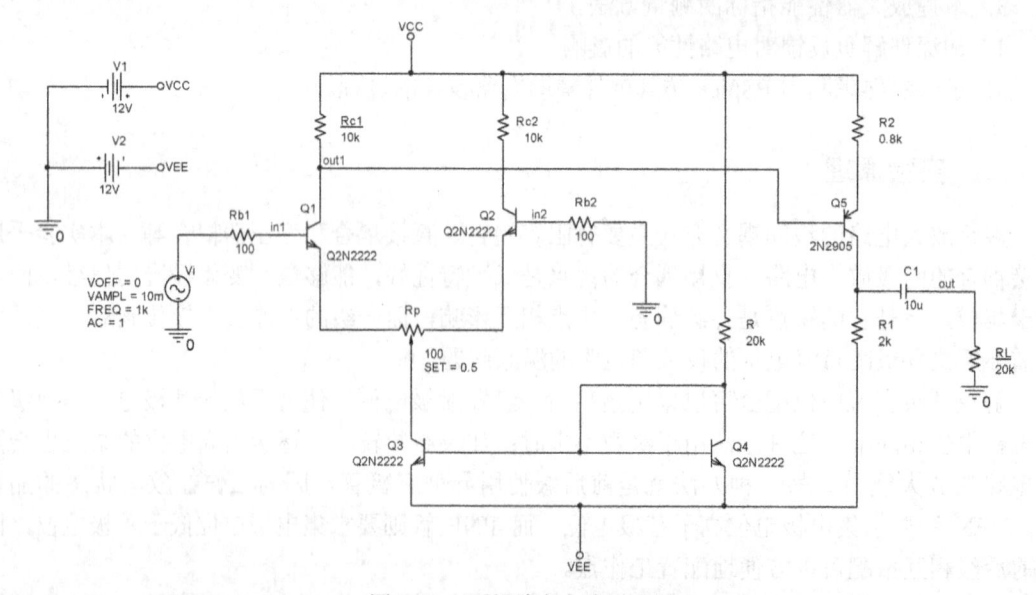

图 5.3.1　两级放大电路原理图

表 5.3.1 原理图元件信息

器　件	模　型	模　型　库
电源	Vi，V1，V2	VSin/source，VDC/source
电阻	Rb1，Rb2 …	R/analog
滑动变阻器	Rp	POT/breakout
晶体管	Q1，Q2，…Q5	Q2N2222/bipolar，2N2905/BPJ
地	0	0/source

2．利用 PSpice 提供的直流工作点分析(Bias Point)工具，得到图 5.3.1 中各三极管的静态工作点，观察各三极管是否均工作在放大区。

3．两级放大电路的交流指标的测量：

（1）观察输出波形：利用瞬态分析(Time Domain)，在 Probe 窗口中得到 out 点的波形，观察波形是否失真，单击菜单 Trace->Evaluate Measurement，求出 Max(V(out))/max(V(in1))的值。

（2）测量中频增益和带宽值：利用交流扫描分析(AC Sweep)，频率范围设置为 0.01 Hz～100 MHz(注意 PSpice 中"兆"需要用"Meg"表示)，在 Probe 窗口执行 Trace/Add Trace，或单击，分别输入 DB(V(out))和 P(V(out))，观察两级放大电路电压增益的幅频特性和相频特性波特图，并使用添加特征函数的方法(Trace->Evaluate Measurement)，得到中频增益(Max(Vout))、下限截止频率(Cutoff_Highpass_3 dB(V(out)))、上限截止频率(Cutoff_Lowpass_3 dB(V(out)))，以及带宽(Bandwidth_Bandpass_3 dB(V(out)))的值。

（3）测量输入电阻：利用（2）的交流扫描分析的结果，画出输出变量为 Ri=Vi/Ii 的频率特性曲线，读出电路工作频率 1 kHz 时的值，从而得到电路输入电阻的值。

（4）测量输出电阻：将信号源 Vi 短路，在输出端添加一个信号源 Vt(可以使用幅度为 10 mV，频率为 1 kHz 的正弦波信号)替代。再进行 PSpice 交流扫描分析，画出输出变量 Ro=Vt/It 的频率特性，读出电路工作频率 1 kHz 时的值，从而得到电路输出电阻的值。

4．电压串联负反馈电路对交流指标的影响

为图 5.3.1 的电路引入电压串联负反馈，如图 5.3.2 所示。

（1）在交流扫描分析(AC Sweep)的基础上进阶进行参数扫描分析(Parametric sweep)，分析反馈电阻的阻值与反馈系数的关系。

（2）使用步骤 3 中的方法测量反馈电路的中频增益、带宽、输入电阻以及输出电阻的大小。

（3）使用瞬态分析(Time Domain)工具，观察反馈电路对非线性失真的影响。

四、实验仪器

1．PC 机　　　　　　1 台
2．PSpice 软件　　　1 套

五、实验报告内容

1．给出引入电压串联负反馈电路的实验接线图。

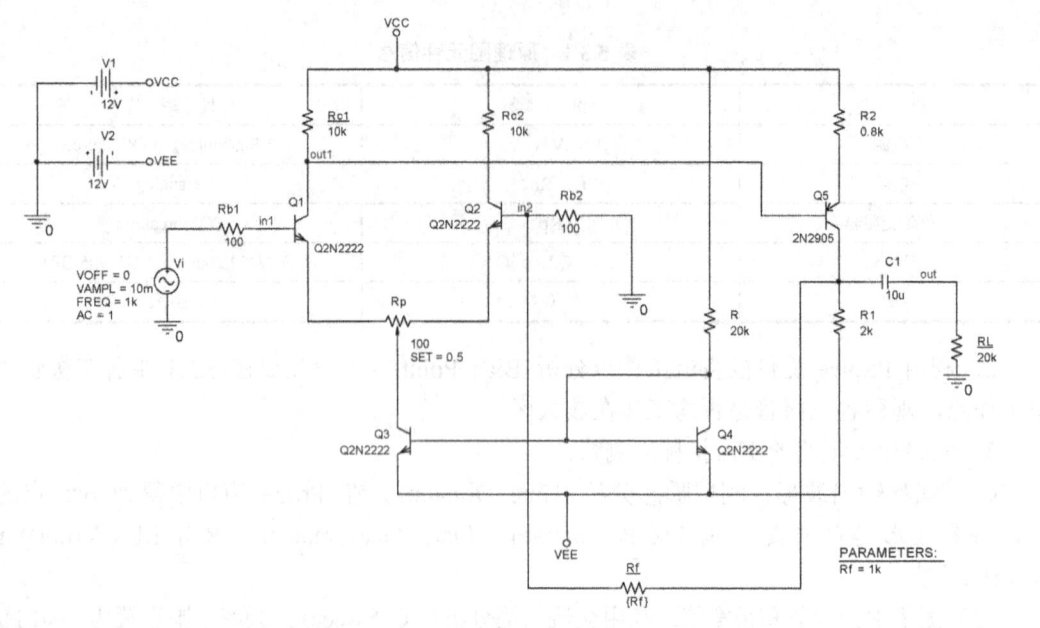

图 5.3.2 电压串联负反馈放大电路

2．给出负反馈接入前后电路的放大倍数、输入电阻、输出电阻。
3．给出负反馈接入前后电路的频率特性和带宽值，以及输出开始出现失真时的输入信号幅度。
4．分析实验结果。

六、思考题

1．分析放大器的上下限频率和电路中的哪些参数有关？
2．图 5.3.1 的电路除了连接成图 5.3.2 所示的电压串联负反馈之外，还可以引入哪几种负反馈？使用 PSpice 软件画出电路，并简单说明这几种反馈类型对电路性能的影响。

5.4　BCD 码转换电路设计

一、实验目的

1．学习基于 EDA 技术的数字逻辑电路与系统的设计、开发流程。
2．熟悉大规模可编程集成电路 CPLD/FPGA 的内部结构。
3．熟练掌握一种 EDA 设计工具。
4．学习使用一种硬件描述语言(Hardware Description Language，HDL)。
5．提高应用计算机技术进行数字系统设计与辅助分析的能力。

二、实验要求

1．基于 Quartus II 软件或其他 EDA 软件完成电路设计。

2. 编写相应功能模块的 HDL 设计程序。
3. 完成顶层电路原理图的设计。
4. 对该电路系统进行功能仿真。
5. 根据 EDA 实验开发系统上的 CPLD/FPGA 芯片进行适配，生成配置文件或 JEDEC 文件。
6. 将配置文件或 JEDEC 文件下载到 EDA 实验开发系统。
7. 在 EDA 实验开发系统上调试、验证电路功能。

三、实验内容

在数字系统中，一般是采用二进制数进行运算的，但是由于人们习惯采用十进制，因此常需要进行十进制数和二进制数之间的转换。为了便于数字系统处理十进制数，经常采用编码的方法，即以若干位二进制码来表示 1 位十进制数，这种代码称为二进制编码的十进制数，简称二-十进制码或 BCD 码(Binary Coded Decimal Codes)。常见的 BCD 码如表 5.4.1 所示，有 8421 码、5421 码、2421 码和余 3 码等。

设计一个 BCD 码转换电路，电路功能如图 5.4.1 所示。其中 $X_3X_2X_1X_0$ 是数据输入端，输入 4 位二进制数，X_3 为高位；$Y_3Y_2Y_1Y_0$ 是数据输出端，输出的是 BCD 码，Y_3 为高位。EN 为该电路的使能控制信号，S_1 和 S_0 为功能控制信号。电路具体功能如表 5.4.2 所示。

表 5.4.1 常用 BCD 码

十进制数	8421 码	5421 码	2421 码	余 3 码	十进制数	8421 码	5421 码	2421 码	余 3 码
0	0000	0000	0000	0011	5	0101	1000	1011	1000
1	0001	0001	0001	0100	6	0110	1001	1100	1001
2	0010	0010	0010	0101	7	0111	1010	1101	1010
3	0011	0011	0011	0110	8	1000	1011	1110	1011
4	0100	0100	0100	0111	9	1001	1100	1111	1100

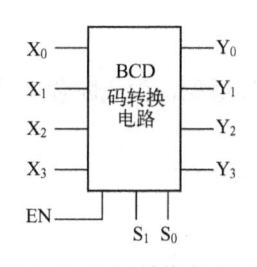

图 5.4.1 BCD 码转换电路示意图

表 5.4.2 BCD 码转换电路功能表

EN	S_1	S_0	$X_3 X_2 X_1 X_0$	$Y_3 Y_2 Y_1 Y_0$
0	×	×	× × × ×	0 0 0 0
1	×	×	1010～1111	1 1 1 1
1	0	0	0000～1001	8241BCD 码
1	0	1	0000～1001	5241BCD 码
1	1	0	0000～1001	2421BCD 码
1	1	1	0000～1001	余 BCD 码

1. 根据实验内容的要求，列写实现 BCD 码转换电路的真值表，完成该转换电路的设计。
2. 设计顶层电路原理图，编写相应各功能模块的 HDL 程序。
3. 基于 EDA 软件对所设计的 HDL 程序进行调试，完成对该电路的仿真验证。
4. 根据 EDA 实验开发系统上的 CPLD/FPGA 器件，进行器件选择和管脚锁定，并将生成的配置文件或 JEDEC 文件下载到 EDA 实验系统，进行逻辑功能验证。

四、实验仪器

1. PC 机　　　　　　　　　　1 台
2. EDA 软件开发系统　　　　 1 套
3. EDA 实验开发系统　　　　 1 套

五、实验报告内容

1. 叙述所设计的 BCD 码转换电路的工作原理。
2. 完成实现该电路的 HDL 程序。
3. 给出电路的仿真结果。
4. 总结实验过程中遇到的问题及解决问题的方法。

5.5　步长可调的可逆计数器设计

一、实验目的

1. 学习基于 EDA 技术的数字逻辑电路与系统的设计、开发流程。
2. 熟练掌握一种 EDA 设计工具。
3. 提高应用计算机技术进行数字系统设计与辅助分析的能力。
4. 掌握加、减法计数器,以及特殊功能计数器的设计原理。

二、实验要求

1. 基于 Quartus II 软件或其他 EDA 软件完成电路设计。
2. 编写相应功能模块的 HDL 设计程序。
3. 完成顶层电路原理图的设计。
4. 对该电路系统进行功能仿真。
5. 根据 EDA 实验开发系统上的 CPLD/FPGA 芯片进行适配,生成配置文件或 JEDEC 文件。
6. 将配置文件或 JEDEC 文件下载到 EDA 实验开发系统。
7. 在 EDA 实验开发系统上调试、验证电路功能。

三、实验内容

计数器是一种能统计输入脉冲个数的时序电路,而输入的脉钟可以是有规律的,也可以是无规律的。有些场合,要求计数器既有加法计数功能,又有减法计数功能。这种兼有两种计数功能的计数器称为可逆计数器。

设计一个 4 位的可逆计数器,计数器在控制信号 M 的作用下可以在 0-9999 之间进行加法或减法计数,计数器的步长 K 从 1 到 99 可调。例如当步长 K=3 时,加法计数为 0,3,6,9,12,15……;减法计数为 9999,9996,9993,9990,9987……。

当计数器在进行加法计数时，如果计数器达到或超过 9999 时，在下一个时钟脉冲过后，计数器清零；在进行减法计数时，当计数器达到或小于 0 时，在下一个时钟脉冲过后，计数器清零。计数器的计数结果、计数的步长可以通过 EDA 实验箱上的七段数码显示器进行显示。电路的原理图如图 5.5.1 所示。

图 5.5.1 步长可控的可逆计数器电路原理图

1. 根据实验内容的要求，研究步长可控的可逆计数器电路的工作原理。编写如图 5.5.1 所示各功能模块的 HDL 程序。

（1）控制电路

在图 5.5.1 所示的步长可控的可逆计数器电路原理图中，控制电路用于对整个电路的起、停工作进行使能，同时还要对计数电路进行加法或减法工作的选择。

（2）步长可控的可逆计数电路

步长可控的可逆计数电路根据控制电路所选择的工作模式进行加法或减法计数。该计数器可以完成从 0 到 9999 的计数工作，计数器的计数频率为 1 Hz，计数器的步长由步长预置与调节电路给定。计数的结果由译码显示电路驱动七段显示器进行显示。

（3）步长预置与调节电路

步长预置与调节电路用于产生计数电路所需的步长 K，步长 K 在控制电路的作用下实现在 0 到 99 之间可调，预置好的步长 K 同时送至计数电路和译码显示电路，通过译码显示电路的驱动在显示器上可以查看当前计数器的步长。

（4）译码显示电路

译码显示电路是用于驱动七段数码显示器的。七段数码显示器驱动电路可分为两种，一种称为静态显示，另一种称为动态显示。所谓静态显示，即每一个七段数码显示器由单独的显示译码器来驱动，即如需显示 n 位数，则必须用 n 个七段显示译码器。和静态显示不同，动态显示使用数据选择器的分时复用功能，将任意多位数码管的显示驱动，由一个七段显示译码器来完成。由于静态显示需要占用比较多的 I/O 口，且功耗较大，因此在大多数场合通常不采用静态显示，而采用动态扫描的方法来控制 LED 数码管的显示。

图 5.5.2 是动态显示电路原理图。在图 5.5.2 中，假设需要显示的 BCD 码有两位，分别是 $A(A_3A_2A_1A_0)$ 和 $B(B_3B_2B_1B_0)$，它们通过一个七段显示译码器实现译码，并在对应的数码管上显示。电路工作原理如下：A 和 B 两位 BCD 码被送到 4×2 选 1 数据选择器的数据输入端，它们公用地址。由图可见，选择信号为周期方波，将其加在地址码输入端（即 4×2 选 1 数据选择器的 G1 端），这样，当选择信号为低电平时，数据 $A(A_3A_2A_1A_0)$ 可通过数据选择器，送入七段显示译码器进行译码，产生七段显示码。由于选择信号同时作用在 2 线-4 线译码器的 A_0 端，所以，当 $A_0=0$ 时，输出 $1Y_0=0$，而 $1Y_1=1$。由于图中为共阴显示器，所以右边的数码管被点亮，显示数据 $A(A_3A_2A_1A_0)$ 的字形，而左边的数码管熄灭。同理分析可知，当选择信号为高电平时，左边的数码管被点亮，显示 $B(B_3B_2B_1B_0)$ 数据的字形，而右边的数码管熄灭。

为了使我们能同时看到数码管上显示的所有字形，要求选择信号的频率足够高，显示时刷新率最好大于 50 Hz，即每显示完一轮的时间不超过 20 ms，每个数码管显示的时间不能

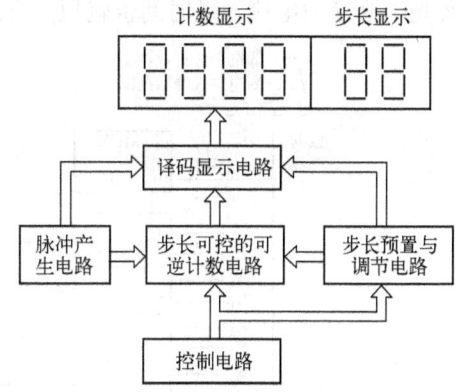

太长也不能太短，时间太长可能会影响刷新率，导致总体显示呈现闪烁的现象；时间太短则发光二极管的电流导通时间也就短，会影响总体的显示亮度。一般控制在 1 ms 左右。

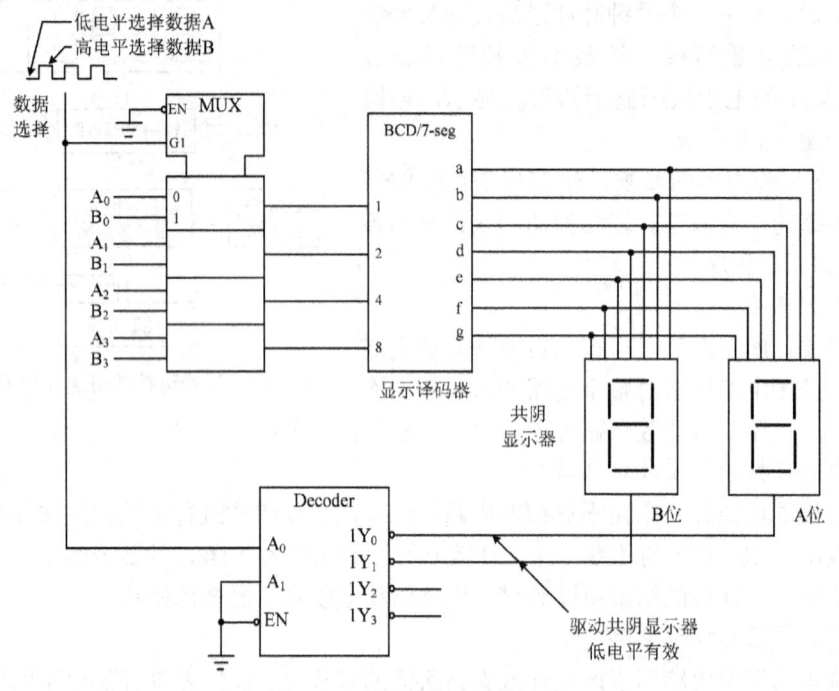

图 5.5.2　动态显示电路原理图

（5）脉冲产生电路

脉冲产生电路用于生成整个电路所需不同频率的脉冲信号。图 5.5.2 中的计数电路需要 1 Hz 脉冲信号，译码显示电路需要动态显示扫描信号。在动态显示电路中为了稳定显示数字，要求七段数码管的每位数码的扫描频率不小于 25 Hz，如需 6 位数码显示，则动态扫描信号的频率至少要在 150 Hz 以上。

2．设计顶层电路原理图，对各功能模块电路进行级联调试。

3．基于 EDA 软件对各功能模块和整体电路进行仿真验证。

4．根据 EDA 实验开发系统上的 CPLD/FPGA 器件，进行器件选择和管脚锁定，并将生成的配置文件或 JEDEC 文件下载到 EDA 实验系统，进行逻辑功能验证。

四、实验仪器

1．PC 机　　　　　　　　　　　1 台
2．EDA 软件开发系统　　　　　1 套
3．EDA 实验开发系统　　　　　1 套

五、实验报告内容

1．叙述步长可控的可逆计数器电路的工作原理。

2．详细论述脉冲产生电路、步长可控的可逆计数电路、步长预置与调节电路、显示译码电路等的工作原理。

3. 给出各功能模块的 HDL 程序。
4. 给出各功能模块电路的仿真结果。
5. 画出顶层电路的原理图。
6. 给出下载至实验箱后电路的调试结果。
7. 总结实验过程中遇到的问题及解决问题的方法。

5.6 多功能数字钟的 EDA 设计

一、实验目的

1. 掌握较为复杂的数字逻辑系统的设计方法。
2. 进一步学习用 HDL 描述逻辑电路。
3. 学习采用层次化的方法设计逻辑电路。

二、实验要求

1. 设计一个具有校时、校分，清零，保持和整点报时等功能的数字钟。基于 Quartus II 软件或其他 EDA 软件完成电路设计。
2. 对该电路系统采用层次化的方法进行设计，要求设计层次清晰、合理。
3. 完成顶层电路原理图的设计，编写相应功能模块的 HDL 设计程序。
4. 对该电路系统进行功能仿真。
5. 根据 EDA 实验开发系统上的 CPLD/FPGA 芯片进行适配，生成配置文件或 JEDEC 文件。
6. 将配置文件或 JEDEC 文件下载到 EDA 实验开发系统。
7. 在 EDA 实验开发系统上调试、验证电路功能。

三、实验内容

在 EDA 实验开发系统上完成一个多功能计时电路。电路原理图如图 5.6.1 所示。

设计要求具有如下的基本功能：①数字钟最大计时显示 23 小时 59 分 59 秒；②在数字钟正常工作时可以对数字钟进行快速校时和校分，即拨动开关 S_1 可对小时进行校正，拨动开关 S_2 对分进行校正；③在数字钟正常工作情况下，可以对其进行不断电复位，即拨动开关 S_3 可以使时、分、秒显示回零；④整个系统具有保持功能，即要求在数字钟正常工作情况下，拨动开关 S_4 可以使数字钟保持原有显示，停止计时；⑤要求数字钟在每小时整点到来前进行整点报时，即在整点时刻系统进行鸣叫，鸣叫频率是在 59 分 53 秒、55 秒、57 秒时为 1 kHz，59 分 59 秒时为 2 kHz；⑥要求所有的控制开关具有去抖动功能。

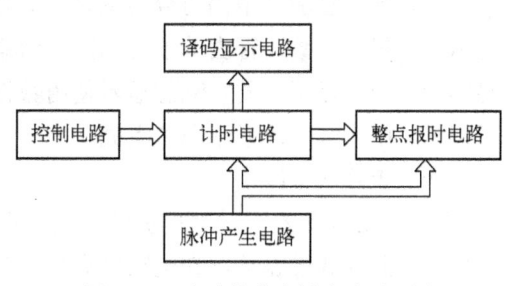

图 5.6.1 多功能数字钟电路原理图

1. 根据基本设计要求完成以下各功能模块电路

（1）计时电路

通过分析数字钟的功能，该设计需要一个模为 24 的计数器构成小时的计数，两个模为 60 的计数器实现分和秒的计数，三个计数器之间构成进位关系，即秒计数器为分计数器提供进位信号，分计数器为时计数器提供进位信号。从全局设计考虑，整体的计时电路应具有使能端和异步清零端。

（2）脉冲产生电路

分析整体电路所需的脉冲信号：1 Hz 脉冲信号，用于计时电路的基本计时；2 Hz 脉冲信号，用于校时、校分的输入脉冲；1 kHz 脉冲信号，用于整点报时的低音频率；2 kHz 脉冲信号，用于整点报时的高音频率。另外，如果显示电路为动态显示，那么为了可以稳定显示数字，则七段数码管的每位数码的扫描频率不小于 25 Hz；如需 8 位数码显示，则动态扫描信号的频率至少要在 200 Hz 以上。

以上所需的脉冲信号，可以由 EDA 实验开发系统所提供的系统时钟信号分频获得。

（3）控制电路

根据设计要求，控制电路应具有系统清零、计时保持、数字钟校时和校分功能。下面以校分为例说明：分计数器的计数脉冲有两个不同的来源，一个是秒的进位信号，还有一个是快速校分信号(可以是 1 Hz 或 2 Hz 脉冲)，根据校分开关的不同状态决定送入分计数器的脉冲来源，以完成正常计时工作或快速校分功能，电路原理如图 5.6.2 所示。

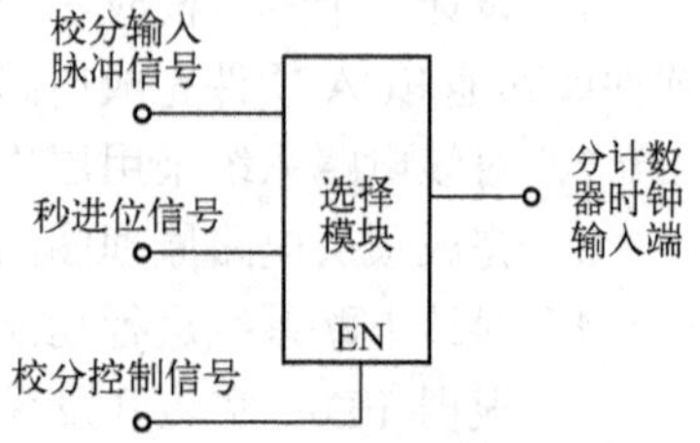

图 5.6.2 校分电路原理图

（4）整点报时电路

整点报时电路的功能由两部分组成：选择报时的时间，选择报时的频率。根据设计要求，数字钟在每个整点的 59 分 53 秒、59 分 55 秒、59 分 57 秒的报时鸣叫频率是 1 kHz，在 59 分 59 秒的报时鸣叫频率是 2 kHz。报时所需的脉冲信号可由脉冲产生电路获得。

（5）译码显示电路

七段数码管驱动电路可分为两种，一种称为静态显示，另一种称为动态显示。所谓静态显示，即每一个数码管由单独的七段显示器驱动，如要显示 n 位数，必须用 n 个七段显示译码器。和静态显示不同，动态显示使用数据选择器的分时复用功能，将任意多位数码管的显示驱动，由一个七段显示器来完成。

（6）去抖动电路

EDA 实验开发系统上提供的开关是机械开关，机械开关在接通或断开过程中，通常会产生一串脉冲式的振动，在电路中会相应产生一串电脉冲，若不采取措施，往往会使逻辑电路发生误动作。为了消除这种误动作，需要设计一个去抖动电路，对实验所需的输入控制开关进行去抖动处理。

上述各功能模块设计完成后，根据总体结构的逻辑顺序将它们连接好，编译无误后，启动 EDA 软件的功能仿真工具对电路进行功能仿真。观察时序图，检查电路是否达到设计要求。

2．扩展设计要求

（1）时间显示模式的设计

时间显示可以是 24 小时制或 12 小时制。当电路设置为 12 小时制时，第 1 位数码管显示上午/下午，上午显示为 A(AM)，下午显示为 P(PM)。

（2）闹钟设定及显示电路的设计

通过输入控制开关可以对正常计时和闹钟显示界面进行切换。可以对闹钟的具体时间进行时和分的设定。设定闹钟响时控制开关，设定响时为 1 分钟，在闹钟鸣叫过程中可以关掉声音。

（3）乐曲发生电路的设计

分析不同音阶和输入信号频率之间的关系，设计乐曲发生电路。在时钟的整点报时、闹钟报时等时段，由乐曲发生电路驱动实验开发系统上的蜂鸣器，达到所需的效果。

（4）跑表电路的设计

由输入控制开关可以对正常计时和跑表显示界面进行切换，跑表的基准输入时钟为 100 Hz，跑表的工作有启动、停止、清除三种状态。

（5）万年历电路的设计

显示及设定年、月、日的功能。基本的计时电路可以对万年历的日、月、年进行正常的进位。万年历的月、日要考虑闰年和平年的变化。

（6）星期电路的设计

星期的设定可以有自动和手动两种方案。自动方案是指根据当前年、月、日自动确定星期几；手动方案则需要自己设定好星期，然后星期与日历同步变化。手动设定相对简单一些，自动设定则需要利用 FPGA 器件中的 ROM 型的查找表。

3．功能下载

综合仿真正确后，将电路下载至 EDA 实验系统的 CPLD/FPGA 器件中。在下载前，先指定电路各输入、输出端在下载板上的管脚分配；管脚锁定完毕后，启动 Programmer 选项，进行编程下载。下载结束后，进行实际操作，检查是否达到设计要求。

四、实验仪器

1．PC 机   1 台
2．EDA 软件开发系统   1 套
3．EDA 实验开发系统   1 套

五、实验报告内容

1．画出顶层电路的原理图。
2．对照原理图叙述多功能数字钟的工作原理。
3．叙述各功能模块的工作原理。
4．给出用 HDL 语言实现功能模块的源程序。
5．给出各功能模块电路的仿真结果。
6．总结实验过程中遇到的问题及解决问题的方法。

5.7　正弦函数计算器设计

一、实验目的

1．深入学习利用可编程逻辑器件进行电子系统设计的方法。
2．学会用层次化设计方法进行逻辑电路设计。
3．学习 LPM_ROM 宏功能模块的定制与使用。

二、实验要求

1．设计一个正弦函数计算器，可以完成 0～90°角度正弦值的计算。该电路基于 QuartusⅡ软件或其他 EDA 软件进行设计。
2．完成顶层电路原理图的设计，对 LPM_ROM 宏功能模块进行配置与使用，编写相应功能模块的 HDL 设计程序。
3．对该电路系统采用层次化的方法进行设计，要求设计层次清晰、合理。
4．对各功能模块电路进行仿真。
5．根据 EDA 实验开发系统上的 CPLD/FPGA 芯片进行适配，生成配置文件或 JEDEC 文件。
6．将配置文件或 JEDEC 文件下载到 EDA 实验开发系统。
7．在 EDA 实验开发系统上调试、验证电路功能。

三、实验内容

在 EDA 实验开发系统上完成一个正弦值计算器电路，可以进行 0～90°角度正弦值的计算。输入有效位数为 3 位，精度为 0.1°；输出正弦值的有效位数也为 3 位，精度达 0.001。整个电路要求具有输入清零、输出使能功能。系统基本工作原理为查表法，即将所需的正弦值预先存入 LPM_ROM 中，实际使用时，将用户输入的角度值转换成相应的 ROM 地址，根据 ROM 地址从 ROM 存储单元读出数据并送往数码管显示。电路原理图如图 5.7.1 所示。

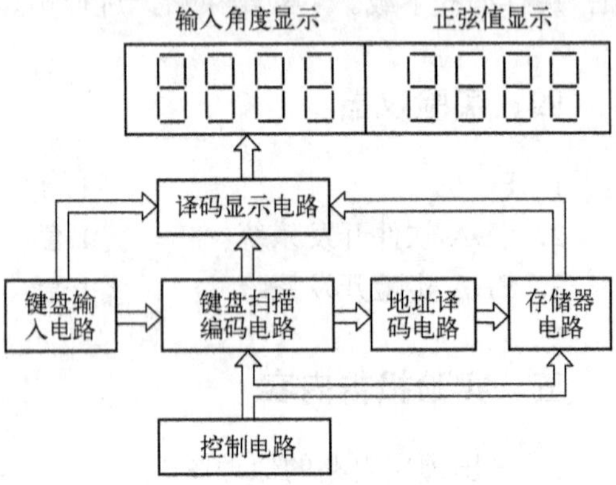

1．根据实验内容的要求，研究正弦函数计算器电路的工作原理。完成如图 5.7.1 所示各功能模块的设计。

（1）输入电路

输入电路用于将需要进行计算的角度值送至电路系统中。输入电路可以利用 EDA 实验箱上的 4×4 矩阵键盘电路来实现，4×4 矩阵键盘共有 16 个按键，除去 0～9 以及小数点这 11 个字符外，剩下的 5 个按键可选取用于输入前清零键 C、输入后开始计算键 S、输入错误清除键 B 等功能的控制开关。例如，在使用时

图 5.7.1　正弦函数计算器电路原理图

首先按下清零键 C，表示准备开始输入数值；然后依次按下数字按键，表示输入需要计算的角度值，在输入过程中如有错误可以按清除键 B，重新输入数值；输入结束后按动开始计算键 S，电路开始进行角度的正弦计算，并显示计算结果。

（2）键盘扫描编码电路

键盘扫描编码电路用于对键盘电路输入的信号进行编码。4×4 矩阵键盘的 16 个按键排成 4 行 4 列，行、列的每个交叉点处设置一个按键。当按键未按下时，行、列线互不相连，当按键按下时，对应的行、列线被连通，键盘扫描编码电路将选中的行、列信息寄存，同时根据键盘上的按键信息进行编码。如输入数字信息则编成代表 0~9 的 8421BCD 码。根据按下按键的不同顺序，将编码器输出的 BCD 码分别送入地址译码电路中，并同时将数值显示在数码管上。

（3）地址译码电路

地址译码电路用于产生存储电路的地址信息。当 3 位角度值通过键盘电路输入完毕后，地址译码电路的作用是根据输入的数值，输出与之相对应的正弦值在 ROM 中的存放地址。

输入角度值的精度为 0.1°，在 0~90° 的范围内，共有 900 个值，需要选取 ROM 的存储空间应为 1024 字节，用于存放角度的正弦值，对应 1024 个字节有 10 根地址线，即地址译码电路有 10 位输出。因此，地址译码电路的功能就是要把输入的 3 位角度值转换为 10 位二进制数。

为了实现设计要求的输出使能功能，此模块电路应具有使能端 EN，当 EN 端接收到计算键 S 的脉冲信号后才对输入值进行地址转换。

（4）存储器电路

存储器电路用于存放 0~90° 角度的正弦值。由于计算后的有效位数为 3 位，精度达 0.001，所以需要有三个 ROM，分别用于存放每个正弦值的十分位、百分位和千分位。根据地址译码电路产生的地址，三个 ROM 并行工作，找到对应的存储信息，并将输出数值显示在数码管上。例如数码管显示为"7、0、7"，则表示输入角度的正弦值为 0.707。

在 EDA 软件中调用 LPM_ROM 元件，并根据设计要求对其进行配置。由上述可知，ROM 的地址线为 10 根，存储空间为 1024 字节，存储数据为 4 位。

（5）控制电路

控制电路用于对整体电路进行使能控制。按照设计要求，电路具有输入清零功能、输错清除功能、开始计算功能。以上功能可以由键盘电路设定 3 个按键来实现，即清零键 C、清除键 B、计算键 S。控制电路所产生的信号作用于键盘扫描编码电路和地址译码电路，完成对整体计算电路的各项控制功能。

（6）译码显示电路

译码显示电路用于驱动七段数码管，显示输入的角度值和计算后的正弦值。这里电路的显示采用动态显示（动态显示电路原理见实验 5.5）。

2．上述各功能模块设计完成后，根据总体结构设计的逻辑顺序将它们连接好，编译无误后，对综合电路进行功能仿真。观察时序图，检查电路设计是否达到设计要求。

3．综合仿真正确后，将电路通过编程电缆下载至 EDA 实验系统的 FPGA 中。在下载前，先对电路的各输入、输出管脚进行锁定。通过 EDA 实验系统提供的键盘电路进行实际操作，检查是否达到设计要求。

四、实验仪器

1. PC 机　　　　　　　　　　1 台
2. EDA 软件开发系统　　　　 1 套
3. EDA 实验开发系统　　　　 1 套

五、实验报告内容

1. 叙述正弦函数计算器电路的工作原理。
2. 详细论述键盘扫描编码电路、地址译码电路、存储电路、控制电路和显示译码电路等的工作原理。
3. 给出各功能模块的 HDL 程序。
4. 给出 LPM_ROM 元件的配置.mif 文件。
5. 给出各功能模块电路的仿真结果。
6. 画出顶层电路的原理图。
7. 给出下载至实验箱后电路的调试结果。
8. 总结实验过程中遇到的问题及解决问题的方法。

第6章 电子线路综合设计

6.1 阶梯波发生器设计

一、实验目的

1. 综合运用所学的电子电路知识，采用集成运算放大器等电子器件设计一个阶梯波发生器。
2. 熟悉使用 PSpice 仿真软件辅助电子项目设计，指导硬件实现的过程。

二、实验原理

采用集成运算放大器等器件构成的阶梯波发生器原理方框图如图 6.1.1 所示。

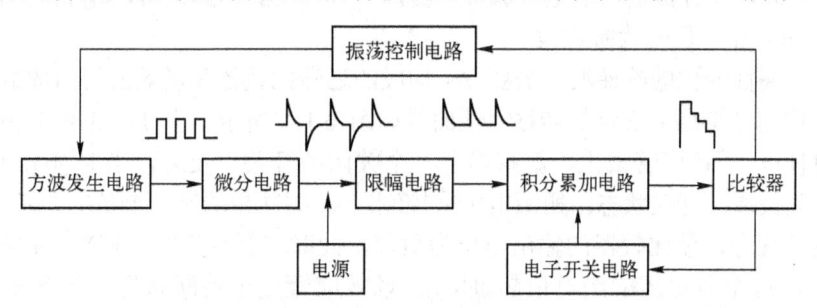

图 6.1.1 阶梯波发生器原理方框图

首先由方波电路产生方波，其次，经过微分电路输出得到上、下都有的尖脉冲，然后经过限幅电路，只留下所需的正脉冲，再通过积分电路后，因脉冲作用时间很短，积分器输出就是一个负阶梯。对应一个尖脉冲就是一个阶梯，在没有尖脉冲时，积分器的输出不变，在下一个尖脉冲到来时，积分器在原来的基础上进行积分，因此，积分器就起到了积分和累加的作用。当积分累加到比较器的比较电压时，比较器翻转，比较器输出正值电压，使振荡控制电路起作用，方波停振。同时，这正值电压使电子开关导通，积分电容放电，积分器输出对地短路，恢复到起始状态，完成一次阶梯波输出。积分器输出由负值向零跳变的过程，又使比较器发生翻转，比较器输出变为负值，这样振荡控制电路不起作用，方波输出，同时使电子开关截止，积分器进行积分累加，如此循环往复，就形成了一系列阶梯波。

具体电路如图 6.1.2 所示，由三个运算放大器组成，A_1 组成方波发生器电路；A_2 组成积分电路；A_3 组成比较器电路。

方波发生器电路中电阻 R_1、R_2 组成正反馈电路，R_4、C_1 组成负反馈电路，运放 A_1 起着比较器的作用，稳压二极管 VD_{Z1}、VD_{Z2} 和电阻 R_3 组成限幅电路，使方波的幅度一定。

电容 C_2 和电阻 R_5、VD_1 组成微分限幅电路，它的等效电路如图 6.1.3 所示。在图 6.1.3

中输入端电压 v_{O1} 是正值，VD_1 导通，设二极管的正向导通电阻为 r，则积分电路的时间常数为 $C_2[R_5//(r+R_6)]$，若 v_{O1} 是负值，VD_1 截止，则积分电路的时间常数为 C_2R_5。因为 VD_1 只有在 v_{O1} 为正值时才导通，所以 R_6 上的电压只有 v_C 的一半，即 VD_1 和 R_6 还起了限幅的作用。

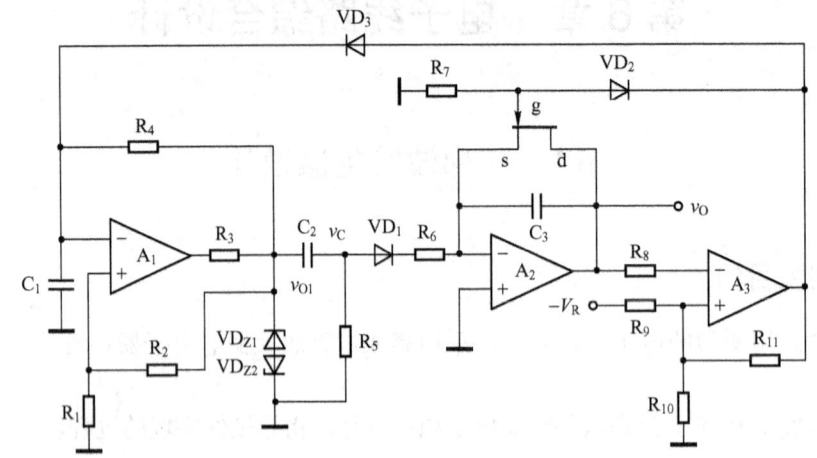

图 6.1.2　阶梯波发生器电路

因为积分电路的输入端是尖脉冲，因此积分电路的积分时间很短，使 v_O 几乎发生突变，尖脉冲过后，积分器输出端电压保持不变，下一个尖脉冲到来时，v_O 再有一个突变，则使积分电路的输出电压 v_O 为阶梯波。

要生成周期性变化的阶梯波，需要 A_3 构成的迟滞比较器和场效应管组成的控制开关联合作用。N 沟道结型场效应管的转移特性曲线如图 6.1.4 所示。当 V_{GS} 的绝对值超过一定值时（超过 $|V_P|$ 时），场效应管截止，就相当于一个关闭的开关。反之，当 $|V_{GS}|<|V_P|$ 时，场效应管导通，开关接通。开关状态由栅源电压来控制。A_3 的同相端接一个负的参考电压 $-V_R$，在阶梯波产生过程中，使比较器的输出电压为负值，此时二极管 VD_2 导通，使场效应管栅极电压为负值，这个负电压的绝对值超过 $|V_P|$，场效应管处于夹断状态，等效于开关打开状态，于是对积分电路也没有影响。与此同时，二极管 VD_3 截止，A_3 对 A_1 组成的方波方生器也没有影响。当积分器的输出端电位不断降低时，阶梯的个数也不断增加，一旦 A_3 的反相输入端和同相输入端的电位相同时，A_3 就发生翻转，A_3 的输出端电压变为正值。这时二极管 VD_2 截止，场效应管的栅极电位变为零，使得场效应管导通，电容 C_3 很快通过场效应管放电，同时，二极管 VD_3 也由原来的截止变为导通，使 A_1 的输出为负值。即每次 A_3 的输出都为负值，使阶梯波的起始波形相同。

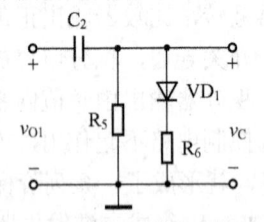

图 6.1.3　等效的微分限幅电路 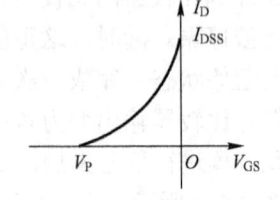　　图 6.1.4　N 沟道结型场效应管转移特性曲线

三、实验内容

1. 电路设计要求：

(1) 产生周期性阶梯波的电路；
(2) 方波发生器的周期为 4～5 ms；
(3) 一个周期阶梯波的电压范围为 10 V；
(4) 阶梯个数 4 个以上。

2．根据设计要求计算和确定各元件参数。
3．使用 PSpice 仿真软件进行原理图仿真：
(1) 使用瞬态分析，对电路进行分段测试和调节，直至输出合适的阶梯波。
(2) 改变电路元器件参数，观察输出波形的变化，确定影响阶梯波电压范围和周期的元器件。
(3) 使用直流扫描分析(DC Sweep)工具绘制结型场效应管的转移特性曲线，分析场效应管参数 I_{DSS} 对阶梯波参数的影响。

4．硬件实现
(1) 根据仿真原理图将设计的电路用元件接插正确；
(2) 电路接插正确后，由前向后，逐级分别调整测试每级的输出波形，描绘观察到的波形图。
(3) 测出方波的振荡周期，调整使之处于 4～5 ms，读测方波的幅度。
(4) 测出阶梯波的阶梯高度和阶梯个数(调整电路使阶梯波清晰、稳定)。

四、实验仪器

1．PC 机　　　　　　　　1 台
2．PSpice 软件　　　　　 1 套
3．直流稳压电源　　　　　1 台
4．数字示波器　　　　　　1 台
5．万用表　　　　　　　　1 只

五、实验报告要求

1．给出阶梯波发生器仿真实验原理图。
2．介绍电路的工作原理。
3．设计的实验电路元件参数的相关计算结果。
4．给出 PSpice 分段测试的仿真波形和仿真分析结果。
5．给出实际硬件最终电路图。
6．绘出实验中实际观察到的每级电路输出波形(要求同一时刻相对应的每级输出波形图)。
7．给出硬件实验实测的方波周期和幅度。
8．给出硬件实验实测的阶梯波的阶梯高度和台阶数。
9．给出硬件实测中出现的问题，采用的处理措施及处理结果。
10．分析仿真实验结果和实际硬件结果的差别。

六、思考题

1．调节电路中哪些元器件值可以改变阶梯波的周期？

2. 调节电路中哪些元器件值可以改变阶梯波的输出电压范围？
3. 调节电路中哪些元器件值可以改变阶梯波的阶梯个数？
4. 阶梯波电路中比较器电路的作用如何？
5. 若阶梯波电路输出正阶梯，如何改进设计？

6.2 音频放大器设计

一、实验目的

1. 综合运用所学的电子电路知识，设计满足一定指标的音频放大器。
2. 熟悉使用 PSpice 仿真软件辅助电子项目设计，并指导硬件实现的过程。

二、实验原理

音频放大器是音响系统的关键部分，其作用是将传声器件(信号源)获得的微弱信号放大到足够的强度去推动放声系统中的扬声器或其他电声器件，使原声响重现。音响系统原理框图如图 6.2.1 所示。

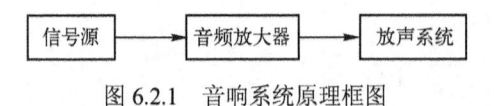

信号源 → 音频放大器 → 放声系统

图 6.2.1 音响系统原理框图

由于信号源输出幅度往往很小，不足以激励功率放大器输出额定功率，因此常在功率放大器之间插入前置放大器将输入信号加以放大，同时由音调控制电路对信号进行适当的音色处理。

在本设计中，音频放大器主要由三部分控制模块组成，如图 6.2.2 所示。

前置放大电路 → 音调控制电路 → 功率放大电路 → 🔊

图 6.2.2 音频放大器的原理方框图

1. 前置放大电路

其主要功能是同信号源阻抗进行匹配，并有一定的电压增益。

根据音频放大器的技术要求，前置放大电路需要输入阻抗比较高，很好地和信号源匹配；输出阻抗比较低，以便不影响音调控制电路的正常工作。同时要求噪声系数尽可能小。因此如果选择分立元件作为前置放大电路，可以选择由场效应晶体管构成的共源放大器和场效应管源极输出器级联组成。

但由于分立元件实现的电路比较复杂，尺寸比较大，而且静态工作点的调节以及放大倍数的设计都比较麻烦，因此可以考虑使用集成运算放大器来实现。运算放大器的输入电阻非常高，可近似为无穷大，并且输出电阻很低，可以近似为零，另外由于它本身的电压放大倍数很高，只要将运算放大器引入负反馈，整个放大器的电压增益就由反馈网络决定。这样放大电路的电压增益就非常容易设计。本设计选用 μA741 构成的放大器，既方便又能满足设计要求。前置放大器原理图如图 6.2.3 所示。

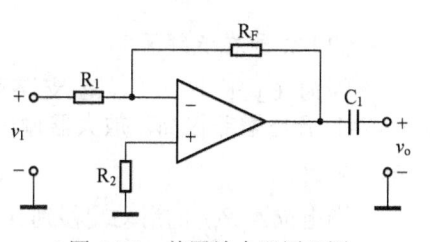

电压放大倍数由反馈电阻 R_F 和 R_1 的比值来决定。

2．音调控制电路

其主要功能是实现高、低音的提升和衰减。

图 6.2.3 前置放大器原理图

常用的音调控制级电路有三类：一是低失真非线性负反馈型音调控制电路，其调整限度小，使用更多；二是 RC 衰减式，其调节范围较宽，但容易失真；三是多用于高级收录机中的混合式音调控制电路。从经济效益来看，负反馈型电路简单，失真小，常被选用。图 6.2.4 所示为负反馈型音调控制电路。Z_1、Z_f 是由 RC 组成的网络，放大电路为集成运算放大器（如 μA741），$A_{vf} = V_o/V_i \approx -Z_f/Z_1$。

为了分析方便，先假设 $R_1 = R_2 = R_3 = R$，$R_{W1} = R_{W2} = 9R$，$C_1 = C_2 \gg C_3$。

当信号频率不同时，Z_1 和 Z_f 阻值不相同，A_{vf} 会随着频率的改变而变化。其频率特性曲线如图 6.2.5 所示（虚线表示实际频率特性）。

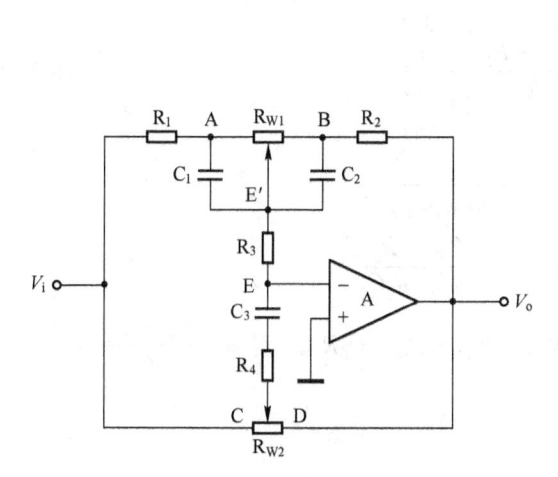

图 6.2.4 音调控制电路原理图 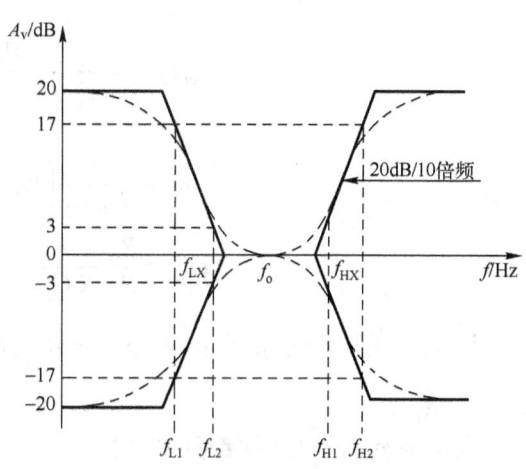　　图 6.2.5 音调控制电路的频率特性曲线

图 6.2.5 中，f_0 是中心频率，一般增益为 0 dB；f_{L1}、f_{L2}、f_{H1}、f_{H2} 分别为低音到中低音、中低音到中音、中音到中高音、中高音到高音的转折频率，一般取 f_{L1} 为几十赫兹，而 $f_{L2}=10 f_{L1}$，$f_{H2}=10 f_{H1}$，f_{H2} 一般为几十千赫兹。由图 6.2.5 可知，音调控制只针对于高、低音的增益进行提升、衰减，而中音的增益基本是保持不变的。因此，音调控制级电路由低通、高通滤波器构成，下面对图 6.2.4 所示电路进行分析。

（1）信号在中频区

由于 $C_1 = C_2 \gg C_3$，因此低、中频区的 C_3 可视为开路，中、高音频区 C_1、C_2 则可以视为短路。又因为 μA741 开环增益很高，放大器输出阻抗又很高，所以 $V_E \approx V_{E'} \approx 0$（虚地）。因此，$R_3$ 的影响可以忽略。因此，在中频区可以绘制出音调控制级的等效电路如图 6.2.6 所示，根据假设 $R_1=R_2$，于是得到该电路的电压增益 $A_{vf} = 0$ dB。

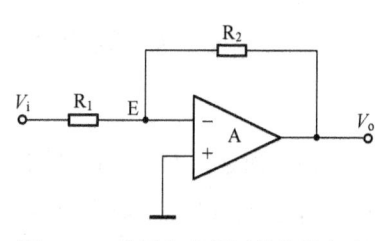

图 6.2.6 信号在中频区的等效电路

（2）信号在低频区

因为 C_3 很小，C_3、R_4 支路可视为开路。反馈网络主要由上半边起作用。同样因为 μA741 开环增益很高，放大器输出阻抗又很高，所以 $V_E \approx V_{E'} \approx 0$（虚地）。因此，$R_3$ 的影响可以忽略。

当电位器 R_{W1} 的滑动端移到 A 点时，C_1 被短路，其等效电路如图 6.2.7(a)所示。

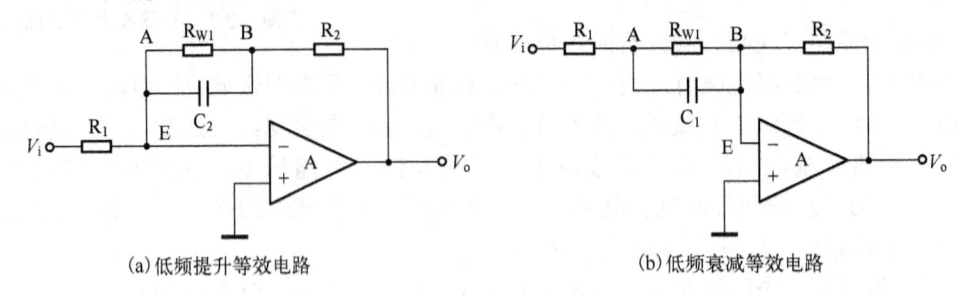

(a) 低频提升等效电路　　　　　　(b) 低频衰减等效电路

图 6.2.7　信号在低频区的等效电路

下面进行电路的幅频特性分析，该电路是一个一阶有源低通滤波器，其传递函数为

$$\dot{A}_{vf}(j\omega) = \frac{\dot{V}_o}{\dot{V}_i} = -\frac{R_{W1}+R_2}{R_1}\frac{1+\dfrac{j\omega}{\omega_{L2}}}{1+\dfrac{j\omega}{\omega_{L1}}} \tag{6.2.1}$$

式中

$$\omega_{L1} = \frac{1}{R_{W1}C_2}\left(\text{或 } f_{L1} = \frac{1}{2\pi R_{W1}C_2}\right)$$

$$\omega_{L2} = \frac{R_{W1}+R_2}{R_{W1}R_2C_2}\left(\text{或 } f_{L2} = \frac{R_{W1}+R_2}{2\pi R_{W1}R_2C_2}\right)$$

根据前面假设条件：$R_1 = R_2 = R_3 = R$，$R_{W1} = R_{W2} = 9R$，可得 $\dfrac{R_{W1}+R_2}{R_3} = 10$，$\omega_{L2} = 10\omega_{L1}$。

当 $\omega \gg \omega_{L2}$，即信号接近中频时

$$|\dot{A}_{vf}| \approx \frac{R_{W1}+R_2}{R_1}\frac{\omega_{L1}}{\omega_{L2}} = 10\times\frac{1}{10} = 1 \text{（即 0 dB）}$$

当 $\omega = \omega_{L2}$ 时　　$|\dot{A}_{vf}| \approx \dfrac{R_{W1}+R_2}{R_1}\sqrt{\dfrac{1+1}{1+\left(\dfrac{\omega_{L2}}{\omega_{L2}}\right)^2}} \approx \sqrt{2}$（即 3 dB）

当 $\omega = \omega_{L1}$ 时　　$|\dot{A}_{vf}| \approx \dfrac{R_{W1}+R_2}{R_1}\sqrt{\dfrac{1+\left(\dfrac{\omega_{L1}}{\omega_{L2}}\right)^2}{1+1}} \approx \dfrac{10}{\sqrt{2}}$（即 17 dB）

当 $\omega \ll \omega_{L1}$，C_2 视为开路，从图 6.2.7(a)中可得到电压增益

$$|\dot{A}_{vf}| \approx \frac{R_{W1}+R_2}{R_1} = 10 \text{（即 20 dB）} \tag{6.2.2}$$

综上所述，在 $f = f_{L2}$ 和 $f = f_{L1}$ 时，分别比中频时提升了 3 dB 和 17 dB，我们称 f_{L2} 和 f_{L1} 为转折频率，在这两个转折频率之间（$f_{L1} < f_{LX} < f_{L2}$）曲线的斜率为 -6 dB/倍频程。低音最大提升量为 20 dB。

同样分析方法可知，当 R_{W1} 滑至右端时的低频衰减特性。等效电路如图 6.2.7(b) 所示，读者可以自行分析。其中转折频率为：

$$f'_{L1} = \frac{1}{2\pi R_{W1}C_1} = f_{L1}, \quad f'_{L2} = \frac{R_{W1}+R_1}{2\pi R_{W1}R_1C_1} = f_{L2} \qquad (6.2.3)$$

最大衰减量为
$$|\dot{A}_{vf}| \approx \frac{R_2}{R_{W1}+R_1} = \frac{1}{10} \text{ （即 -20 dB）} \qquad (6.2.4)$$

（3）信号在高频区

在高频区间，图 6.2.4 中 C_1 和 C_2 可视为短路，这时起作用的是 C_3、R_4 支路，如图 6.2.8(a) 所示为音调控制器的等效电路。可以将 R_1、R_2、R_3 的星形连接转换成 R_A、R_B、R_C 的三角形连接，这样便于分析，转换后的等效电路如图 6.2.8(b) 所示。

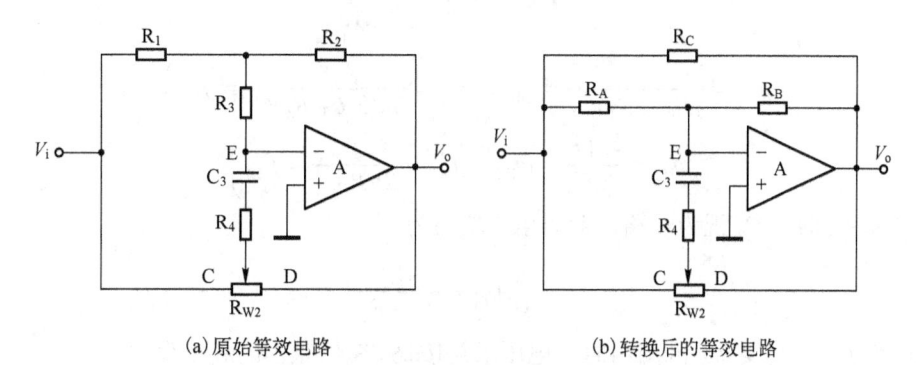

图 6.2.8　高频区的等效电路

其中
$$R_A = R_1 + R_3 + \frac{R_1R_3}{R_2} = 3R \ (R_1 = R_2 = R_3)$$

$$R_B = R_2 + R_3 + \frac{R_2R_3}{R_1} = 3R, \quad R_C = R_1 + R_2 + \frac{R_1R_2}{R_3} = 3R$$

由于前级输出电阻很小，输出信号 V_o 通过 R_C 反馈到输入端的信号被输出电阻所旁路，所以 R_C 的影响可以忽略，视为开路。当滑动变阻器 R_{W2} 滑到 C 和 D 点时，R_{W2} 等效于跨接在输入和输出之间，且数值比较大，也可视为开路，因此可得到滑动变阻器在 C 和 D 点时的等效电路如图 6.2.9 所示。

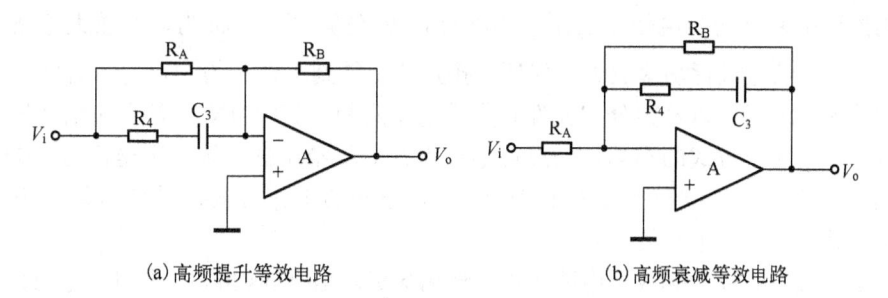

图 6.2.9　高频提升和衰减时的等效电路

能够看出，图 6.2.9(a) 所示为一阶有源高通滤波器电路，其传输函数

$$\dot{A}_{vf}(j\omega) = \frac{V_o}{V_i} = -\frac{R_B}{R_A}\frac{1+j\omega/\omega_{H1}}{1+j\omega/\omega_{H2}} \qquad (6.2.5)$$

其中
$$\omega_{H1} = \frac{1}{(R_A + R_4)C_3} \left(或 f_{H1} = \frac{1}{2\pi(R_A + R_4)C_3} \right)$$
$$\omega_{H2} = \frac{1}{R_4 C_3} \left(或 f_{H2} = \frac{1}{2\pi R_4 C_3} \right)$$

当 $f > f_{H2}$ 时，C_3 视为短路，此时电压增益为：

$$\left| \dot{A}_{vf} \right| \approx \frac{R_A + R_4}{R_4} \tag{6.2.6}$$

同理图 6.2.9(b) 衰减等效电路的传输函数为

$$\dot{A}_{vf}(j\omega) = \frac{V_o}{V_i} = -\frac{R_B}{R_A} \cdot \frac{1 + \dfrac{j\omega}{\omega_{H2'}}}{1 + \dfrac{j\omega}{\omega_{H1'}}} \tag{6.2.7}$$

其中
$$\omega'_{H1} = \frac{1}{(R_B + R_4)C_3} = \omega_{H1} \left(f'_{H1} = \frac{1}{2\pi(3R + R_4)C_3} = f_{H1} \right)$$
$$\omega'_{H2} = \frac{1}{R_4 C_3} = \omega_{H2} \left(f'_{H2} = \frac{1}{2\pi R_4 C_3} = f_{H2} \right)$$

当 $f > f'_{H2}$ 时，C_3 视为短路，此时电压增益为：

$$\left| \dot{A}_{vf} \right| \approx \frac{R_4}{R_B + R_4} \tag{6.2.8}$$

当频率 $f_{H1} < f_{HX} < f_{H2}$ 区间内时，电压增益按±6 dB/倍频程的斜率变化。

综合高低频时的电压增益分析，假设给出低频 f_{LX} 处和高频 f_{HX} 处的提升量，又知道 $f_{L1} < f_{LX} < f_{L2}$，$f_{H1} < f_{HX} < f_{H2}$，那么：

$$f_{L2} = f_{LX} \times 2^{\frac{提升量(dB)}{6\,dB}} \tag{6.2.9}$$

$$f_{HX} = f_{H1} \times 2^{\frac{提升量(dB)}{6\,dB}} \tag{6.2.10}$$

可见，当某一频率的提升量和衰减量已知时，由式(6.2.9)和式(6.2.10)可以求出所需的转折频率，利用式(6.2.1)~式(6.2.8)可以求出相应元件参数和最大提升量及衰减量。

3．功率放大电路

音调控制电路末端的电路主要用于驱动负载 R_L（扬声器），称为功率放大电路。其主要功能是，将电压信号进行功率放大，保证在扬声器上得到不失真的额定功率信号。

目前功率放大器可以分为分立元件和集成电路两种，其中分立元件又包括半导体器件与真空管器件。按输出方式的不同，功放可划分为有变压器输出、无变压器输出(OTL)、无电容器输出(OCL)和无变压器平衡输出(BTL)等。不同的工作方式，功放可划分为不同的类别，比如甲类、乙类、甲乙类、丙类等。

此次设计选用集成功率放大电路实现，选用集成功放 TDA2030，具体关于 TDA2030 的管脚分布以及详细原理参见教材 1.5 节。典型应用电路如图 6.2.10 所示。

图 6.2.10 中二极管 VD_1 和 VD_2 的作用在于限制输入信号过大，并避免电源反接，起保护功能；C_3、C_4、C_5、C_6 的作用是过滤直流电源中的噪声信号，R_4 与 C_7 构成了输出相移的校正网络，使网络中负载接近于纯电阻；C_1 是输入耦合电容，它的大小决定了功率放大器

的下限频率；C_2 的大小决定了电路的上限截止频率；R_4 可以用来提高频率的稳定性，其值一般为 1 Ω；其交流放大倍数 $A_V = 1 + \dfrac{R_2}{R_3}$。

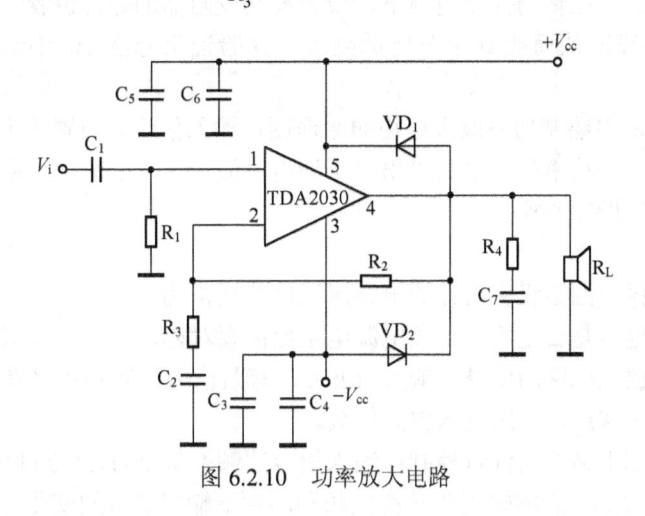

图 6.2.10 功率放大电路

4．电路调试

音频放大器是一个小型的电路系统，硬件调试前需要对完整电路进行合理布局，功放级应远离输入级，每一级的地线尽量接在一起，连线尽可能短，否则容易产生自激。调试时单级电路的技术指标较容易达到，但进行级联时，由于级间相互影响，可能使单级的技术指标发生很大变化，甚至两极不能进行级联。产生的主要原因可能是布线不太合理，形成级间交叉耦合，应考虑重新布线；或是级联后各级电流都要流经电源内阻，内阻压降对某一级可能形成正反馈，应接 RC 去耦滤波电路。一般 R 取几十欧姆，C 一般用几百微法大电容与 0.1 微法的小电容相并联。另外功放级输出信号较大，对前级容易产生影响，引起自激，而集成块内部电路多极点引起的正反馈也容易产生高频自激，可以通过增强外部电路的负反馈来消除叠加的高频毛刺。

三、实验内容

1．音频放大器的技术指标要求：
（1）±12 V 双直流电源供电，负载阻抗(扬声器) R_L=8 Ω；
（2）当输入信号 V_i=10 mV(有效值)时，输出额定功率大于 1 W；
（3）信号频率范围 f=20 Hz～20 kHz；
（4）音调控制范围：低音 100 Hz 时有±12 dB 的提升和衰减量，高音 10 kHz 时有±12 dB 的提升和衰减量；
（5）输入阻抗≫20 kΩ。
2．根据技术指标设计各级的增益分配，并分析计算相应的实现电路的各元件参数。
3．使用 PSpice 仿真软件，分级仿真和调试电路：
（1）在 Capture 中绘制前置放大电路的原理图，信号源选择有效值为 10 mV 的正弦信号，使用瞬态分析，得到前置放大电路的输出波形，并求出电压增益；
（2）在 Capture 中绘制音调控制电路的原理图，使用交流分析(AC Sweep)，得到音调控制电路中低频提升和低频衰减时的频率特性曲线，从而找到两个转折频率，并验证信号在 100 Hz 时提升量和衰减量的值；

（3）同步骤（2），在音调控制电路下，设置滑动变阻器的划片位置，得到高频时提升和衰减的频率特性曲线，从而找到两个转折频率，并验证信号在 10 kHz 时提升量和衰减量的值；

（4）在 Capture 中绘制功率放大电路的原理图，输入信号为前置放大信号的输出信号波形，使用瞬态分析得到功率放大电路输出电压和电流波形，求出输出功率的大小。调节参数使输出功率满足设计指标要求。

4．硬件实现

（1）根据仿真原理图逐级将设计的电路用元件接插正确。

（2）检查电源电压是否正确，正负电源电压数值要对称，并且确保接线正确。

（3）测量前置放大电路的增益：输入 1 kHz，有效值为 100 mV 的信号，用数字示波器测量输入、输出电压波形，求出电压放大倍数。

（4）测音调控制电路的高低音控制：输入信号的频率从 20 Hz～20 kHz 变化，分别调节滑动变阻器 R_{w1} 和 R_{w2}，观察输入信号在低频和高频下输出信号的变化。测试输入信号频率为 100 Hz 和 10 kHz 时提升和衰减下的输出波形，描绘观察到的波形图，求出提升和衰减量。

（5）测量功率放大电路输出功率和最大输出功率：

① 输入频率为 1 kHz，有效值为 10 mV 的信号，输出负载使用 8 Ω/15 W 的负载电阻，测量输出波形，求出输出功率。

② 改变输入信号幅度，逐渐加大输入信号，观察功放的输出波形刚好不产生失真，此时输出最大，根据 $P_{om} = V_{om}^2 / 2R_L$，得出最大输出功率值。

（6）成品试听检验：

① 输出接 8 Ω/15 W 的扬声器负载，无输入时，不应有严重的交流声。

② 输入信号改为计算机内指定的音乐输入，调节滑动变阻器 R_{w1} 和 R_{w2}，高低音应有明显变化，不应出现噪声。

四、实验仪器

1．PC 机　　　　　　　　　1 台
2．PSpice 软件　　　　　　1 套
3．直流稳压电源　　　　　1 台
4．函数信号发生器　　　　1 台
5．示波器　　　　　　　　1 台
6．交流毫伏表　　　　　　1 只
7．万用表　　　　　　　　1 只

五、实验报告要求

1．给出满足设计指标要求的音频放大器实验原理图。

2．介绍各部分的工作原理和电压增益分配。

3. 给出电路中各元件参数选取的计算过程。
4. 给出 PSpice 分模块测试的仿真波形和计算结果。
5. 自拟表格，给出实际硬件调试的记录结果，并结合设计指标给出计算结果。
6. 给出硬件实测中出现的问题，采用的处理措施及处理结果。
7. 分析仿真实验结果和实际硬件结果的差别。

六、思考题

1. 当电路中电源噪声较大时，可以采取什么措施减小电源噪声对音频放大器的影响？
2. 如何解决功率放大器中功放芯片的散热问题？
3. 当功率放大电路输出出现自激振荡时，可以采取什么方式减小自激振荡？

6.3 数字温度计的设计

一、实验目的

1. 了解 RTD（Resistance Temperature Detector，电阻式温度探测器，简称热电阻）传感器测量温度的原理，以及温度信号转换为电压信号的过程；
2. 熟悉 3 位半 A/D 转换器的原理和使用方法；
3. 掌握模数综合电路系统的设计、组装和调试过程。

二、实验原理

数字温度计由模拟电路和数字电路组合而成，使用 RTD（Resistance Temperature Detector，电阻式温度探测器）传感器来测量和显示传感器所在位置的温度。它的输入信号是由 RTD 传感器电阻值发生变化引起的。工作电源使用频率为 50 Hz 的 220 V 工频交流电，温度由 4 个数码管显示。做成成品后的温度计可应用于测量汽车内外温度，空调房间内外温度，冰箱的内外温度，以及对一些鱼池水温或是婴儿洗澡水温或是人的体温等进行测量。

数字温度计架构图如图 6.3.1 所示。

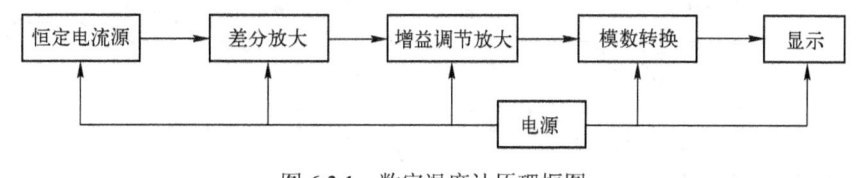

图 6.3.1 数字温度计原理框图

1. 恒定电流源传感器

选用常见的 PT100（0℃时的电阻值为 100Ω）铂制 RTD 温度传感器，RTD 的阻值是随温度变化而变化的，在恒定电流通过 RTD 时就会产生与温度成比例的电压信号。PT100 铂制 RTD 的电阻值和温度变化之间的对应关系如表 6.3.1 所示，可以看到温度从 0℃变化到

100℃时，电阻从 100 Ω 变化到 138.5 Ω，温度系数为 0.385 Ω/℃。

使用 RTD 时要注意通过 RTD 的电流应小于 1 mA，以防止传感器自热。自热会使传感器的温度上升，在温度超过传感器的工作温度范围时，将会导致错误地显示过高的温度。

表 6.3.1 PT100 铂制 RTD 的电阻值与温度之间的对应关系表

温度(℃)	电阻值(Ω)	温度(℃)	电阻值(Ω)
-10	96.09	50	119.4
0	100	60	123.24
10	103.9	70	127.08
20	107.79	80	130.9
30	111.67	90	134.71
40	115.54	100	138.51

2．差分放大器

接收由 RTD 传感器和恒定电流源产生的输入电压信号，该模块的主要作用是消除共模信号噪声的影响，并增大放大器的输入阻抗。

3．增益调节放大器

这部分需要设计一个合适的增益确保输出信号在一个合适的电平范围内，以适合于模数转换器部分的输入。

4．模/数转换器(A/D 转换器)

A/D 转换器是对输入信号进行采样，并将其转换为数字量。所得到的的数字依赖于所选 A/D 转换器上可用的数位个数。由于大规模集成电路的广泛应用，3 位半和 4 位半 A/D 转换器已广泛用于各种测量系统。显示系统有由发光二极管(LED)组成的和液晶显示屏(LCD)型的。常见的单片 A/D 转换器有 7106/7、7116/7 和 7126，都是双积分型的 A/D 转换器，这些单片 A/D 转换器具有大规模集成的优点，将模拟部分，如缓冲器、积分器、电压比较器和模拟开关等，以及数字电路部分，如振荡器、计数器、锁存器、译码器、驱动器和控制逻辑电路等，全部集成在一个芯片上，使用时只需要外接少量的电阻、电容元件和显示器件，就可以完成模拟量到数字量的转换。7116/7 区别于 7106/7 之处是增加了数据保持功能。

本设计选用美国微芯半导体公司生产的 TC7117，其内部电路如图 6.3.2 所示。

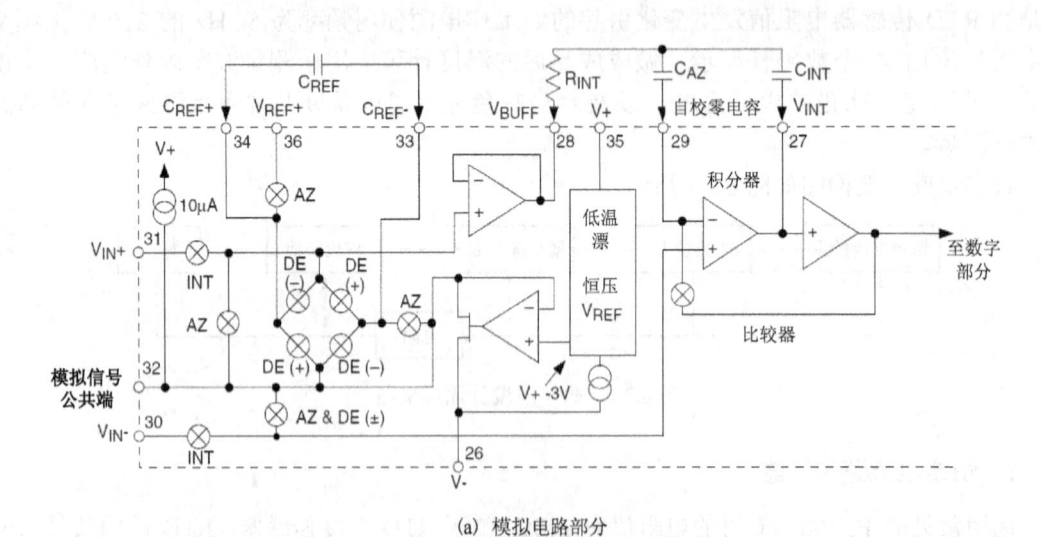

(a) 模拟电路部分

图 6.3.2 TC7117 A/D 转换器内部电路

(b) 数字电路部分

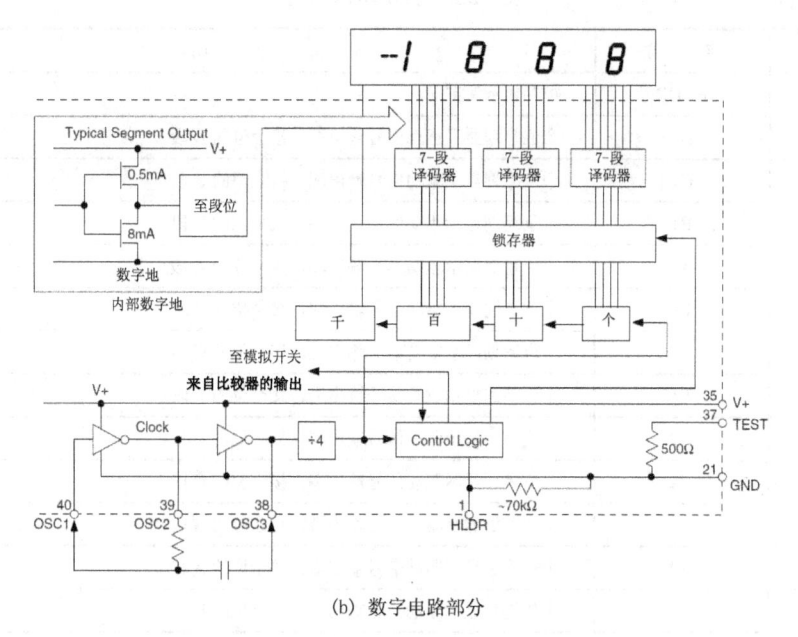

图 6.3.2　TC7117 A/D 转换器内部电路(续)

TC7117 采用双积分的方法实现 A/D 转换，每一个转换周期分为三个阶段：

（1）自动校零阶段(AZ)。需要做三件事：第一，内部高端输入和低端输入与外部管脚分离，在内部与模拟公共管脚短接；第二，参考电容充电到参考电压值；第三，围绕整个系统形成一个闭合回路，对自动零电容 C_{AZ} 进行充电，以补偿缓冲放大器、积分器和比较器的失调电压。由于比较器包含在回路中，因此自动校零的精度仅受限于系统噪声。任何情况下，折合到输入端的失调电压小于 $10\ \mu V$。

（2）信号积分阶段(INT)。信号进入积分阶段，自动校零回路断开，内部短接点也脱开，内部高端输入和低端输入与外部管脚相连。这个阶段转换器将 IN+ 和 IN− 之间输入的差动输入电压进行一固定时间的积分。若该输入信号相对于转换器的电源电压没有回转，可将 IN− 连接到模拟公共端上，以建立正确的共模电压。

（3）反向积分阶段(DE)。模拟部分的最后阶段是反向积分，或者称为参考积分，是实现对与输入信号极性相反的参考电压 V_{REF} 进行积分。积分器的输出信号经过比较器进行比较后，作为逻辑部分的程序控制信号。逻辑电路不断地重复产生自动校零、信号积分和反向积分三个阶段的控制信号，适时地指挥计数器、锁存器、译码器、液晶驱动器协调工作，使相应于输入信号的脉冲个数的数字显示出来。

TC7117 A/D 采用标准的双列直插式 40 引脚封装，引脚排列如图 6.3.3 所示。各引脚的功能说明见表 6.3.2。

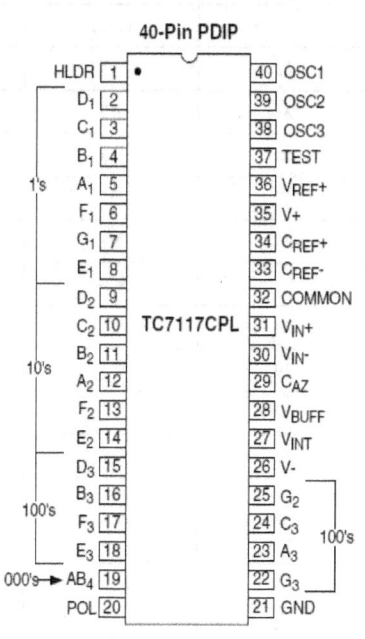

图 6.3.3　TC7117 引脚图

表 6.3.2　引脚功能说明

引脚序号	名　称	说　明
1	HLDR	控制显示保持
2	D1	个位笔划显示驱动信号输出端，接个位的 D 段
3	C1	个位笔划显示驱动信号输出端，接个位的 C 段
4	B1	个位笔划显示驱动信号输出端，接个位的 B 段
5	A1	个位笔划显示驱动信号输出端，接个位的 A 段
6	F1	个位笔划显示驱动信号输出端，接个位的 F 段
7	G1	个位笔划显示驱动信号输出端，接个位的 G 段
8	E1	个位笔划显示驱动信号输出端，接个位的 E 段
9	D2	十位笔划显示驱动信号输出端，接十位的 D 段
10	C2	十位笔划显示驱动信号输出端，接十位的 C 段
11	B2	十位笔划显示驱动信号输出端，接十位的 B 段
12	A2	十位笔划显示驱动信号输出端，接十位的 A 段
13	F2	十位笔划显示驱动信号输出端，接十位的 F 段
14	E2	十位笔划显示驱动信号输出端，接十位的 E 段
15	D3	百位笔划显示驱动信号输出端，接百位的 D 段
16	B3	百位笔划显示驱动信号输出端，接百位的 B 段
17	F3	百位笔划显示驱动信号输出端，接百位的 F 段
18	E3	百位笔划显示驱动信号输出端，接百位的 E 段
19	AB4	千位笔划显示驱动信号输出端，接千位的 A 段和 B 段
20	POL	负号显示的驱动引脚
21	GND	电源接地
22	G3	百位笔划显示驱动信号输出端，接百位的 G 段
23	A3	百位笔划显示驱动信号输出端，接百位的 A 段
24	C3	百位笔划显示驱动信号输出端，接百位的 C 段
25	G2	十位笔划显示驱动信号输出端，接十位的 G 段
26	V-	提供负电压
27	V_{INT}	积分放大器输出端，接积分电容
28	V_{BUFF}	缓冲放大器输出端，接积分电阻
29	C_{AZ}	积分放大器输入端，接自动调零电容
30	V_{IN-}	差分输入。连接到输入被测电压。LO 和 HI 标识符仅供参考并不意味着 LO 需要被连接到低电势，例如负输入 IN-电势高于 IN+。
31	V_{IN+}	
32	COMMON	模拟信号公共端，简称"模拟地"，使用时一般与输入信号的负端以及基准电压的负极相连。
33	C_{REF-}	参考电容的连接引脚
34	C_{REF+}	
35	V+	提供正电压

续表

引脚序号	名称	说明
36	V_{REF}	提供基准电压
37	TEST	测试端，连接 V+时驱动所有字段
38	OSC3	
39	OSC2	时钟振荡器的引出端
40	OSC1	

5．数字显示部分

选用 4 个 7 段红色 LED 显示温度数据。LED 显示器可以使用共阴极或共阳极的配置。启动一个共阴极显示段，公共阴极须通过一个限流电阻器连接地线；启动共阳极显示段，需要将公共阳极通过限流电阻后连接到+5 V 的电压。

6．电源设计

数字温度计的供电电源是 50 Hz、220 V 的工频交流电，而不管是模拟部分的放大器还是数字部分的 A/D 转换器，供电电源都是直流电，因此需要将工频交流电转换为电路所需要的直流电源。数码管显示部分和 A/D 转换部分的电路将需要±5 V、250 mA 的电源，而模拟放大器和恒定电流源部分则需要±5 V、25 mA 的电源。虽然数字部分需要的电源电压也是 5 V，但是如果使用同一个 5 V 电源，数字电路中大量的开关将会在模拟电路中产生较小的感应噪声电压，因此需要开发两个 5 V 的电源。图 6.3.4 所示为供电电源的原理框图。变压器将 220 V 电压下降为较低交流电压。选用一个中心抽头的变压器来增减电源的电压，然后通过桥式整流电路整流输出脉动的直流电压，再通过滤波电路进一步减小电压波动，最后通过集成稳压器稳压输出相应幅值电压。

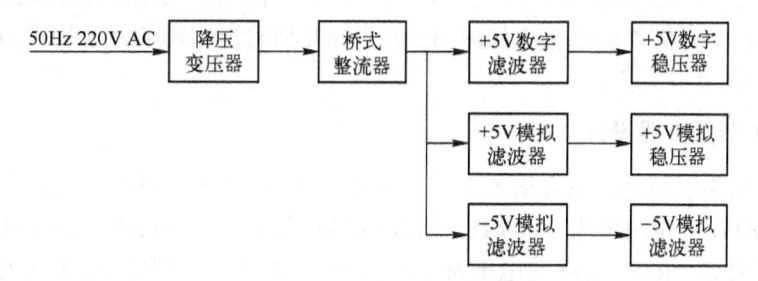

图 6.3.4 电源原理框图

三、电路设计与元器件选择

设计数字温度计电路，测量范围至少能实现-10℃～100℃，误差在 0.5℃内。根据图 6.3.1 的原理框图分别设计相应的电路。

1．恒定电流源设计

RTD 传感器的电阻值随温度变化情况见表 6.3.1，从-10℃变化到 100℃时，电阻将从 96.09 Ω 变化到 138.51 Ω。这时，恒定电流源必须为该电阻提供 1 mA 的电流，这是恒定电流源的设计目标。

恒定电流源电路需要一个基准电压作为输入电压，以提供一个稳定的输入。由于恒定电流的值将随输入电压变化，因此该输入电压必须要保持相对稳定。这里选择 2.5 V 的基准电压，因为运放的直流供电电源为±5 V，可以使用电阻分压后通过电压跟随器得到。电路如图 6.3.5 所示。

恒定电流源电路如图 6.3.6 所示。假设没有电流通过运算放大器的负极输入端，即意味着输入电阻器 R_3 中的电流将通过反馈通路流经 RTD。恒定电流值等于 V_{REF}/R_3，即 2.5 V/R_3=1 mA。因此，引得 R_3=2.5 kΩ。实际中选择 2.49 kΩ 会最贴近于标准值。补偿电阻器 R_4 的值等于输入电阻 R_3 和 RTD 电阻的并联，因为 RTD 电阻值将随温度变化，所以我们假设 RTD 的电阻值为-10 ℃～100 ℃的中间温度的电阻值，即为 117.3 Ω。则有 R_4=117.3 Ω//2.49 kΩ=112 Ω≈110 Ω。

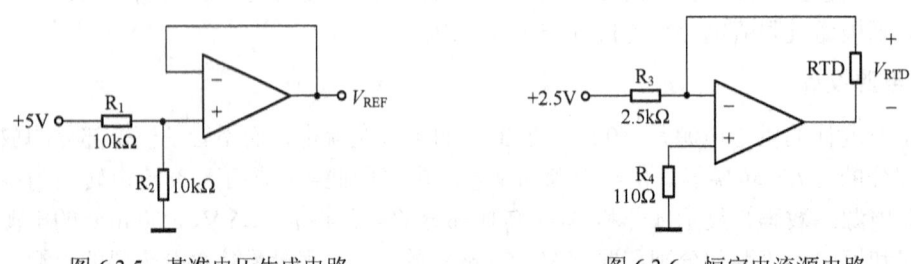

图 6.3.5　基准电压生成电路　　　　图 6.3.6　恒定电流源电路

2. 差分放大电路设计

RTD 和恒流源电路最终输出一个电压，该电压值等于 RTD 电阻乘以 1 mA，-10℃～100℃温度内，共模电压大约为 2.59 V～2.64 V。差分放大器的目标是消除共模电压，因此设计一个增益为 1，输入电阻较大的电路，适应 A/D 电路电压范围的电压交给下一级的增益调节部分实现。为提供单位增益，如图 6.3.7 电路将所有电阻器的阻值均设为 10 kΩ，此时的输出电压为 $V_{O1} = -V_{RTD}$。

3. 增益调节放大器设计

增益调节电路主要是产生合适的增益系数为 A/D 转换器提供所要求的电压范围。当温度在-10℃时 RTD 的电阻值为 96.09 Ω，RTD 两端的电压为 96.09 mV；温度在 100℃时 RTD 电阻值为 138.51 Ω，RTD 两端的电压为 138.51 mV。在进一步研究 A/D 转换器的细节后，决定使用一个数字万用表类型的 A/D 转换器，其输入电压范围为-1～2 V。因此，设计在 RTD 输入信号的范围为-10℃(96.09 mV)至 100℃(138.51 mV)时，输入部分的输出范围为-0.1 V 至 1 V。增益调节放大器部分的输入信号的净范围为 138.51-96.09=42.42 mV，输出信号的净范围为 1.1 V，则输入部分的总增益为 1.1 V/42.42 mV=25.93。由于温度为 0℃时 RTD 两端电压为 100 mV，差分放大后为-100 mV，但增益调节后输出电压需设计为 0 V，因此设计的放大器需要弥补 RTD 信号 0℃时的电压，还需要将 RTD 的电压放大 25.93 倍。图 6.3.8 所示的反向加法器可以实现上述目的。该电路将差分放大后的输出电压减去 100 mV，并放大 25.93 倍。

该增益调节电路的输出电压 $V_O = -[(V_{O1} \times R_F/R_9)+(V_Z \times R_F/R_{11})]$，为使增益为 25.93，总反馈电阻为 259.3 kΩ，取 $R_9=R_{11}$=10 kΩ，则 $R_F=R_{12}+R_{w2}$=259.3 kΩ，实际取 240 kΩ，再加上一个 50 kΩ 变阻器。V_Z 等于 0℃时的 RTD 两端电压 100 mV，设计为由+5 V 电源和一个分压

电路产生的电压，该分压电路包含一个调零电位计 R_{W1}。R_{W1} 的阻值选择为 1 kΩ，为 10 kΩ 输入电阻器阻值的 1/10，以消除任何负载效应。R_{w1} 的值取电位计的中间值(即 500 Ω)，以提供 100 mV 补偿信号。V_Z=+5 V×[500/(500+R_{10})]=0.1 V，则可得 R_{10}=24.5 kΩ。反馈线路需包含一个电位计 R_{w2}，用于调整增益以提供所要求的标称增益 25.93。

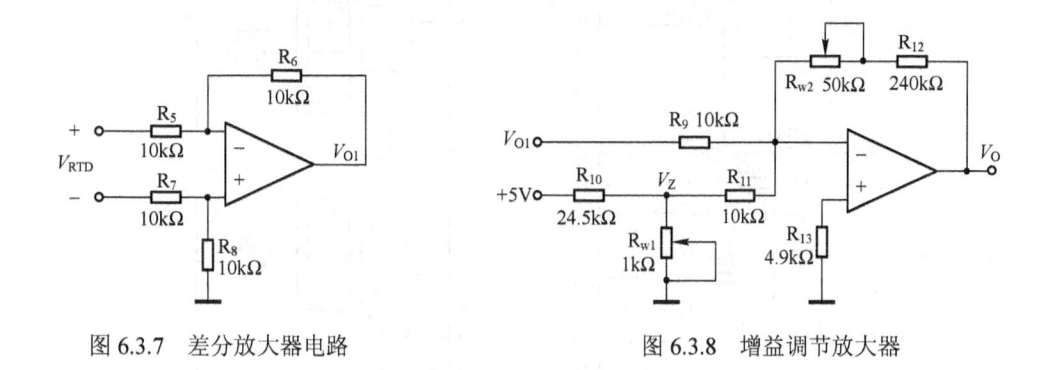

图 6.3.7 差分放大器电路　　　　　　图 6.3.8 增益调节放大器

补偿电阻器 R_{13} 的值应等于运算放大器反向输入端与地线之间的并联电阻，因此取 4.9 kΩ。

4．A/D 转换器和数字显示电路

提供给 A/D 转换器的输入信号电压范围为-0.1 V～1 V，并且将代表 RTD 所测量的温度范围为-10℃～100℃。A/D 转换器将对输入电压进行采样，并将模拟电压信号转换为数字信号，该数字信号将在 4 个 7 段 LED 上显示正确的数字，以表示所测量的温度。为实现这一目的，可以使用万用表类型的 A/D 转换器，其拥有将二进制数转换为 7 段格式数据的解码器和内置于集成电路中的驱动程序。这里选用 LM7117 芯片，7117 设备是一种 $3\frac{1}{2}$ 个数位、11 位分辨率(总数为 2000)，包含内置 LED 解码器驱动的 A/D 转换器，适用于这里的需求。

7117 需要±5 V 的直流电源，数字温度计正好计划使用这种电源，此外，7117 还包含自己的内部基准电压以供 A/D 转换器使用。

A/D 转换器将直接驱动 7 段 LED，所以该电路需要为每一个 LED 显示段提供一个降压电阻器。查阅 7117 的数据文件后给出如图 6.3.9 所示的带有显示的 A/D 转换器典型电路。

5．电源

电源部分需要为数字温度计中的所有模块提供直流电压。电源电路的输入是 220 V、50 Hz 的工频交流电，规范规定输入的交流电压幅度变化不超过 10%，这意味着输入的交流电压的变化幅度为±22 V。电源设计时必须要考虑到这样的变化，如果交流输入电压较低，则设计必须保证有足够的电压提供给稳压器，以维持直流电源的输出；如果交流输入电压较高，则在电源的额定电流下，稳压器的电压下降幅度必须不能超过稳压器的额度。

直流稳压电源的设计原理可参照本书 1.7 节，图 6.3.10 所示为本实验完整的电源原理电路。

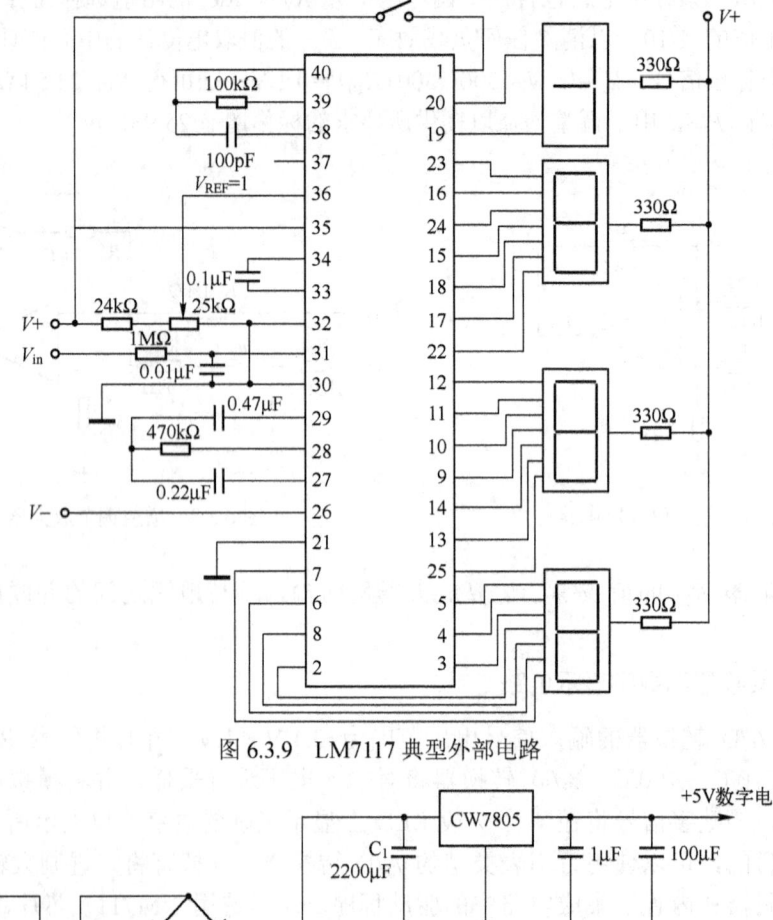

图 6.3.9　LM7117 典型外部电路

图 6.3.10　电源原理电路

四、实验内容

1. 使用 PSpice 仿真软件，分级仿真和调试模拟电路部分。

（1）在 Capture 中绘制模拟部分原理图，RTD 使用电阻代替，先将 RTD 设置为 $100\,\Omega(0\,℃)$，确定 RTD 支路上的电流为 $1\,\text{mA}$，调节电路元件参数，使图 6.3.10 中的

V_Z=100 mV，V_O 输出尽可能接近 0V。

（2）使用参数扫描工具(Parametric Sweep)分析不同电阻阻值下增益调节电路的输出电压，从而确定最佳的元器件参数值。

2．使用 PSpice 仿真软件，构建图 6.3.10 的直流稳压电源电路，仿真确定合适的变压器以及电容的值。

3．硬件调试：

（1）根据仿真最终确定的电路，搭建模拟电路部分电路，RT100 传感器部分用电阻代替，运算放大器的供电电源使用实验室的直流稳压电源提供±5 V。调节增益调节电路中的滑动变阻器 R_{w1}，使 V_Z 输出为 100 mV。根据表 6.3.1 所示的温度与电阻值的关系，测试不同阻值下的输出电压值，调试反馈支路上滑动变阻器，使得输出电压满足设计要求，并自制表格记录阻值和输出显示电压的关系。

（2）单独连接 A/D 转换器和数字显示部分。先用 A/D 转换器芯片的 TEST 端测试，检查 LED 显示是否正常，然后再接入模拟部分，显示正常后，关闭电源，用 PT100 更换原来 RTD 处的电阻，打开电源，观察数码管上的显示是否正常。注意：小数点取第三个数码管的 DP 端显示。

（3）根据电源部分仿真确定的电路来搭建电源电路，测试正常后加至模拟部分的运放处和 A/D 转换器的电源输入端。

4．成品检测：

（1）将数字温度计和市场的水银温度计分别放在室温下、凉水中、热水中，记录其数据的差异，分析误差。

（2）将 PT100 的探针插入冰箱或冰块中，检测数字温度计的负值显示情况。

五、实验仪器

1．PC 机　　　　　　1 台
2．PSpice 软件　　　 1 套
3．直流稳压电源　　 1 台
4．万用表　　　　　 1 只

六、实验报告内容

1．给出满足设计指标要求的数字温度计完整实验原理图。
2．介绍各部分的工作原理和 PSpice 仿真调试结果。
3．自拟表格，给出实际硬件调试的记录结果。
4．给出硬件实测中出现的问题，采用的处理措施及处理结果。

七、思考题

1．A/D 转换器中 1 管脚处接一个开关的作用是什么，如果去掉有什么影响？
2．提高温度计检测精度有哪些改进措施？

6.4 数字计时器设计

一、实验目的

1. 掌握常见集成电路的工作原理和使用方法。
2. 学会单元电路的设计方法。
3. 掌握利用中小规模集成电路设计电路系统的方法。
4. 掌握测试与调试电子线路系统的方法。

二、实验原理

数字计时器是一个可以显示分、秒计时并进行相应控制的一个小型电子线路系统，它的计时周期为 1 小时，可以显示 00 分 00 秒到 59 分 59 秒的计时状态。计时器在控制电路的作用下，可以完成清零、校分、整点报时等功能。

根据设计要求，数字计时器可以由计时电路、译码显示电路、脉冲产生电路、报时电路和控制电路等几部分组成，其中控制电路按照设计要求可以分为校分电路和清零电路两部分。整体电路系统的原理框图如图 6.4.1 所示。

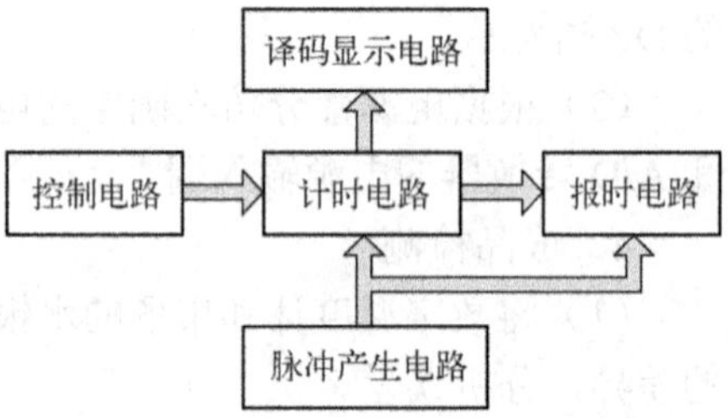

下面对计时器的工作原理按其组成进行说明。

图 6.4.1 数字计时器原理框图

1. 脉冲产生电路

脉冲产生电路是为计时电路提供计数脉冲的，因为设计的是计时器，所以需要产生 1 Hz 的脉冲信号。脉冲信号产生的方法很多，可以用 555 集成定时器构成多谐振荡器，也可以用石英晶体构成多谐振荡器。

这里的脉冲产生电路可以采用石英晶体振荡器和分频器构成。具体电路可由振荡频率为 $f_0=32768\,\text{Hz}=2^{15}\,\text{Hz}$ 的晶振和 14 位二进制串行分频器 CC4060 实现。CC4060 最大分频系数是 2^{14}，即 $f_{Q_{14}} = \frac{1}{2^{14}} \times f_0$，则从 CC4060 上获得脉冲信号的最小频率为 $f_{Q_{14}} = \frac{1}{2^{14}} \times 32768 = 2\,\text{Hz}$。根据电路的设计需求，为了得到 1 Hz 的秒脉冲信号，还需要经过一个二分频电路，二分频电路的设计可以由触发器构成。

用 555 和少量阻容元件也可以实现多谐振荡器，而且只要调整外加阻容的参数，就可以改变输出的脉冲信号频率，因此，脉冲产生电路也可以采用 555 来实现。

2. 计时电路

计时电路是整体设计的核心部分。计时电路中的计数器，可以采用 BCD 码同步加法计数器 CD4518 或四位二进制加法计数器 74161 来实现。

根据设计要求，由于要产生 59 分 59 秒的计时显示，所以进行电路设计时，需要两组 0~59 的模 60 计数器，一个用于秒计时，一个用于分计时，这两组计数器的个位和十位都应该是 BCD 码的形式，不能使用十六进制或其他进制形式，设计时可以采用反馈清零法或反馈置数法来实现。两组计数器满足秒计数器每计满一次，向分计数器进位，分计数器才可以计数一次，因此分计数器的时钟信号或使能信号需要受秒计数器的控制。考虑到整体电路还需要有清零、保持、校分等功能，因此计时电路中计数器的时钟端和各使能端应增加选择控制电路，以达到控制信号的复用功能。

3．译码显示电路

译码显示电路由显示译码器和 LED 显示器构成。在此设计中可以采用静态显示，即每一个七段数码显示器是由单独的显示译码器来驱动的，如需显示 n 位数，则必需用 n 个七段显示译码器。按照设计要求，这里需要用到 4 个显示译码器和 4 个 LED 显示器，分别用于秒个位、秒十位、分个位和分十位的计数显示。

LED 显示器分为共阳极和共阴极两种形式，与其对应的显示译码器也有两种。在完成电路设计时需要根据 LED 显示器的种类选择与其相应的显示译码器。

4．报时电路

报时电路由蜂鸣器和选通控制电路构成。电路设计要求当计时器计满时，应当能够整点报时。当计时器的"分"和"秒"计数器每到 59 分 53 秒时，驱动蜂鸣器开始报时。每隔一秒钟，蜂鸣器鸣叫一次，鸣叫时间持续一秒钟，然后停顿一秒钟，共自动发出四声鸣叫，前三声为低音，最后一声为高音，最后一声鸣叫后为整点时刻。

蜂鸣器的高、低声是由不同的音频驱动的，低声为 1 kHz 音频，高音为 2 kHz 音频，这两个频率的报时信号，可以由脉冲发生电路配合分频电路生成。

报时电路原理图如图 6.4.2 所示。如果需要在某一时刻报时，就将该时刻输出为"1"的信号作为触发信号，选通报时脉冲信号，进行报时。例如若在 2 分 38 秒时需要报时，则可按下面的方法设计电路。设分计数器所对应的输出为：$1Q_4$，$1Q_3$，$1Q_2$，$1Q_1$；秒十位计数器所对应的输出为：$2Q_4$，$2Q_3$，$2Q_2$，$2Q_1$；秒个位计数器所对应的输出为：$3Q_4$，$3Q_3$，$3Q_2$，$3Q_1$；其中 Q_4 为高位，Q_1 为低位。在 2 分 38 秒时三个计数器的输出 $1Q_4 1Q_3 1Q_2 1Q_1$ 为 0010，$2Q_4 2Q_3 2Q_2 2Q_1$ 为 0011，$3Q_4 3Q_3 3Q_2 3Q_1$ 为 1000，则此时触发选通信号的逻辑表达式是 $F = 1Q_2 \cdot 2Q_2 \cdot 2Q_1 \cdot 3Q_4$；而报时信号即为 1 kHz 或 2 kHz 的音频。按照图 6.4.2 所示电路设计，则每当计时电路计数到 2 分 38 秒时，蜂鸣器就会发出时长 1 秒钟的鸣叫。同理，如果要改变计时电路的报时时刻，则只要修改选通信号的逻辑表达式即可。

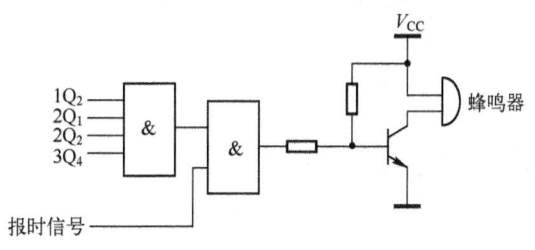

图 6.4.2　报时电路原理图

5．控制电路

控制电路按照设计要求可以分为校分电路和清零电路两部分。

当计时电路指示不准或停摆时，就需要进行计时调整，一般情况下秒位不需要很精确，因此只需对"分"计数器进行调整。校分电路原理图如图 6.4.3 所示。图中设一个开关，当开关打到"正常"挡时，计数器正常计数；当开关打到"校分"挡时，分计数器可以进行快速校分，即分计数器可以不受秒计数器的进位信号控制，而选通一个频率较快的校分信号进行快速计数，从而达到校分的目的。

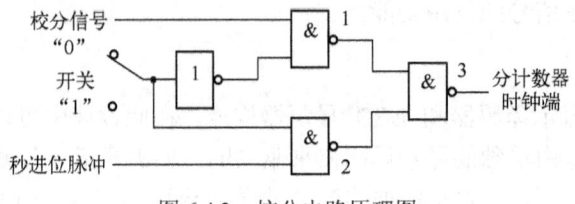

图 6.4.3　校分电路原理图

校分电路的工作原理是：当计时电路正常计数时开关打在"1"电平，这时与非门 2 被选通，与非门 1 被封锁，秒进位产生的脉冲送至分计数器的时钟端；当开关打在"0"电平，这时与非门 1 被选通，与非门 2 被封锁，校分信号送至分计数器的时钟端，校分信号可由脉冲产生电路的分频信号得到。分析图 6.4.3 可知，校分电路实际为一个在开关作用下的选择电路，因此校分电路也可以用一个二选一的数据选择器来实现。

清零电路的作用是可以使计时电路中的所有计数器自动复位，计数从零开始工作。该电路可以通过控制每个计数器的清零使能端来实现。

三、实验内容

根据要求设计一个 00 分 00 秒～59 分 59 秒的数字计时器，要求电路具有如下功能：

（1）基本计时功能：60 秒为 1 分，将分及秒的个位、十位分别在七段显示器上显示出来，从 00 分 00 秒开始，计到 59 分 59 秒，然后重新计数。七段显示器上循环显示数字 00:00～59:59。

（2）报时功能：从 59 分 53 秒开始报时，每隔一秒发一声，共发三声低音，一声高音；59 分 53 秒、59 分 55 秒、59 分 57 秒发低音，59 分 59 秒发高音；低声的音频为 1 kHz，高声的音频为 2 kHz。

（3）校分功能：在任何时候，拨动校分开关，可以进行快速校分。

（4）清零功能：具有开机自动清零功能，并且在任何时刻，按动清零开关，可以进行计数器清零。

四、实验仪器

1. 数字逻辑实验仪　　　　1 台
2. 示波器　　　　　　　　1 台
3. 三用表及工具　　　　　1 套
4. 器件：

NE555（或 32768Hz 晶振）　1 片
CD4060　　　　　　　　1 片
7474　　　　　　　　　1 片
CD4518　　　　　　　　2 片
CD4511　　　　　　　　4 片

共阴七段数码管	4片
开关	2只
蜂鸣器	1只
门电路	若干
电阻、电容	若干

五、实验报告内容

1. 说明数字计时器的工作原理。
2. 画出整体数字计时器的逻辑图。
3. 总结实验中遇到的问题、问题出现的原因及解决问题的方法。

六、思考题

在校分电路中是否要外加锁存器？什么情况需要加？如何加？

6.5 直接数字频率合成器设计

一、实验目的

1. 学习使用 FPGA 实现直接数字频率合成器。
2. 掌握直接数字频率合成器的工作原理。
3. 学习 D/A 转换器的工作原理。
4. 学习利用可编程逻辑器件进行电子系统设计的方法。

二、实验要求

1. 设计一个频率及相位均可控制的具有正弦和余弦输出的直接数字频率合成器。该电路基于 Quartus II 软件或其他 EDA 软件完成设计。
2. 完成顶层电路原理图的设计，对 LPM_ROM 宏功能模块进行配置与使用，编写相应功能模块的 HDL 设计程序。
3. 对该电路系统采用层次化的方法进行设计，要求设计层次清晰、合理。
4. 根据 EDA 实验开发系统上的 CPLD/FPGA 芯片进行适配，生成配置文件或 JEDEC 文件。
5. 将配置文件或 JEDEC 文件下载到 EDA 实验开发系统。
6. 将 D/A 转换芯片的输出接至示波器上，观察输出信号的波形。
7. 改变频率控制字、相位控制字，观察波形变化。
8. 计算信号的输出频率，记录示波器上的信号测试频率，比较两者间误差。

三、实验原理

直接数字频率合成器(Direct Digital Frequency Synthesizer 简称 DDFS 或 DDS)是一种新

型的频率合成技术，它从相位的概念出发来研究信号的结构与合成规则。DDS 具有较高的频率分辨率，可以实现快速的频率切换，并且在频率改变时能够保持相位的连续。由于 DDS 很容易实现频率、相位和幅度的数控调制，所以在现代电子系统及设备的频率源设计中，尤其是在通信领域，DDS 的应用越来越广泛。

DDS 的基本原理是利用采样定理，通过查表法来产生信号波形。以正弦波为例，虽然正弦波的幅度不是线性的，但是它的相位却是线性增加的。如果在一个周期内对连续的正弦信号以固定的相位间隔进行高密集度的离散采样，将每个相位采样点所对应的正弦信号幅值进行量化，并将量化后的数字信号按照采样顺序存储在一个只读存储器 ROM 中，ROM 的每一个地址单元都存储一组二进制码，这组码对应的数据就是已经完全量化的正弦波。ROM 字线的大小通常由采样点数决定，ROM 位线的大小由量化后的正弦信号幅值位数决定，在实际电路设计中，这个值通常和 DDS 中 D/A 转换器的位数密切相关。这样，一个周期的正弦信号就以数字化的形式存放在 ROM 中了。

此时的 ROM 实质上就是一个 LUT(Look Up Table)查找表，存储了相位从 0 到 2π 周期内数字化的正弦信号波形幅值，所以又称为波形存储器。如果在固定频率的时钟信号下，依次选择 ROM 的地址，并读取相应地址内的存储数据，就可以得到一个周期的离散的正弦信号序列；如果连续、周期性地读取与输出数据，随后通过数模转换与低通滤波器件，就可以合成一个完整的、具有固有频率的正弦波信号。

DDS 系统设计的原理框图如图 6.5.1 所示。

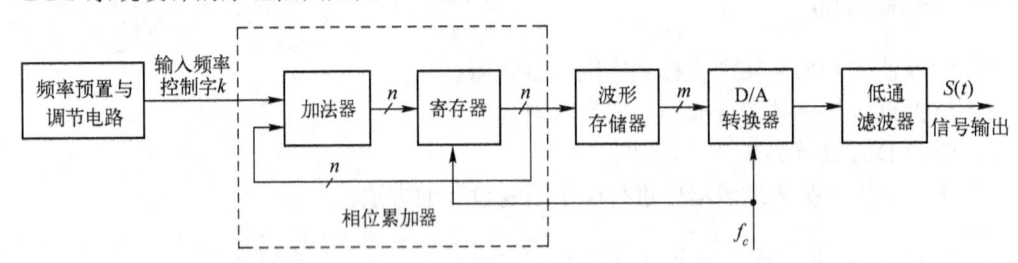

图 6.5.1 DDS 基本原理框图

在图 6.5.1 中，k 为频率控制字，f_c 为系统时钟频率，n 为相位累加器的字长，m 为 ROM(波形存储器)中存储数据的位数及 D/A 转换器的字长。相位累加器在时钟 f_c 的控制下以步长 k 进行累加，相位累加器输出 n 位二进制码作为 ROM 的地址信号，对 ROM 进行寻址，随着 ROM 地址的线性变化，波形存储器输出 m 位的幅码信号，幅码信号经过 D/A 转换器后就变成了阶梯波，再经过低通滤波器平滑后就可以得到合成的信号波形 $S(t)$ 了。$S(t)$ 波形形状取决于波形 ROM 中存放的数值，通过改变波形存储器中的存储值就可以改变 $S(t)$ 的形状，因此用 DDS 可以产生任意波形。这里我们用 DDS 实现正弦波的合成。

1. 频率预置与调节电路

频率预置与调节电路的作用是实现频率控制量的输入，不变量 k 被称为相位增量，也叫频率控制字。在时钟 f_c 的作用下，n 位的相位累加器对频率控制字 k 进行线性累加，当相位累加器满量时就会产生一次溢出，累加器的溢出频率就是 DDS 输出信号 $S(t)$ 的频率 f_o。f_o 满足以下关系式：

$$f_o = \frac{f_c \cdot k}{2^n}$$

当 $k=1$ 时,DDS 输出最低频率即频率分辨率为:
$$f_{\min} = f_c/2^n$$
由此可见,DDS 信号的频率分辨率是由 n 决定的,而 k 决定了 DDS 信号的输出频率。DDS 的最大输出频率由 Nyquist 采样定理决定,即 $f_c/2$,也就是说 k 的最大值为 2^{n-1}。DDS 最高合成频率理论上为:$f_{\max} = f_c/2$。

2. 相位累加器

相位累加器是 DDS 最基本的组成部分,其位数 n 与时钟频率 f_c 共同决定了 DDS 输出频率的精度,相位累加器位数越高,相位的分辨率就越高,输出波形的精度也就越高,但同时消耗的硬件资源也呈指数形式上升。

相位累加器由 n 位加法器和 n 位寄存器构成,每当出现一个时钟脉冲 f_c,加法器就将频率控制字 k 与相位寄存器输出的累加相位数据进行相加,然后把相加后的结果送至相位累加器的数据输入端,以使累加器在下一个时钟的作用下继续将数据与频率控制字进行相加,从而完成线性相位的累加。当相位累加器累加满时,就会产生一次溢出,完成一个周期性的动作,这个周期就是合成信号的一个周期,此溢出频率等同于 DDS 合成信号 $S(t)$ 的频率。

相位累加器输出的数据作为波形存储器(ROM)的相位取样地址,这样就可以把 ROM 中的波形抽样值(二进制编码)寻址找到,完成相位到幅值的转换。

3. 波形存储器

波形存储器在这里也叫正弦查找表,ROM 中存储的数据都是以相位为地址的,每一个相位地址所对应的数据是二进制表示的正弦波幅值,用相位累加器输出的数据作为波形存储器的相位取样地址,这样就可以把存储在波形存储器内的波形抽样值(二进制编码)经查找表查出,完成相位到幅值的转换。如果对正弦信号的一个周期抽样 2^n 个样值,并将 2^n 个样值的幅值量化为 m 位的二进制数据,则此时的波形存储器的容量也应为 $2^n \times m$,表明存储器有 2^n 个存储单元,每个存储单元中存放 m 位的二进制信息。

本设计中的 ROM 表是基于 FPGA 的硬件资源设计的,如果把正弦波一个周期 $0 \sim 2\pi$ 的相位分为 2^n 等分,全部作为地址存入 ROM 表中,则随着相位累加器位数 n 的增加,所需要的 FPGA 硬件资源也会呈 2 的幂次方形式增长,通常 DDS 中相位累加器的位数 n 比较大,这将大大降低 FPGA 的资源利用率,这样电路的成本将会提高,而功耗变大、查找速度慢等问题也将随之产生。为了解决这个问题,通常会采用截取相位累加器输出的高 A 位作为 ROM 表的寻址地址,但这样也就同时引入了相位截断误差。

4. D/A 转换器

D/A 转换器的作用是将数字量形式的正弦波幅度信号转换为模拟量形式的正弦阶梯信号。D/A 转换器的位数越高,分辨率也就越高,那么合成模拟信号的精度就越高,并且,D/A 转换器的工作时钟应该与 DDS 的相位累加器的工作时钟一致或者更快,这样可以保证一个量化值输出能够及时地转换为相应的模拟信号。在许多 DDS 的专用芯片中都集成了 DAC 功能,这种结构虽然可以简化 DDS 的系统设计,但却不具备利用 FPGA 实现 DDS 的灵活性。

5. 低通滤波器

低通滤波器的作用是对输出的正弦阶梯波进行平滑处理,滤除 D/A 转换器输出中不需要的频谱，从而使输出的模拟正弦波更加纯净。

通过对 D/A 转换器输出的阶梯波信号进行频谱分析，可以知道输出信号的频谱分量不仅包含主频 f_o，还包含在 $f_o \pm nf_c$，$n=1,2,3,\cdots$ 处的频率分量，幅值包络为辛格函数，因此为了取出主频 f_o，必须在 D/A 转换器的输出端接入截止频率为 $f_c/2$ 的低通滤波器。

四、实验内容

图 6.5.2 是频率和相位均可控制的具有正弦和余弦输出的 DDS 核心单元电路示意图。

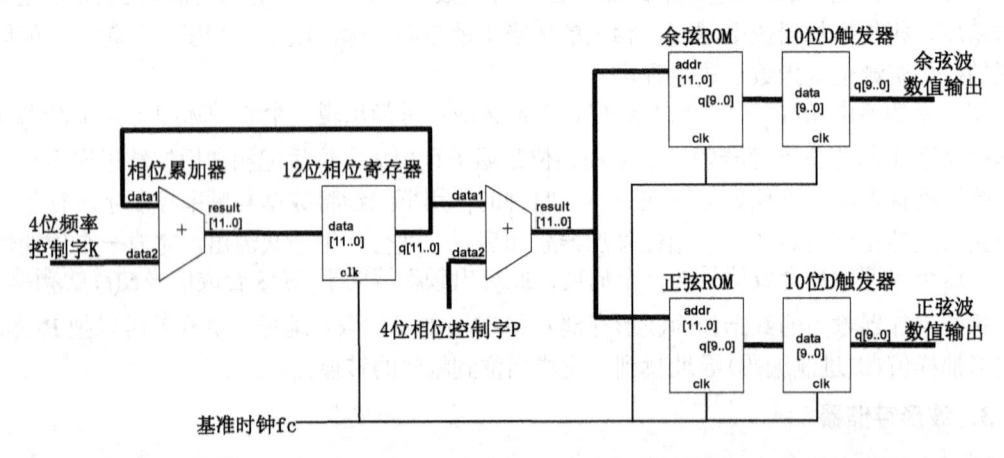

图 6.5.2　频率和相位均可控制的具有正弦和余弦输出的 DDS 核心单元电路示意图

1. 根据实验内容的要求，研究直接数字频率合成器的原理。利用所学知识完成 DDS 电路设计，电路整体设计要求如下。

（1）利用 Quartus II 或其他 EDA 软件在 EDA 实验箱上实现 DDS 的设计。

（2）根据 DDS 的原理可知，输出信号的频率为 $f_o = f_c \cdot \dfrac{k}{2^n}$，其中 f_c 是电路的基准频率，k 为频率控制字，2^n 是一个周期内对正弦和余弦信号抽样的点数。在这个实验里，f_c 取值为 1 MHz，这个频率可以根据 EDA 实验箱上所提供的系统脉冲信号分频得到；频率控制字 k 取 4 位二进制数，通过改变频率控制字可以改变输出的信号频率，按照设计要求可以得到 16 个不同频率的正、余弦信号。

（3）该电路的相位控制字 p 也取 4 位，改变 p 可以得到 16 个不同初始相位的信号。

（4）DDS 中的波形存储器模块可以用 FPGA 芯片中的 ROM 实现。在 EDA 软件中调用 ROM 宏单元，用于存储正弦波形数据。在调用 LPM_ROM 后，将 LPM_ROM 结构配置成 $2^n \times m$ 类型。n 为 ROM 的地址数，这里 n 取 12，则对应的 ROM 有 4096 个储存单元；m 是 ROM 中每个储存单元的位数，这个值由实验箱上所提供的 D/A 转换器的位数来确定，这里 m 取 10。在这个实验中，就是将一个周期的正弦或余弦信号取样 4096 个点，并将每个抽样点的值量化为 10 位的二进制数，量化的过程中可以采用有符号或无符号的二进制数，将量化后的数据存储在 ROM 中，并根据量化的形式进行相应的参数配置。

本设计中的 ROM 表是基于 FPGA 的硬件资源设计的，初始化数据来源于 *.mif 文件。mif 文件有两种生成方式，第一种是在 Quartus II 主界面下选择 File→New→Other Files，选择 Memory Initialization file，当新建 Memory Initialization file 后会生成一类似 Excel 的表单，我们只需要在每个地址位置上填上相应的数据即可。第二种是参照.mif 文件的格式，用 MATLAB 或 C 语言等程序或软件自动生成。

(5) ROM 中数据的形式要和 D/A 转换器的工作模式相对应，也就是：如果 ROM 中的数据是无符号数，则 D/A 也要设置成无符号数工作模式；若 ROM 中的数据是有符号数，则 D/A 也要设置成有符号数工作模式。利用实验箱上的 D/A 转换器件将 ROM 输出的数字信号转换为模拟信号，能够通过示波器观察同时输出的正余弦两路正交信号。

(6) 通过开关(实验箱上提供的独立开关)输入 DDS 的频率控制字和相位控制字，改变 k 和 p 的值，用示波器观察并记录产生信号波形的频率。

2．扩展设计要求

(1) 设计能输出多种波形(三角波、锯齿波、方波等)的多功能波形发生器。

(2) 扩大频率控制字和相位控制字的范围。

(3) 充分考虑 ROM 结构及正弦函数的特点，进行合理的配置，提高输出信号波形的精度。

(4) 设计一个测频模块，对产生的 DDS 信号进行频率测试，并将结果显示在数码管上。将输出信号频率的理论计算值、测频显示值、示波器测量值进行比较，计算误差。

3．综合仿真

完成电路设计并编译通过后，对电路进行功能仿真。观察时序图是否达到设计要求。

4．编程下载

综合仿真正确后，将电路下载至 EDA 实验系统的 CPLD/FPGA 器件中。在下载前，先指定电路各输入、输出端在下载板上的管脚分配；管脚锁定完毕后，启动 Programmer 选项，进行编程下载。下载结束后，实际操作，检查是否达到设计要求。

5．观察波形

将示波器接至 EDA 实验系统的 D/A 输出端，调整示波器，观察输出正交的正、余弦波形，检查是否达到设计要求。

五、实验仪器

1. PC 机　　　　　　　　　　1 台
2. EDA 软件开发系统　　　　1 套
3. EDA 实验开发系统　　　　1 套
4. 示波器　　　　　　　　　1 台

六、实验报告内容

1. 叙述直接数字频率合成器的工作原理。
2. 详细论述地址产生电路、存储电路、控制电路和显示译码电路等的工作原理。
3. 给出各功能模块的 HDL 程序。
4. 给出 LPM_ROM 元件的配置.mif 文件。
5. 给出各功能模块电路的仿真结果。
6. 画出顶层电路的原理图。
7. 给出频率控制字 k 和输出信号频率、频率控制字 p 和信号初始相位的对应关系表格。

8. 给出下载至实验箱后电路的调试结果。
9. 总结实验过程中遇到的问题及解决问题的方法。

6.6 基于 DDS 的 AM 信号产生电路的设计

一、实验目的

1. 掌握直接数字频率合成器的工作原理。
2. 学习 AM 调制电路的基本原理。
3. 学习利用可编程逻辑器件进行电子系统设计的方法。

二、实验要求

1. 设计基于 DDS 的载波信号产生电路和调制信号产生电路，要求载波信号和调制信号的频率分别可调。
2. 设计测频电路，要求可以测试载波信号和调制信号的频率并可以分别显示。
3. 完成顶层电路原理图的设计，对 LPM_ROM 宏功能模块进行配置与使用，用 HDL 语言设计该电路中加法和乘法功能模块(采用有符号数进行运算)。
4. 对该电路系统采用层次化的方法进行设计，要求设计层次清晰、合理。
5. 对 AM 调制电路进行仿真，记录 AM 仿真波形。
6. 根据 EDA 实验开发系统上的 CPLD/FPGA 芯片进行适配，生成配置文件或 JEDEC 文件。
7. 将配置文件或 JEDEC 文件下载到 EDA 实验开发系统。
8. 将 D/A 转换芯片的输出接至示波器上，观察输出信号的波形。
9. 改变调幅度 m_A 的值，利用示波器观察不同调幅度下的已调信号波形。

三、实验原理

由信源输出的信号是从消息变换过来的原始信号(基带信号)，一般含有丰富的低频分量。若基带信号可以直接传输，称为基带传输。而许多实际信道不是基带信道，不能进行基带信号的直接传输，只有在发端将基带信号变换至适合无线信道的频带后，才能在无线信道中传送，也就是需要将基带信号进行调制，变换为适合信号传输的形式。调制在通信系统中具有十分重要的作用，调制方式往往能决定一个通信系统的性能。

调制就是让基带信号去控制载波的某个(或某些)参数，使载波的这些参数按照基带信号的规律进行变化的过程。通常将未调制的信号(基带信号)称为调制信号，而调制后的信号称为已调信号，完成频带搬移的信号则为载波信号。以正弦信号作载波的调制称为连续波调制。连续波调制可分为幅度调制、频率调制和相位调制。幅度调制是用调制信号去控制高频正弦载波的幅度，使其按调制信号的规律变化的过程。AM(Amplitude Modulation)是常规双边带调幅信号，除了来自信息的基带信号外，还包含了直流信号，它是调制后输出信号既含载波分量又含边带分量的标准调幅信号。

在标准幅度调制器（AM）中，设调制信号为 $v_f(t)$，载波信号 $v_c(t)=V_{cm}\cos\omega_c t$，其中，$\omega_c$ 为载波角频率；V_{cm} 为载波幅度。则幅度调制信号可表示为：

$$v_{AM}(t)=[V_{cm}+v_f(t)]\cos\omega_c t \tag{6.6.1}$$

基于式(6.6.1)可知，实现标准调幅需运用加法运算和乘法运算，由此可以建立 AM 调制的数学模型如图 6.6.1 所示。

若调制信号为低频余弦信号，即 $v_f(t)=V_{\Omega m}\cos\Omega t$，其中，$\Omega$ 为调制信号角频率；$V_{\Omega m}$ 为调制信号幅度。则已调的 AM 信号可以表示为：

$$\begin{aligned}v_{AM}(t)&=(V_{cm}+V_{\Omega m}\cos\Omega t)\cos\omega_c t\\&=V_{cm}(1+m_A\cos\Omega t)\cos\omega_c t\end{aligned} \tag{6.6.2}$$

其中，$m_A=V_{\Omega m}/V_{cm}$ 称为调幅度，是调幅信号一个重要的参数，一般小于 1；当 $m_A>1$，即当调制信号的幅度大于载波信号的幅度时会出现过调幅。

图 6.6.1 AM 调制的数学模型

基于图 6.6.1 所示的 AM 调制数学模型（为了简化设计，不妨假设 $V_{cm}=1$），并取调制信号为低频的余弦信号 $v_f(t)=V_{\Omega m}\cos\Omega t$，则由式(6.6.2)可以得到如图 6.6.2 所示的 AM 电路原理框图。

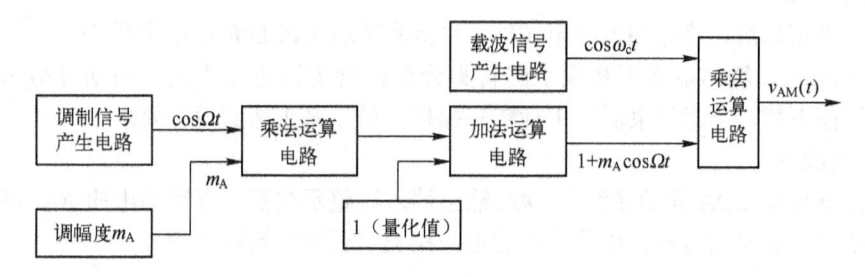

图 6.6.2 AM 电路原理框图

在图 6.6.2 中，调制信号产生电路用于生成基带信号 $v_f(t)=V_{\Omega m}\cos\Omega t$，其中 $\Omega=2\pi f_o$，f_o 为调制信号频率；载波信号产生电路用于生成载波信号 $v_c(t)=V_{cm}\cos\omega_c t$，其中 $\omega_c=2\pi f_c$，f_c 为载波信号频率。在本实验中，这两个电路均可以基于 DDS（直接数字频率合成器）来实现。由于调制信号通常是低频信号，而载波信号为高频信号，为了能够在示波器上比较好地观察到已调信号波形，在设计 DDS 电路时，要充分考虑到 f_o 与 f_c 之间的差值。

在图 6.6.2 中有两个常量信号的输入，一个是调幅度 m_A，一个是数值 1，这两个值在式(6.6.2)中是未经量化的模拟信号值；而在图 6.6.2 中，这两个值均应该是量化后的二进制数，在量化取值的过程中，应注意要和 DDS 电路查找表中所存储的载波信号和调制信号的幅值量化一致。

四、实验内容

1. 根据实验要求，研究 AM 信号产生的基本原理。利用所学知识完成 AM 信号产生电路设计，电路整体设计要求如下。

（1）利用 QuartusII 或其他 EDA 软件在 EDA 实验箱上实现 AM 信号产生电路。

（2）设计基于 DDS 的载波信号产生电路和调制信号产生电路，要求载波信号和调制信号的频率分别可调。DDS 中的波形存储器模块可以用 FPGA 芯片中的 ROM 实现。在 EDA

软件中调用 LPM_ROM 宏单元，用于存储载波信号和调制信号的量化幅值。在建立载波信号和调制信号的存储器查找表时，需采用有符号的二进制数；而 ROM 位线的设定应考虑到实验箱上 D/A 的转换位数，同时将实验箱上的 D/A 设置成有符号数的工作模式。

（3）设计测频电路，要求可以测试载波信号和调制信号的频率，并将所测频率结果显示在数码管上；利用示波器测试载波信号和调制信号的频率，比较测频电路的显示值与示波器的测量值，计算二者之间的误差。

（4）设计相应的乘法与加法电路，电路采用有符号数的运算。

（5）调幅度在此电路中为可变量，通过开关（实验箱上提供的独立开关）改变调幅度 m_A 的取值，利用示波器观察当 m_A 分别为 0.25，0.5 和 1 时 AM 的输出波形。

（6）变换调制信号，取调制信号 $v_f(t)$ 为三角波、锯齿波、方波等，观察基于不同调制信号的已调信号波形。

2．综合仿真

完成电路设计并编译通过后，对电路进行功能仿真，观察电路的仿真波形，记录仿真信号的波形。

3．编程下载

综合仿真正确后，将电路下载至 EDA 实验系统的 CPLD/FPGA 器件中。在下载前，先指定电路各输入、输出端在下载板上的管脚分配；管脚锁定完毕后，启动 Programmer 选项，进行编程下载。下载结束后，进行实际操作，检查是否达到设计要求。

4．观察波形

将示波器接至 EDA 实验系统的 D/A 输出端，调整示波器，观察输出的 AM 信号波形，记录载波信号、调制信号和已调信号的波形，检查是否达到设计要求。

五、实验仪器

1．PC 机　　　　　　　　　　1 台
2．EDA 软件开发系统　　　　1 套
3．EDA 实验开发系统　　　　1 套
4．示波器　　　　　　　　　1 台

六、实验报告内容

1．叙述 AM 信号产生的基本原理。
2．详细论述各单元模块电路的工作原理。
3．给出各功能模块的 HDL 程序。
4．给出各功能模块电路的仿真结果。
5．画出顶层电路的原理图。
6．给出下载至实验箱后电路的调试结果。
7．给出当调幅度 m_A 分别为 0.25，0.5 和 1 时 AM 的输出波形。
8．若使 m_A 大于 1，电路应如何完成？观察 AM 过调幅时的输出波形。
9．总结实验过程中遇到的问题及解决问题的方法。

6.7 正交发射机与正交接收机设计

一、实验目的

1. 了解正交发射机的组成部分,掌握正交调制器的工作原理,掌握发射机各主要参数指标的测量方法和调整方法;

2. 了解正交接收机的组成部分,掌握正交解调器的工作原理,掌握接收机各主要参数指标的测量方法和调整方法。

二、实验原理

1. 正交调制与解调的原理

正交幅度调制与解调是一种特殊的复用技术,一般是指利用两个频率相同、相位相差 90°的正弦波作为载波,以调幅的方法同时传送两路相互独立的信号的一种调制方式。这种调制方式的已调信号所占频带仅为两路信号中的较宽者而不是二者之和,可以节省传输带宽。

正交幅度调制与解调的功能框图如图 6.7.1 所示。图 6.7.1(a)所示为正交调制器,两路相互独立的信号 $a(t)$ 和 $b(t)$ 分别调制角频率为 ω_c 的两个互相差 90°的正弦波,通常用 $\cos\omega_c t$ 和 $\sin\omega_c t$ 表示,并称它们是互相正交的。调制后的两路信号相加得到输出信号 $x(t)$,表示为

$$x(t) = a(t)\cos\omega_c t + b(t)\sin\omega_c t$$

图 6.7.1(b)所示为正交解调器,输入信号 $x(t)$ 被两个相互正交的正弦波相乘,与 $\cos\omega_c t$ 相乘的结果为

$$x(t)\cos\omega_c t = \frac{1}{2}a(t) + \frac{1}{2}[a(t)\cos 2\omega_c t + b(t)\sin 2\omega_c t]$$

滤除 $2\omega_c$ 分量,得到解调输出 $a(t)$,输入信号 $x(t)$ 与 $\sin\omega_c t$ 相乘的结果为

$$x(t)\sin\omega_c t = \frac{1}{2}b(t) + \frac{1}{2}[a(t)\sin 2\omega_c t - b(t)\cos 2\omega_c t]$$

滤除 $2\omega_c$ 分量,得到解调输出 $b(t)$。

从所得结果可以看出,只要正交调制器和正交解调器的两个通道是匹配的,两个载波是严格正交的,两路信号之间就不会有串扰。上述正交调制与解调原理可以用于同时传输两路独立的信号,此外,这种电路还广泛应用于零中频解调、低中频解调和降低抽样率等方面。

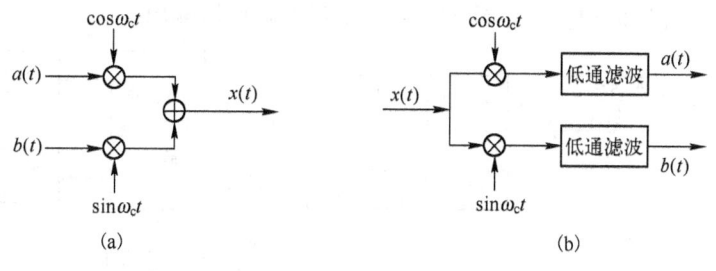

图 6.7.1 正交幅度调制与解调的功能框图

2. 正交发射机与正交接收机简介

本实验将搭建完整的正交发射机与正交接收机系统，在这个系统中，不仅包含上述的正交调制器和正交解调器，还包括基带信号滤波器、混频器、高频放大器、衰减器、功率检测等功能电路。图 6.7.2 是正交发射机的原理框图，该发射机采用直接变频结构。其工作过程如下：$I(t)$ 和 $Q(t)$ 表示复信号的同相与正交分量或者是两路独立的基带信号，基带信号经过低通滤波器，滤除带外干扰及噪声，提高基带信号的信噪比；放大器将滤波后的基带信号放大到正交调制器输入端所要求的输入信号电平；本振电路产生正交调制器所需的载波信号；正交调制器有两个信号信号输入端和一个载波输入端，一路载波信号在正交调制器内首先变换为两路正交的载波，也就是 $\cos\omega_c t$ 和 $\sin\omega_c t$，然后按照图 6.7.1(a) 所示实现正交调制；可编程衰减器可以控制最终的发射功率；带通滤波器滤除正交调制后信号的带外噪声和干扰；功率放大器将已调波的功率放大到要求的发射功率，通过天线将信号发射出去。

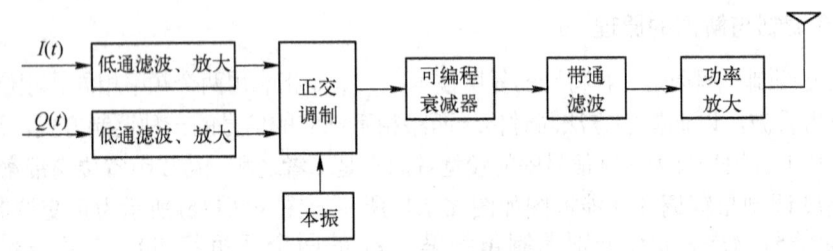

图 6.7.2 正交调制器原理框图

图 6.7.3 是正交接收机的原理框图，该接收机采用超外差体制，首先将射频信号变换为中频信号，然后在中频完成正交解调。其工作过程如下：低噪声放大器作为接收机的第一级，它的作用是放大接收信号的功率，降低整机的噪声系数；带通滤波器将输入射频信号的带外干扰和噪声滤除，从而减少混频过程中产生的各种混频干扰，提高输出中频信号的信噪比；在带通滤波器之后，继续对信号进行放大，补偿无源带通滤波器的功率衰减，进一步提高接收机的接收灵敏度；本振电路产生混频器所需的本地振荡信号；混频器完成信号的下变频，该混频器是有源电路，在变频的同时，还可实现功率放大；混频器本质上是乘法器，在产生差频(中频)分量的同时，还会产生和频分量，在接收机中，差频分量是有用信号，和频分量是干扰信号。因此，在混频之后，还要进行中频滤波和放大；中频放大器的输出信号功率已经达到正交解调器的输入信号功率范围，在中频放大器之后接正交解调器；在接收机中，为了实现大动态范围，必须增加自动增益控制电路，自动增益控制电路由功率检测和可变增益放大器构成闭环来实现；正交解调器输出两路基带信号，分别对应于调制端的同相和正交分量；与混频器类似，正交解调器的输出信号中也含有和频分量，必须滤除。因此，正交解调器输出信号经过低通滤波、放大后作为最后的解调器输出。

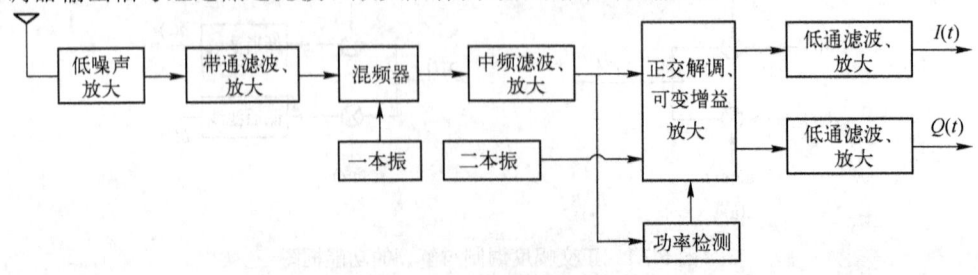

图 6.7.3 正交解调器原理框图

3. 正交发射机原理电路

图 6.7.4 是发射机中的低通滤波器与放大器部分。输入信号首先经过一级放大器，该级放大器有两个作用：一是调整输入信号的幅度，二是隔离发射机电路和外部电路；经放大后的信号送入低通滤波器，低通滤波器是由低噪声、低失真的有源 RC 滤波器 LTC1562-2 实现的。该集成电路由 4 个 2 阶滤波器组成，在本实验电路中，将 4 个 2 阶滤波器级联构成 1 个 8 阶巴特沃斯滤波器。通过改变外接电阻的值，可以改变滤波器的参数。此处，滤波器的通带截止频率为 30 kHz，阻带频率为 60 kHz，阻带衰减为 48.2 dB。滤波器之后接缓冲器，滤波器之前的放大器和滤波器之后的缓冲器由双运算放大器芯片 TL082 实现。由于正交调制器的输入信号是差分形式，因此缓冲器之后接单端转差分电路，该电路由 AD8138 实现。

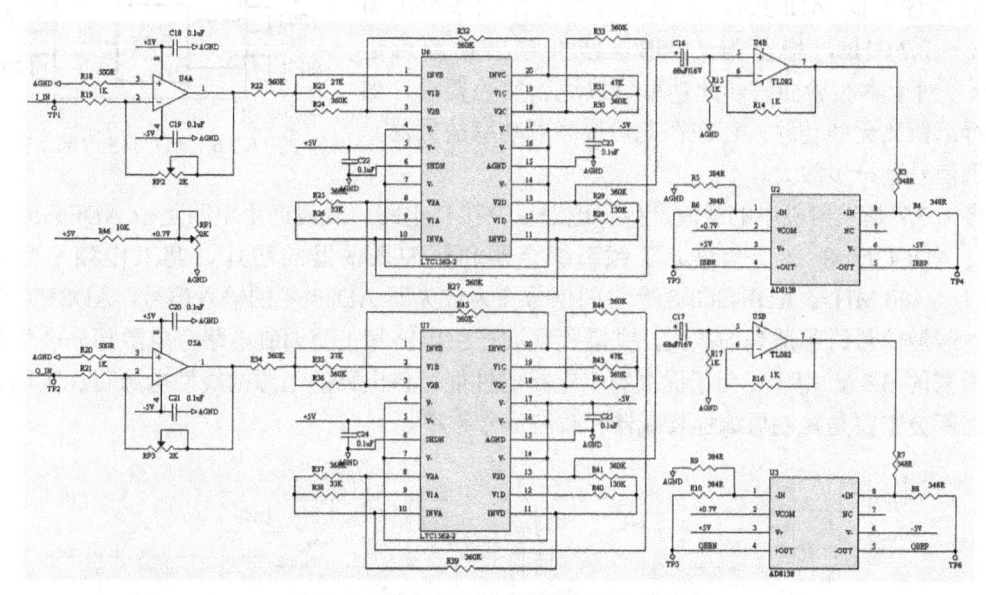

图 6.7.4 发射机中的低通滤波器与放大器

图 6.7.5 是发射机中的正交调制器与功率放大器电路。正交调制器是由 AD8345 实现

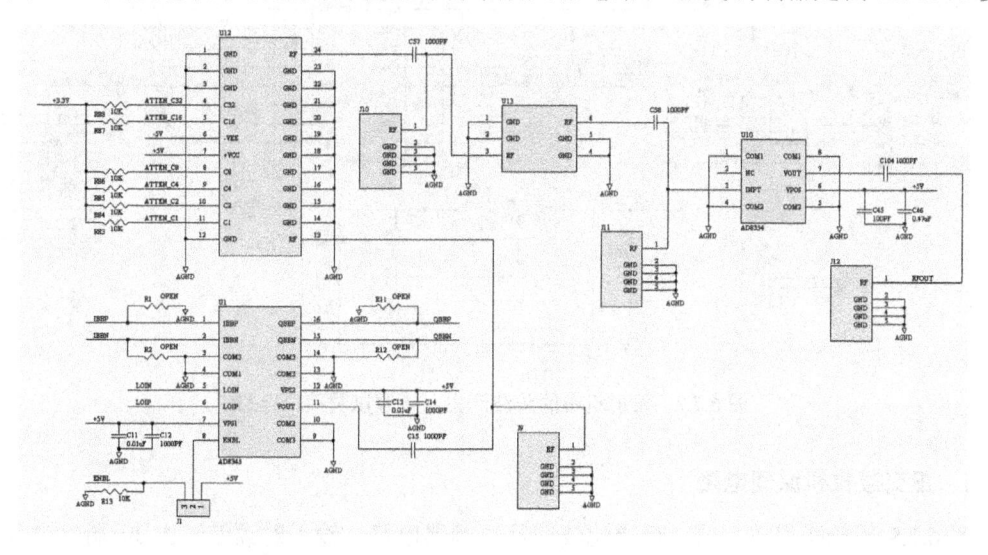

图 6.7.5 发射机中的正交调制器与功率放大器

的，其内部结构如图 6.7.6 所示。该芯片的工作频率范围为 140 MHz～1 GHz，其内部集成了一个精确的分相器，可以将外部输入的一个载波信号分解成两路正交的载波，一路载波信号与输入的 I 路信号相乘，另一路正交载波与输入的 Q 路信号相乘。两路相乘之后的信号再相加，完成正交调制过程，调制后的信号从 AD8345 的 11 管脚输出。已调信号接入可编程衰减器 AT65-0106，该芯片工作频率为 DC～2 GHz，具有 1 dB 步进的数控衰减，总衰减可达 50 dB。衰减器之后接带通滤波器，其中心频率为 392.5 MHz；带通滤波之后的信号送入高频放大器 AD8354，该放大器的工作频率范围为 1 MHz～2.7 GHz，增益为 20 dB，线性输出功率可达 4 dBm。对于本实验而言，此功率可以达到实验要求，如要进行远距离无线传输，还应在此后接高频功率放大器，将已调信号进一步放大。

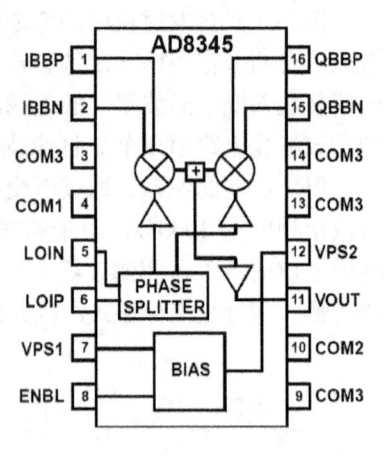

图 6.7.6 AD8345 内部结构

图 6.7.7 是发射机中的载波产生、电源以及接口电路。载波产生电路是由 ADF4360-8 实现的。ADF4360-8 是一个集成了频率综合器和压控振荡器的芯片，其工作频率范围为 65 MHz～400 MHz。ADF4360-8 产生的信号作为放大器 AD8354 的输入信号，AD8354 的作用是对载波信号进行适当的放大，并隔离载波产生电路和正交调制电路。电源部分产生整个电路所需的 3.3 V 电压，为了提高整个电路的性能，该电路的电源由线性电源芯片实现。接口电路部分主要是控制可编程衰减器和载波信号频率。

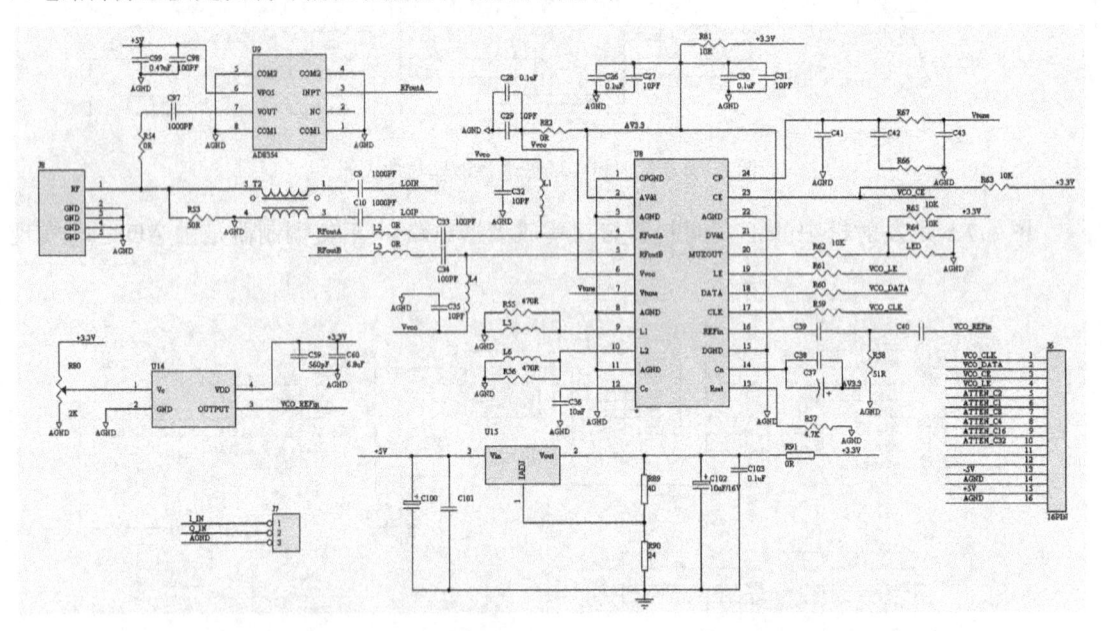

图 6.7.7 发射机中的载波产生、电源以及接口电路

4. 正交接收机原理电路

图 6.7.8 是低噪声放大器、带通滤波器及混频器电路。输入射频信号由 J9 端口输入低噪声放大器，低噪声放大器由 RF2361 实现。RF2361 是低噪声、大动态范围、小封装的高频

放大器，工作频率范围 150 MHz～2.5 GHz，适合用在接收机的最前级或者作为发射机的功率驱动级。当作为低噪声放大器使用时，偏置电流可以由外部电路决定。U17 是射频带通滤波器，中心频率为 392.5 MHz。带通滤波器之后接第二级高频放大器，这一级放大器仍然由 RF2361 来实现。此处采用两级高频放大器的意义已在前面指出，在此不赘述。经放大之后的信号连接到混频器的输入信号端。混频器由 AD8343 实现，该芯片是高性能宽带有源混频器，工作频率范围只是 DC～2.5 GHz，混频增益 7.1 dB，输入 3 阶交调截点为 16.5 dBm，输入 1 dB 压缩点为 2.8 dBm。经过混频器后，中心频率为 392.5 MHz 的射频信号被变换为中心频率为 73 MHz 的中频信号。

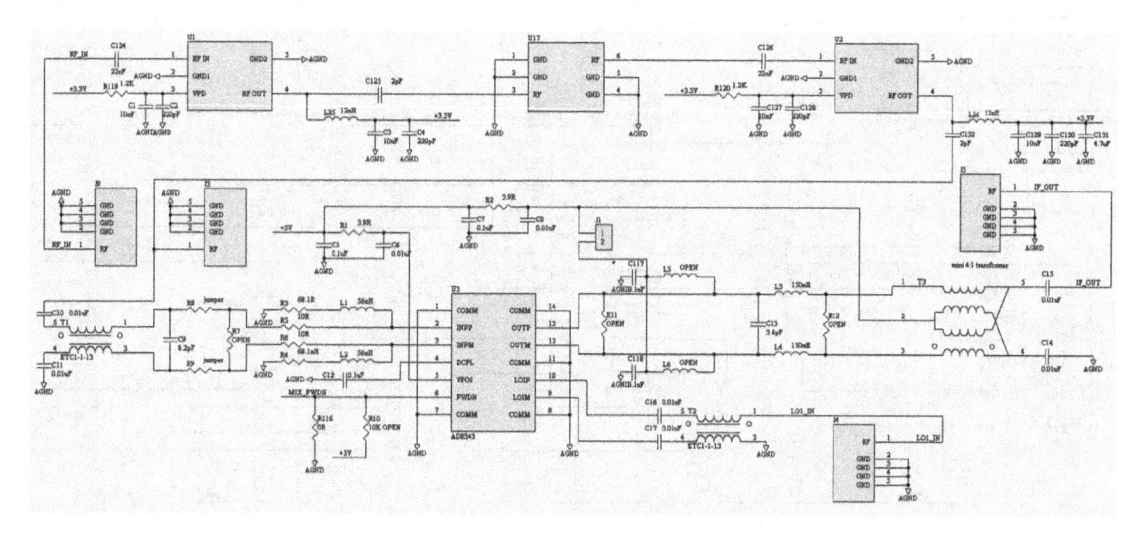

图 6.7.8　低噪声放大器、带通滤波器及混频器电路

图 6.7.9 为一本振产生电路，混频器所需的的本振信号由它产生，该电路由 ADF4360-8 实现。这部分电路与发射机中的载波信号产生电路相似，在此不赘述。

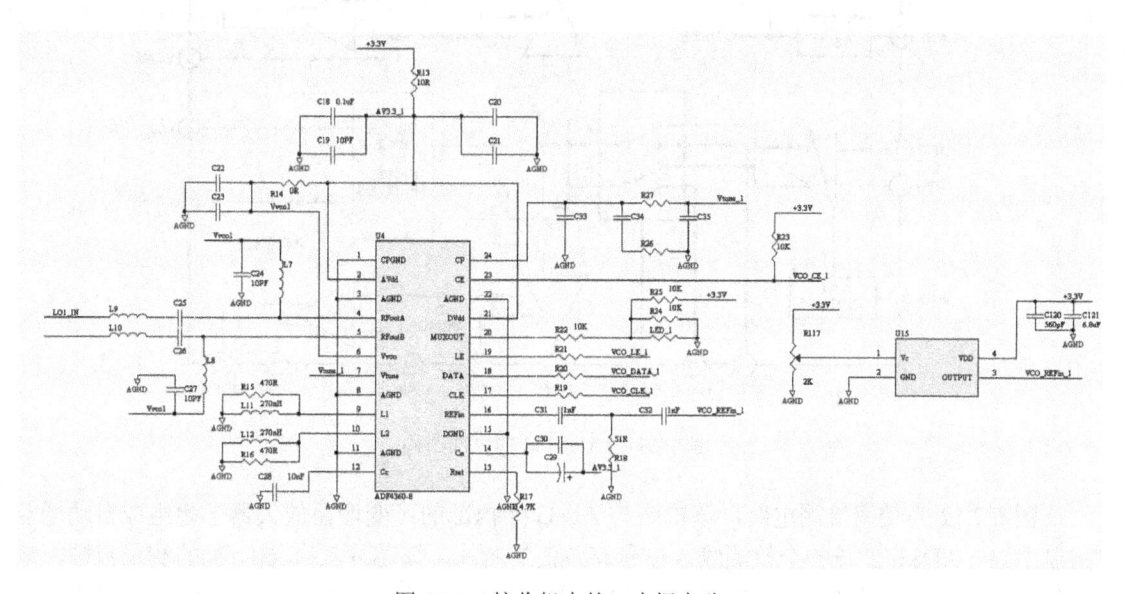

图 6.7.9　接收机中的一本振电路

图 6.7.10 是中频滤波器、中频放大器、可变增益放大与正交解调器电路。U14 是 73 MHz 中频滤波器，U15 是中频放大器，U6 是可变增益放大与正交解调器。U6 由 AD8348 实现，该芯片是工作频率范围为 50 MHz～1 GHz 的宽带正交解调芯片，其内部集成了正交解调器、可变增益中频放大器和基带信号放大器。同时，该芯片内部也集成了精确的分相器，可以将外部输入的一个本振信号分解成两路正交的本振信号。正交解调器的本振信号由二本振电路产生，二本振电路与一本振电路类似，在此不赘述。图 6.7.11 是 AD8348 的内部结构。

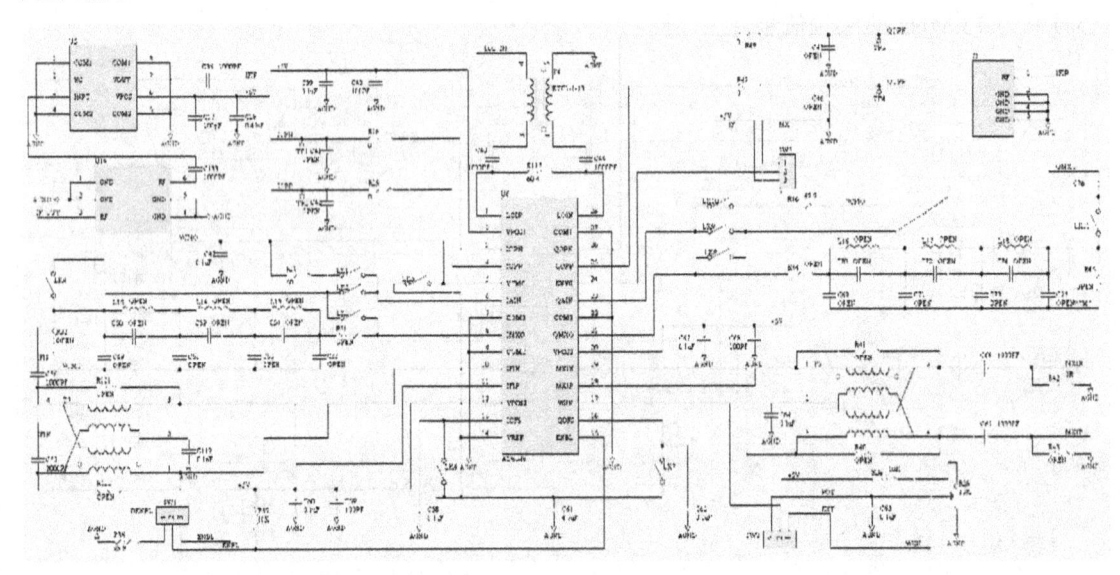

图 6.7.10 中频滤波器、中频放大器、可变增益放大与正交解调器

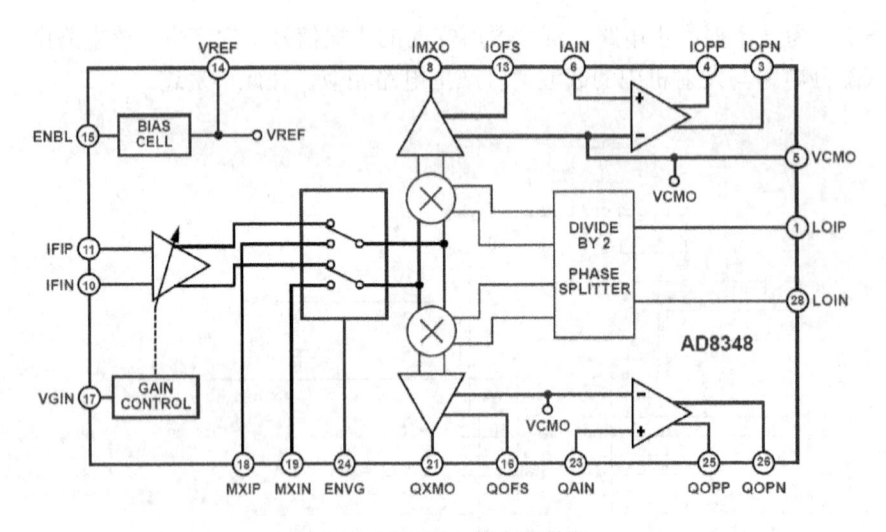

图 6.7.11 AD8348 的内部结构

图 6.7.12 为功率检测电路，该电路与 AD8348 内部的可变增益放大器一起组成自动增益控制电路。AD8362 是一个检测输入信号有效值的芯片，该芯片具有 60 dB 的测量范围，输入信号的频率范围是 50 Hz～2.7 GHz，输入信号功率范围是 -52 dBm～+8 dBm，可以满足绝大多数通信系统的要求。

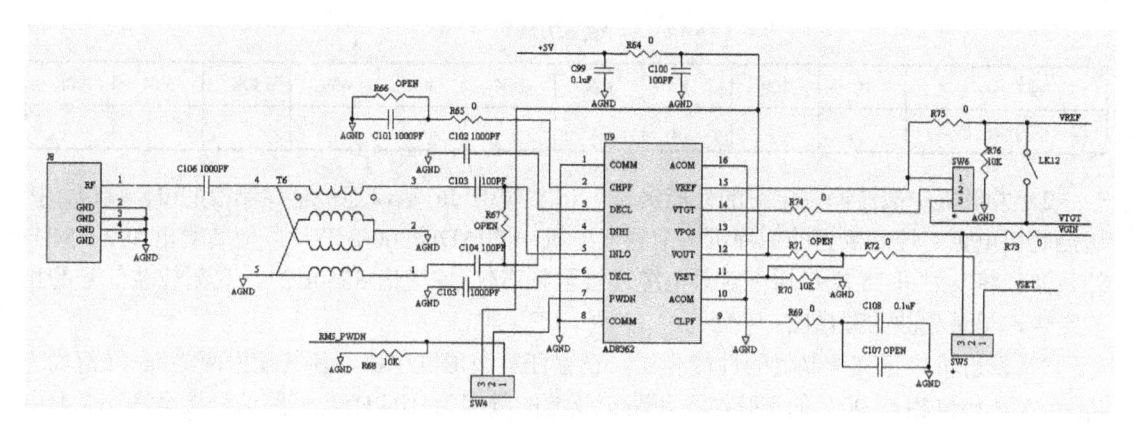

图 6.7.12 功率检测电路

图 6.7.13 是接收机中的低通滤波器和低频放大器电路。正交解调器输出两路差分信号，首先将差分信号转换成单端信号，然后将两路单端信号分别通过低通滤波器，接收机中的低通滤波器与发射机中的低通滤波器相同。低通滤波器的输出信号经过一级低频放大电路送至解调器输出端子，从而完成射频信号的正交解调。

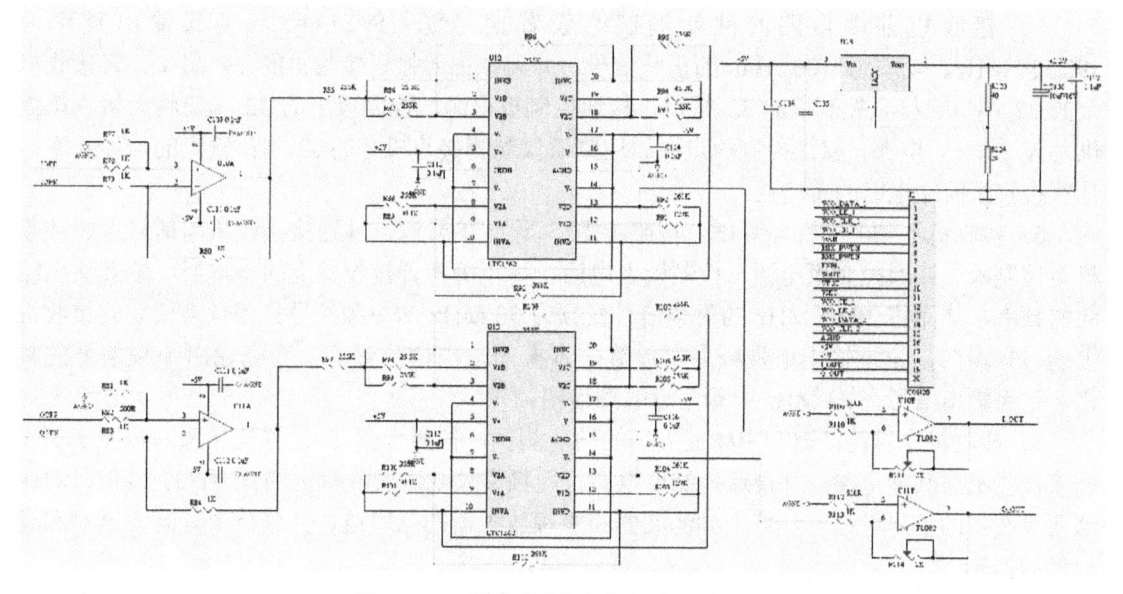

图 6.7.13 低通滤波器与低频放大器电路

三、实验内容

1. 发射机中低通滤波器的性能测试。设置双通道任意波形发生器(泰克 AFG3102)，使其输出峰-峰值 $V_{p-p}=1\ \text{V}$ 的正弦波信号。将任意波形发生器的输出接至图 6.7.4 中的 TP1 端，用双通道示波器测量 TP3 和 TP4 端。在图 6.7.7 中，将 J6 端口连接至控制板(控制板由单片机实现，其主要功能是配置发射机和接收机中的可编程器件，并为发射机和接收机提供 +5 V 和 -5 V 电源)的 J1 端口，接通控制板电源。调节信号源，使输出信号频率在 0 Hz～100 kHz 内可变，记录输出信号幅度，填入表 6.7.1 中。

表 6.7.1

频率(Hz)	10	100	1K	10K	20K	30K	40K	50K	60K	70K
输出信号幅度(V_{p-p})										

2．发射机中载波产生电路的性能测试。将发射机 J6 端口连接至控制板的 J1 端口，接通控制板电源。控制板上的单片机将配置发射机中的 ADF4360-8 芯片，使其输出 392.5 MHz 的载波。将发射机 J8 端口通过射频电缆连接至频谱仪(安捷伦 8560EC)，观测载波信号的相位噪声，记录载波的频谱图。

3．发射机中正交调制器的性能测试。设置任意波形发生器，使其输出两路峰-峰值均为 V_{p-p}=1 V、相位相差 90°的正弦波，两路正弦波的频率为 10 kHz，一路信号接至图 6.7.4 中的 TP1 端，另一路接至图 6.7.4 中的 TP2 端。将 J6 端口连接至控制板的 J1 端口，接通控制板电源。在图 6.7.5 中，将 J9 通过射频电缆连接至频谱仪，观测正交调制器的输出，记录输出信号的频率，判断输出信号是上边带还是下边带，观测并记录载波抑制和边带抑制情况。

4．发射机中衰减器和功率放大器的测试。按照步骤 3 连接发射机和控制板以及发射机与信号源，用频谱仪分别观测 J9、J10、J11 和 J12 端口的输出信号功率，对比四个端子上输出信号功率，计算出衰减器的衰减量、带通滤波器的插入损耗和最后一级功率放大器的增益。

5．接收机前端电路的性能测试。设置信号源 HM8134-3，使其输出频率为 392.510 MHz、功率为-100 dBm 的正弦信号，并将该信号接入接收机的 J9 端口。将接收机上的 J2 端口连接至控制板的 J2 端口，接通控制板电源。控制板上的 J2 端口将为接收机提供+5 V 和-5 V 电源，接通控制板电源。用频谱仪观测接收机上的 J3 端口输出的信号功率，计算接收机前端电路的总增益。

6．接收机混频器的性能测试。按照步骤 5 设置信号源，并连接接收机与信号源、接收机与控制板。接通控制板电源，控制板上电后，将正确配置接收机上的一本振，使其输出相应的频率，从而将 392.5 MHz 的射频信号变频为 73 MHz 的中频信号。用频谱仪观测接收机上的 J5 端口，记录输出信号频率，计算一本振的输出信号频率；观测输出中频信号的频谱，记录输出信号在 73 MHz 中频附近的频谱图。

7．接收机中频滤波器和中频放大器的性能测试。按照步骤 5 设置信号源，按照步骤 6 连接接收机与其他电路，并接通控制板电源。用频谱仪观测接收机上的 J5 和 J7 端口，对比这两个端口的信号频谱，计算中频滤波器和中频放大器的总增益，并分析中频滤波器对和频分量的抑制。

8．接收机正交解调器以及低通滤波器的测试。按照步骤 5 设置信号源，按照步骤 6 连接接收机与其他电路，并接通控制板电源。图 6.7.13 中 J2 接口的 19 和 20 脚分别是正交解调器输出的同相分量和正交分量。用双通道示波器观测这两个输出端，记录波形的峰-峰值，并观察同相分量和正交的相位关系。

9．发射机和接收机的联合测试。按照步骤 3 设置双通道任意波形发生器，并连接发射机和任意波形发生器以及发射机和控制板之间的连线。将接收机上的 J2 端口连接控制板的 J2 端口，接通控制板电源。将发射机的射频信号输出端口 J12 连接到接收机的射频信号输入端口 J9。用双通道示波器观测接收机中 J2 接口的 19 和 20 脚，记录输出波形的峰-峰值，对比接收机的两路输出信号与双通道任意波形发生器输出的两路信号之间的差异，计算输出信号的失真度。

四、实验仪器

1. 双通道示波器(泰克 TDS3032)　　　1 台
2. 频谱仪(安捷伦 8560EC)　　　　　　1 台
3. 射频信号源(HM8134-3)　　　　　　1 台
4. 双通道任意波形发生器(泰克 AFG3102)　1 台

五、实验报告内容

1. 记录实验步骤 1~4 的测试结果，并根据测试结果逐项分析发射机中各部分电路的性能指标和工作原理。

2. 记录实验步骤 5~8 的测试结果，并根据测试结果逐项分析接收机中各部分电路的性能是否达到最佳，并阐述各部分电路的工作原理。

3. 记录实验步骤 9 的测试结果，分析正交发射机和正交接收机的性能。

六、思考题

分析哪些原因会引起正交发射机的边带抑制、载波抑制能力变差？哪些原因会引起正交接收机的两路解调输出相互干扰？

参 考 文 献

[1] 周淑阁. 模拟电子技术设计. 北京：高等教育出版社，2004.
[2] 华柏兴，张显飞等. 线性电子电路实验. 北京：电子工业出版社，2010.
[3] 王萍. 电子技术实验教程. 北京：机械工业出版社，2009.
[4] 周润景，张丽娜，王志军. PSpice 电子电路设计与分析. 北京：机械工业出版社，2011.
[5] 罗杰，谢自美. 电子线路设计·实验·测试(第 4 版). 北京：电子工业出版社，2013.
[6] 高吉祥，库锡树. 电子技术基础实验与课程设计(第三版). 北京：电子工业出版社，2012.
[5] 王建新，姜萍. 电子线路实践教程. 北京：科学出版社，2003.
[6] 蒋立平. 数字逻辑电路与系统设计(第 2 版). 北京：电子工业出版社，2013.
[7] 赵建华，郑长风，李静等. 电子技术实验(第 2 版). 西安：西北工业大学出版社，2009.
[8] 阎石. 数字电子技术基础(第 5 版). 北京：高等教育出版社，2006.

反侵权盗版声明

电子工业出版社依法对本作品享有专有出版权。任何未经权利人书面许可，复制、销售或通过信息网络传播本作品的行为；歪曲、篡改、剽窃本作品的行为，均违反《中华人民共和国著作权法》，其行为人应承担相应的民事责任和行政责任，构成犯罪的，将被依法追究刑事责任。

为了维护市场秩序，保护权利人的合法权益，本社将依法查处和打击侵权盗版的单位和个人。欢迎社会各界人士积极举报侵权盗版行为，本社将奖励举报有功人员，并保证举报人的信息不被泄露。

举报电话：（010）88254396；（010）88258888
传　　真：（010）88254397
E-mail：dbqq@phei.com.cn
通信地址：北京市海淀区万寿路173信箱
　　　　　电子工业出版社总编办公室
邮　　编：100036